高等学校"十二五"规划教材·计算机系列

移 动 计 算

（修订版）

袁 满　吴晓宇　黄　刚
　　　 张　岩　杜睿山　编著

哈尔滨工业大学出版社

内 容 简 介

　　本书主要介绍移动计算的发展、无线通信网络技术、无线广域网络技术、移动开发平台,诸如 Apple 公司的 IOS、Google 公司的 Android 和 Microsoft 公司的 Windows,其他如 Nokia 公司的 Symbian、移动 XML 和移动操作系统方面的内容。包括移动计算的定义、移动计算环境、移动计算的开发技术以及 Symbian 移动操作系统等内容。此外,还将近年来 W3C 提出的 XML 以及 SVG 系列规范融入其中,结合移动计算特点给出了移动 XML 与移动 SVG 在移动开发方面应用的相关技术。并在最后一章给出了一个开发移动应用的综合实例。

　　本书内容涉及面比较广、实用性较强。本书既可作为高等院校计算机、信息、通信、电子商务等专业本科、专科以及研究生相关课程的教材或教学参考书,也可供从事移动计算研究与移动业务开发的技术人员阅读参考。

图书在版编目(CIP)数据

移动计算/袁满等编著. —2 版. —哈尔滨:哈尔滨
工业大学出版社,2015.8(2016.6 重印)
　ISBN 978-7-5603-5540-5

　Ⅰ.①移⋯　Ⅱ.②袁⋯　Ⅲ.①移动通信–计算
Ⅳ. TN929.5

　中国版本图书馆 CIP 数据核字(2015)第 179277 号

策划编辑　王桂芝　贾学斌
责任编辑　唐　蕾
出版发行　哈尔滨工业大学出版社
社　　址　哈尔滨市南岗区复华四道街 10 号　邮编 150006
传　　真　0451 – 86414749
网　　址　http://hitpress.hit.edu.cn
印　　刷　哈尔滨市工大节能印刷厂
开　　本　787mm×1092mm　1/16　印张 18　字数 450 千字
版　　次　2008 年 10 月第 1 版　2015 年 8 月第 2 版
　　　　　2016 年 6 月第 2 次印刷
书　　号　ISBN 978-7-5603-5540-5
定　　价　38.00 元

　　　　　　　　(如因印装质量问题影响阅读,我社负责调换)

高等学校"十二五"规划教材·计算机系列

编 委 会

序

当今社会已进入前所未有的信息时代，以计算机为基础的信息技术对科学的发展、社会的进步，乃至一个国家的现代化建设起着巨大的推进作用。可以说，计算机科学与技术已不以人的意志为转移地对其他学科的发展产生了深刻影响。需要指出的是，学科专业的发展都离不开人才的培养，而高校正是培养既有专业知识、又掌握高层次计算机科学与技术的研究型人才和应用型人才最直接、最重要的阵地。

随着计算机新技术的普及和高等教育质量工程的实施，如何提高教学质量，尤其是培养学生的计算机实际动手操作能力和应用创新能力是一个需要值得深入研究的课题。

虽然提高教学质量是一个系统工程，需要进行学科建设、专业建设、课程建设、师资队伍建设、教材建设和教学方法研究，但其中教材建设是基础，因为教材是教学的重要依据。在计算机科学与技术的教材建设方面，国内许多高校都做了卓有成效的工作，但由于我国高等教育多模式和多层次的特点，计算机科学与技术日新月异的发展，以及社会需求的多变性，教材建设已不再是一蹴而就的事情，而是一个长期的任务。正是基于这样的认识和考虑，哈尔滨工业大学出版社组织哈尔滨工业大学、东北林业大学、大庆石油学院、哈尔滨师范大学、哈尔滨商业大学等多所高校编写了这套"高等学校计算机类系列教材"。此系列教材依据教育部计算机教学指导委员会对相关课程教学的基本要求，在基本体现系统性和完整性的前提下，以必须和够用为度，避免贪大求全、包罗万象，重在**突出特色**，体现**实用性**和**可操作性**。

(1)在体现科学性、系统性的同时，突出实用性，以适应当前 IT 技术的发展，满足 IT 业的需求。

(2)教材内容简明扼要、通俗易懂，融入大量具有启发性的综合性应用实例，加强了实践部分。

· 1 ·

本系列教材的编者大都是长期工作在教学第一线的优秀教师。他们具有丰富的教学经验，了解学生的基础和需要，指导过学生的实验和毕业设计，参加过计算机应用项目的开发，所编教材适应性好、实用性强。

　　这是一套能够反映我国计算机发展水平，并可与世界计算机发展接轨，且适合我国高等学校计算机教学需要的系列教材。因此，我们相信，这套教材会以适用于提高广大学生的计算机应用水平为特色而获得成功！

王荩和

2008 年 1 月

再版前言

随着计算机网络技术的飞速发展,分布式应用也得到了快速的发展。同时,一些传统的集中式的应用逐渐向基于网络的分布式应用转变。特别是近年来,随着各种移动网络技术的发展,更加拓展了分布式应用的发展空间。目前,人们已不再满足于只在固定网络上获取信息,而是要求随时、随地都能获取关心的信息或企业的内部信息,实现移动办公。随着移动计算概念的提出,将计算扩展到了移动网络之上。众所周知,无论是固定网络,还是移动网络,目前统一并入 Internet 网络,为分布式应用开发提供了基础设施,因此移动应用开发也被提到了日程。分布式应用的开发可以基于操作系统层面,也可以基于应用层面,典型移动操作系统代表 Linux、Symbian、Apple 公司的 IOS、Google 公司的 Android 和 Microsoft 公司的 Windows 等。

本书共分 7 章,其中第 1 章对移动计算的概念、移动计算环境、移动计算应用等进行了介绍;第 2 章对通信的基本知识进行了介绍,其目的是让读者通过学习这些内容初步了解通信的基本原理、无线局域网、蓝牙技术及 ZigBee 技术;第 3 章介绍了无线广域网中的 GSM、GPRS、第三代以及第四代移动通信技术;第 4 章介绍了主流移动操作系统 Symbian、Android、IOS、Windows 等,并重点介绍了 Symbian 操作系统的体系结构、关键组件以及开发方法;第 5 章是本书的重点之一,在这里主要介绍目前主流的移动开发平台,即 Android 平台体系及各种组件的用法等,并针对各种组件给出了具体的开发实例,以帮助学生对这些内容的消化与理解;第 6 章重点介绍目前移动终端开发中涉及的两个关键技术,即流行的移动 XML 技术和可扩展矢量图形规范 SVG 技术,以及如何在移动终端上使用移动 SVG 技术实现图形的展示功能;第 7 章 结合实际应用给出了从操作系统层面和应用层面开发移动应用的两个实例:一个是基于 Symbain 操作系统提供的各种类库实现一个简单图形显示,以帮助理解采用 Symbian 开发的方法;第二个应用实例是采用 Android 平台实现了播放器功能。

本书编写过程中孙永东、郭玲玲、李鹏飞和顾洪博等老师对其中的一些资料进行了整理,并提出了一些宝贵的建议;庞传云等同学对书中的一些程序代码进行了调式,在此一并表示感谢!

由于作者水平有限,书中难免存在疏漏及其他不妥之处,敬请读者提出宝贵意见,以便不断完善。

作　者
2015 年 6 月

目 录

第1章

移动计算引论

本章主要对移动计算的概念、移动计算环境、移动计算应用等内容进行介绍,旨在让读者理解移动计算的概念、移动计算基础环境及移动计算应用的领域。

1.1 移动技术的发展

随着 Internet 的迅猛发展和广泛应用、无线移动通信技术的成熟及计算机处理能力的不断提高,未来社会各个行业的新业务和新应用将随之不断涌现。移动计算正是为提高工作效率和能够随时随地交换和处理信息而提出的,该领域已成为各行业发展的一个重要方向,移动计算将是未来活跃在各行业市场上的主力先锋。众所周知,各行业信息平台的建设者们都希望这个平台能够成为行业运行的中枢,而由于技术进步的冲击,早期传统概念下的信息平台已经明显地呈现出疲软的态势。移动计算凭借其全新的融合力,将给正在构筑的行业信息化带来全新的感觉。人们对通过网络获取信息的依赖性越来越强,要求也越来越高,不仅体现在获取和提交信息量的增大,更体现在对获取信息的实时性和便利性的迫切需求上。为此,人们在终端、网络和软件平台的各个方面都做了不懈努力。在终端方面,出现了更多易于携带的移动设备,如 PDA、个人通信器(Personal Communicator)、笔记本电脑等,这些移动设备统称为移动计算机(Mobile Computer)。在网络方面,不仅利用固定网络,还发展了各种无线网络,并综合利用两者来传输数据。在软件平台方面,出现了除 Windows 95/2000/ NT(可用于笔记本电脑)外的诸如 PalmOS、symbian、Win CE、Web Browser 等适用于移动客户端的操作系统,以及针对移动条件的数据库管理软件,利用移动终端通过无线和固定网络与远程服务器交换数据的分布计算环境下的移动计算。随着移动计算技术的发展,移动计算机将不仅可作为易于携带的单机,而且可作为一个网络应用的移动客户。这些技术的发展为移动计算的发展与应用奠定了基础。

1.2 移动计算(Mobile Computing)的概念

移动计算的概念的版本比较多,下面给出一些典型概念。

概念之一,ACM 给出的概念是:所谓移动计算,就是用户在任何时间、任何位置均能不间断地获取网络服务,包括数据服务和计算服务。

概念之二,《商场现代化》给出的概念是: 所谓移动计算,指的是在任何地点和运动状态下,便携式设备的用户都能通过相应的网络设施从数据源处获得信息与服务。

概念之三,《遥感信息》给出的概念是:利用移动终端,通过无线通信网络与远程服务器交换数据的分布式计算,称为移动计算。移动终端所处的环境称之为移动计算环境,它以无线网络为主,支持移动用户访问网络数据,实现无约束、自由通信和共享的分布式计算环境。与传统固定网络分布式计算环境相比,移动计算环境主要具有移动性、频繁断接性、非对称性和低可靠性等特点。建立在移动环境上的移动计算是一种新技术,它使得计算机或其他信息设备在没有与固定的物理连接设备相连的情况下能够传输数据。移动计算的作用在于将有用、准确、及时的信息与中央信息系统相互作用,分担任何时间、任何地点需要中央信息系统的用户。

概念之四,《微计算机信息》给出的概念是:随着计算机网络的日益发展,在终端网络和软件平台等方面取得了显著性的进步。这些显著进步不仅满足了人们对信息获取实时性和便利性的需求,而且还推动了移动计算技术的迅猛发展。利用移动终端通过无线和固定网络与远程服务器交换数据的分布计算环境,称为移动计算。移动计算允许主机在网络中自由移动,并且移动对用户是透明的。一般来讲,移动计算具有以下一些主要特点:移动性、网络条件的多样性、连接频繁性、网络通信的非对称性、移动计算设备电源能力的有限性、低可靠性。

概念之五,《Mobile Computing》一书中给出的概念是:移动计算就是利用计算机与通信技术,在用户离开固定设施时也能在不间断地工作的情况下创建业务解决方案的规程。除了移动性和远程计算功能之外,它还蕴涵着拨号、ISDN,或者是无线网络、基于无线笔的应用、笔记本、掌上电脑、PDA、通信服务器等功能,同时也包括运动中的用户。

综上所述,尽管不同的组织或不同的书给出的移动计算的概念是不同的,但这些概念均包含在移动过程不中断用户的业务,即用户在任何时间、任何地点均能够从网络中获取所期望的服务。

1.3　移动计算环境

移动计算环境由服务端、移动端及网络组成,如图 1.1 所示。移动端设备主要包括笔记本、PDA、掌上电脑、智能手机及手机等各种移动终端设备。服务端的主要功能是接受移动端的请求,根据请求完成相应的服务处理功能,并将处理的最终结果返回给移动端。一般情况下,服务端放置在有线网络上,负责完成资源组织、业务处理及相应的服务支撑功能,例如,用户的安全认证、服务的计费、业务管理、服务质量控制等基本功能。

移动计算环境中的移动通信不仅指目前的 GSM、CDMA、GPRS、3G 网络等,而且还包括作为移动计算网络承载环境传统意义上的互联网和移动承载网络上的数据网。除此之外,还包括各种“微网”,诸如家庭终端网络、Ad Hoc、P2P 等多种终端模式的网络环境。目前,移动承载网络有支持移动数据服务的 GPRS、EDGE、CDMA200 及 3G 等移动数据网,其中有以无线接入技术为主,支持游牧计算的 WLAN、WiMax 等 Hotspot 无线接入网络;有支持掌上电脑、PDA接入 Internet 的 Bluetooth。

移动通信和无线接入技术的飞速发展为移动计算环境的成熟奠定了基础,人们通过“移动代理”方式、通过软手段解决终端和服务端复杂性和不兼容性等问题,特别是软件技术,例如,Web Service、XML、J2EE、.NET 等技术的快速发展和广泛应用将逐步克服由终端设备和网络技术不同带来的一些问题,建设真正随心所欲的移动计算环境。

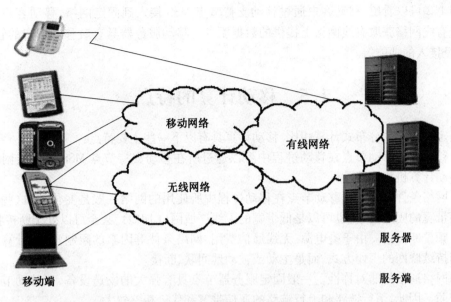

图 1.1　移动计算环境

1.4　移动计算的系统模型

移动计算系统中包括三类节点,即服务器(SVR)节点、移动支持节点(MSS)(或称移动服务基站)、移动客户机(MC)节点,移动计算系统模型如图 1.2 所示。

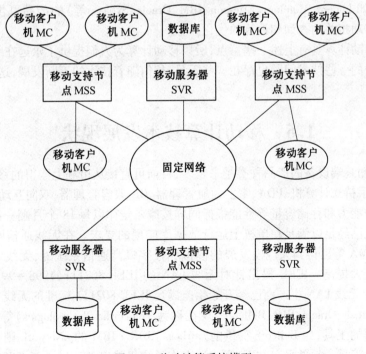

图 1.2　移动计算系统模型

从图 1.2 可以看出,移动客户通过移动支持节点 MSS 接入到固定网络,移动客户通过移动网络与有线网络获取有线网络上提供的数据服务。移动服务器具有对移动用户的管理、注册、注销及接入的功能等。

1.5　移动计算的特点

与固定网络上的分布式计算相比,移动计算具有以下一些主要特点:

(1) 移动性。移动节点在移动过程中可以通过所在移动支持节点 MSS 与固定网络节点或其他移动计算机相连接。

(2) 网络条件多样性。移动节点在移动过程中所使用的网络一般是变化的,这些网络既可以是高带宽的固定网络,也可以是低带宽的无线广域网(CDPD),甚至可以处于断接状态。

(3) 频繁断接性。由于受电源、无线通信费用、网络条件等因素的限制,移动计算机一般不会采用持续联网的工作方式,而是主动或被动地间联、断接。

(4) 网络通信的非对称性。一般固定服务器节点具有强大的发送设备,而移动节点的发送能力较弱。因此,下行链路和上行链路的通信带宽和代价相差较大。

(5) 移动节点的电源能力有限。移动计算机主要依靠蓄电池供电,容量有限。经验表明,电池容量的提高远低于同期 CPU 速度和存储容量的发展速度。

(6) 可靠性低。这与无线网络本身的可靠性及移动计算环境的易受干扰和不安全等因素有关。

由于移动计算具有上述特点,因此构造一个移动应用系统,必须在终端、网络、数据库平台及应用开发上做一些特定考虑。适合移动计算的终端、网络和数据库平台已经有较多的通信和计算机公司(如 Lucent、Motolora、Ericsson、IBM、Oracle、Sybase 等)的产品可供选择,应用上应考虑与位置移动相关的查询和计算的优化。

正是由于移动计算具有上述一些特点,所以移动计算为人们提供了永远在线的服务,但由于移动网络本身的一些技术问题也存在一些不足,相信随着技术的不断发展,这些不足也将随之得到解决。

1.6　移动计算技术发展现状

近年来,移动终端设备的产品种类越来越多,目前可直接从市场上购得的移动终端设备包括笔记本电脑、手持式计算机、PDA、掌上领航管理器、CE 兼容管理器、双向互动寻呼机等。移动计算机的处理能力和存储容量等性能指标同样按摩尔定律以每 18 个月翻一番的速度提高。高档移动计算机已经足以满足在单机上运行数据库应用的要求。在无线通信网络方面,除了 CDPD、GSM、CDMA 等已得到大规模发展的模拟和数字蜂窝通信系统外,无线 LAN 和卫星通信系统也有了较大提高。IEEE 提出针对无线 LAN 的 IEEE 802111(1998—99)标准,3COM、Lucent、Proxim 等无线 LAN 生产商已经开始生产满足 IEEE 802111 标准的无线 LAN 产品。开发工具方面,Nettech、Oracle、IBM、Bellcore(现在称为 Telecordia Technologies)等均提供专门用于开发移动应用的工具,如 Bellcore 提供的"airboss"SDK。IBM 的 eNetwork 则是基于 Web 的移动应用的开发工具。软件平台方面,客户端操作系统仍然以 Windows 95/2000/NT、PalmOS、Win CE 为主。适用于各种移动设备的 Web 浏览器,以及在移动客户端支持基于 Web 的应用,也逐渐成为 Internet 开发商进军移动 Web 应用的关注点。在数据管理方面,学术界和一些重要的数据库产品供应商对基于 Agent 和数据复制技术的移动数据库技术进行了深入研究,提出了移动数据库的二级复制和三级复制体系结构及 Client/Agent/Server 的三层结构。二级复制有固定网上基节点维护的数据库复制和移动节点维护的数据库复制,三级复制则包括固定网上服务器之间的复制、MSS 热点数据在无线广播信道上向移动客户广播,即空中复制(Replication on Air)及移动客户缓存部分数据库数据。Agent 对应于传统分布式系统中的中间件,但客户机与 Agent 之间采用面向消息的连接,当客户机向 Agent 提交事物之后,客户机和 Agent 不必保持持续连接,Agent 负责与服务器之间交互信息,并在客户机重新连接 Agent 时将结果返回给客户机。目前,Oracle 推出了基于 Agent 技术的产品 Mobile Agent,Sybase 则利用数据复制技术推出了其移动数据库 SQLAnywhere 和 SQL Remote 两种产品。目前,移动计算需进一步开展的研究包括:数据复制技术的完善;数据广播调度算法的优化;客户机缓存管理算法的优化;Agent 智能化、标准化及 Agent 与传统中间件的连接和协调;与位置相关的移动计算的优化方法;基于 Web 的移动计算系统的应用开发。

近年来,JAVA 技术的成熟以及在移动领域应用的快速发展,为开发移动业务提供了更广阔的平台,像诺基亚 S60 系列等专门提供基于 JAVA 的开发包,为用户开发移动业务提供了便捷的开发平台。随着移动计算技术的发展,移动用户之间,或者是移动用户与固定网络上的用户之间可实现数据交换,W3C 提出的 XML 技术为实现这种数据交换提供了更加便捷的手段。随着移动计算中对图形、图像以及动画的需求,W3C 国际移动联盟组织提出了关于图形、图像的移动 SVG 技术规范。随着移动计算技术的不断发展,开发移动业务与固定网络上的业务没有本质上的区别,特别是随着 IETF 移动 IP 技术的成熟与应用,将在网络层对移动问题得到透明解决,因此未来移动计算将会得到更大的发展与应用。

1.7 移动计算的应用领域

1. 移动计算在交通自动收费中的应用

自动收费系统是智能交通系统的重要组成部分,它对交通控制和管理自动化起到至关重要的作用。自动收费系统具有杜绝人工收费的舞弊现象、避免人工收费导致的交通停滞、收费方式和收费标准易于灵活设置等优点。使用移动计算技术实现的自动收费系统可使整个收费系统更具灵活性,它不需要装有探测器的台架等路边设施,因此安装更加便宜。GPS 接收器完成车辆的自动定位,无线 Modem 实现车载单元与收费网络的无线连接。与传统收费系统不同,移动自动收费系统通过 GPS 确定车辆何时进入收费路段并通知处理单元实时计费。车载单元中保存有描述公路网络地理信息、车辆信息、收费信息及收费者信息等内部信息。车载单元将车辆的当前位置不断与内部信息进行比较,当进入计费路段时,处理单元根据匹配的内部信息及车辆行驶的距离、时间和日期、车辆类型及其他可能的计费信息计算费用。付费方式可以是预付卡方式和从收费账户扣除方式。前者在车辆行驶过程中由车载单元即时从智能卡中扣除,后者则将计费信息通过无线拨号传给计费服务器。对于临时车辆,则使用短波通信在特定检查点读取车载单元信息。在公路网络发生变化、收费标准改变时,只需更新车载单元的内部信息即可满足新的计费要求,大大提高了公路收费管理的智能化水平和效率。

2. 移动计算在电信业中的潜在应用

作为移动(无线)网络经营者,可以利用移动计算技术向客户提供话音之外的增值业务,如有偿信息发布、对支持 WAP 的终端提供 Internet 服务（无线 ISP）等。此外，还可利用本身经营的无线网络为企业用户提供移动计算系统的组网服务。在企业经营中，可利用移动计算技术提高生产管理和服务质量。这方面的潜在应用包括：

（1）利用移动计算促进营销自动化。在营销现场获取公司有关服务项目、经营措施的信息，并将现场订单及时提交给营业系统，可大大提高服务的效率和质量。在对通过客户服务中心预受理下来的订单提供上门服务时，即可考虑使用这一技术。

（2）利用移动计算提高大客户服务质量。客户是公司服务的财富，利用移动计算，业务代表可以在现场或移动过程中及时响应客户的要求，及时获取公司领导的有关电子批文和公司为大客户提供服务的最新政策，及时获取公司能否满足大客户需求的资源信息及公司获得的大客户的最新消费信息等，对提高大客户服务水平有非常重要的意义。同时，公司领导可以通过观察特定的现场电子回单信息来监控某些重要的现场服务状况，这比单纯通过电话进行监控更可靠，比等待纸张报告更有效。

（3）利用移动计算促进资源现场管理自动化。在清查各种通信资源时，利用移动计算实现现场实时电子记录。在工程施工过程中，现场工程人员可利用移动客户机现场获取工地的资源信息（如查询 GIS 数据库），并将施工后的资源移动信息做实时电子记录，可提高效率，减少错误。

3. 移动计算在商务中的应用

在移动计算应用中，电子邮件仍然是最流行的应用。笔记本电脑、PDA 及一些智能手机均可以收发电子邮件。移动电子商务用于保险与金融领域，使用户在移动中实现办公。

4. 移动多媒体应用

多媒体 PCMCIA 卡可使笔记本电脑发出声音并显示图像。视频 PCMCIA 卡可将外部摄影镜头连接到笔记本电脑，进行视频采集、处理，并可通过无线网络发送出去。移动多媒体可用于危险环境的远程监控和操作等。

移动计算技术与固定网络的分布计算技术是互补关系，两者既是动与静的互补，也是空间与速度（或时间）的互补。目前，移动计算技术与固定网络的分布计算技术相比，无论从理论研究上还是应用开发上都存在较大差距，但因其特有的优势，移动计算技术的应用前景是非常广阔的。

小　结

本章给出了移动计算的概念，重点介绍了移动计算所需要的环境，同时也讲述了关于移动计算在各领域的应用。

习　题

1. 简述对移动计算概念的理解。
2. 结合生活中的切身体会，举出一些利用移动计算技术给出解决方案的实例。
3. 目前，关于支持移动计算的设备厂商较多，举出一些有代表性的移动设备厂商的产品及它们对移动计算机的支持情况。
4. 本章中介绍了移动计算环境，但介绍得比较简单，请细化介绍移动计算环境。

第2章 无线通信网络

本章重点介绍数据通信的基本概念和基本原理,无线局域网的技术标准及蓝牙技术。通过本章的学习使读者掌握数据通信的基本概念和基本原理,了解无线局域网的相关技术标准。

2.1 数据通信概述

2.1.1 通信技术的概念与发展历程

通信按传统理解就是信息的传输与交换,信息可以是语音、文字、符号、音乐、图像等。任何一个通信系统,都是从一个称为信息源的时空点向另一个称为信宿的目的点传送信息。各种通信系统,如以有线电话网、无线电话网、有线电视网和计算机数据网为基础组成的现代通信网,通过多媒体技术,正在为家庭、办公室、医院、学校等提供文化、娱乐、教育、卫生、金融等方面的广泛的信息服务。可见,通信网已经成为现代社会最重要的基础设施之一。

通信技术是随着科技的发展和人类社会的进步而逐步发展起来的。早在古代,人们就寻求各种方法实现信息的传输。我国古代利用烽火传送边疆警报,古希腊人用火炬的位置表示字母符号,这种利用火光传输信息的方式构成了最原始的光通信系统。古人战争中利用击鼓鸣金传达命令,构成了声通信系统。后来又出现了信鸽、旗语、驿站等传送信息的方法,然而,这些方法在距离、速度、可靠性与有效性方面均没有明显的改善。

19世纪,人们开始研究如何用电信号传送信息。1837年莫尔斯发明了电报,用点、划、空的组合代码表示字母和数字,这种代码称为莫尔斯电码。1876年贝尔发明了电话,直接将声信号转变为电信号沿导线传送。19世纪末,人们又致力于研究用电磁波传送电信号,赫兹、波波夫、马可尼等人在这方面都作出了贡献。开始时,传输距离仅数百米,1901年,马可尼成功地实现了横跨大西洋的无线电通信。从此,传输电信号的通信方式得到广泛应用和迅速发展。1957年,苏联成功地发射了第一颗人造卫星,人类的通信手段进入了太空技术的应用时代。1960年,梅曼发明了激光器,光通信开始进入实质性发展阶段。1970年,美国康宁公司首先研制出损耗为20 dB/km的光纤,从此开辟了光纤通信的新时代。

2.1.2 通信原理与通信系统模型

通信是将信息从发信者传输给另一个时空点的收集者。因此,通信的目的就是传输消息。通信系统是指实现这一通信过程的全部技术设备和信道(传输媒介)的总和。通信系统种类繁多,其具体设备和功能可能各不相同,概括起来,均可用图2.1来表示,它包括信息源、发送设备、信道(信号传输的通道)、接收设备和受信者五部分。

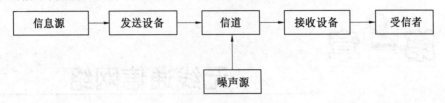

图 2.1　通信系统的简化模型

在图2.1中,信息源的作用是产生信息。根据信息源输出信号的性质和形式的不同,可分为模拟信息源和离散信息源。模拟信息源输出信号的幅值在时间上是连续的,离散信息源输出的信号在时间上是离散的。通常,由信息源产生的信息是非电量的。发送设备的作用是:

(1) 将信息变为一个时变电信号。

(2) 将电信号转变为适于在信道中传输的信息形式。转变方式是多种多样的,调制是最常见的转变方式。

信道是指信号传输的媒介,信号经它传送到收转换器。媒介可以是有线的,也可以是无线的。信号在信道中传输,必然会引入发转换器、收转换器和传输媒介的热噪声和各种干扰、衰落等,可将其集中在一起并归结为由信道引入。接收设备的主要任务是从来自信道带有干扰的发送信号中提取出原始信息来,完成发转换器后的变换,进行解调、译码等,它实质上是发转换器的逆过程。信号经过收转换器转换后,便可直接传给受信者(用户)。

以上为单向系统,对于双向通信,通信双方都应有发送和接收变换器。对于多路通信,想要实现信息的有效传输,还必须进行信息的交换和分割,由传输系统和交换系统组成一个完整的通信系统来实现。

2.1.3　模拟通信系统和数字通信系统

为了传递信息,需要把信息转换成电信号。通常,信息被载荷在电信号的某一参量上,如果电信号的该参量携带着离散信息,则该参量必将是离散取值的,这样的信号称为数字信号,如电报机的输出信号;如果电信号的该参量取连续值,则称这样的信号为模拟信号,如普通电话的输出信号。按照在信道中传输的是模拟信号还是数字信号,可将通信系统分为:模拟通信系统和数字通信系统。

模拟通信系统如图2.2所示,需要两种变换。首先,发送端的连续信息要变成原始电信号,接收端收到的信号要反变换成原连续信息。但这里的原始电信号通常具有较低频率的频谱分量,一般不宜直接传输,因此,通信系统里常需要将原始电信号变成频带适合信号传输的信号,并在接收端进行反变换,这种变换与反变换通常称为调制和解调。经过调制后的信号称为已调信号,它有两个基本特征:一是携有信息,二是适合在信道中进行传输。通常,将发送端调制前和接收端解调后的信号称为基带信号。因此原始电信号又称为基带信号,已调电信号称为频带信号。

有必要指出,信息从发送端传递到接收端并非仅经过调制和解调变换,系统里可能还有滤波、放大、变频、辐射等过程。

数字通信系统的模型又是怎样的呢? 数字通信的基本特征是它的传输信号是离散或数字

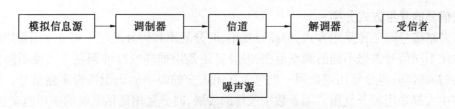

图 2.2　模拟通信系统的简化模型

的,从而使数字通信有许多特点。比如,对于模拟通信来说,强调变换的线性特征,即强调已调参量与基带信号成比例;而在数字通信中,则强调已调参量与基带信号之间的一一对应。

数字通信系统的模型如图 2.3 所示,数字信号在传输时,为了控制信道噪声或干扰造成的差错,需要进行差错控制编码,在发端需要一个编码器,而在收端需要一个解码器。当需要保密时,对基带信号人为地进行"扰乱",即加密,此时,在接收端就需要进行解密。由于数字通信传输的是一个接一个按"节拍"传送的单元,即码元,接收端必须按与发送端相同的节拍接收,因此,在数字通信系统中还必须注意同步的问题。

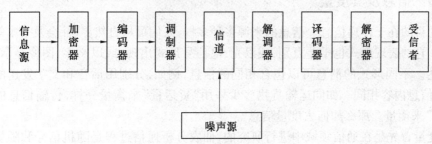

图 2.3　数字通信系统的简化模型

2.1.4　通信系统的分类

通信系统有不同的分类方法,下面从通信系统模型的角度来讨论其分类。

1. 按信息的物理特征分类

根据信息物理特征的不同,通信系统可分为电报通信系统、电话通信系统、数据通信系统、图像通信系统等。由于电话网最为发达普及,因而其他信息常常通过公用电话通信网进行传送,如数据通信在远距离传输数据时常常利用电话信道传送。在综合业务通信网中,各种类型的信息都在统一的通信网中传送。

2. 按调制方式分类

根据是否采用调制,可将通信系统分为基带传输系统和频带传输系统。基带传输是指将未调制的信号直接传送,如音频市内电话。频带传输是指对各种信号调制后进行传输,它包括连续波的调制和脉冲调制。其中连续波调制包括线性调制、非线性调制及数字调制。脉冲调制包括脉冲模拟调制和脉冲数字调制。

3. 按信号的特征分类

前面已指出,按信道中传输的是模拟信号还是数字信号,可将通信系统分为模拟通信系统和数字通信系统。

4. 按传输媒介分类

按传输媒介的不同,通信系统可分为有线通信系统(包括电缆、光缆)和无线通信系统。

5. 按信号的复用方式分类

传送多路信号有三种复用方式,即频分复用、时分复用和码分复用。频分复用是用频谱搬移的方法使不同信号占据不同的频率范围;时分复用是用抽样或脉冲调制方法使不同信号占据不同的时间区间;码分复用则是用一组包含互相正交的码字的码组携带多路信号。传统的模拟通信中大都采用频分复用。随着数字通信的发展,时分复用通信系统的应用越来越广泛。码分复用多用于空间扩频通信系统中,目前移动通信系统就采用码分复用。

6. 按通信方式分类

对于点到点的通信,按信息传送的方向与时间的关系,通信方式可分为单工通信、半双工通信和全双工通信三种。所谓单工通信是指信息只能单方向传输的工作方式,例如,遥测、遥控等。所谓半双工通信是指通信双方都能收发信息,但不能同时进行收发的工作方式,例如,使用同一频率的无线电对讲机就是采用半双工通信方式。所谓全双工通信是指通信双方可同时进行收发信息的工作方式,普通电话就是一种最常见的全双工通信方式。

2.1.5　信息及其度量

通信的目的在于传递信息。信息的来源多种多样,人们可从自然界、社会及书本等诸方面得到信息。它的表现形式也千差万别,或以光、电信号形式出现,或以文字、图像显示,或以语言形式表达。不同形式的消息可以包含相同的信息,例如,分别用话音和文字发送的天气预报,所含的信息内容相同。如同运输货物多少采用"货运量"来衡量一样,传输信息的多少使用"信息量"来衡量。那么如何去度量信息?

信息度量首先是在通信领域中进行研究的,仙农分析通信过程是随机信号和随机噪声通过通信系统的过程,通信系统是随机变量的集合。因此,他用概率测度和数理统计方法讨论通信的基本问题,并建立了由信源、信道与编译码器、信宿组成的通信系统模型。

在仙农的通信系统模型中,当信源由若干随机事件组成时,随机事件出现的不确定度用其出现的概率描述,事件出现的可能性越小,概率就越小;反之,则概率就越大。若系统无噪声干扰且不考虑信道与编、译码器对信息传输的影响,那么信宿(信息接收者)将获得无失真信息,对于信源中越是不可能出现的事件越感到意外和惊奇,越感到获得了原先不知道的信息;而对于出现可能性大的事件或是接收者事先已知的事件,则会感到不足为奇,没有兴趣。因此可以说信宿得到的信息量与事件出现的概率互为相反关系,仙农以某事件 x 的概率 $P(x)$ 的单调减函数表示信息量 H,即

$$H = H[P(x)] = -\log_a P(x) \tag{2.1}$$

这里的单调减函数取对数形式,恰能反映信息量 H 与概率 $P(x)$ 的关系。当某事情的概率 $P(x) = 1$ 时,$H = 0$,对应于确定事件没有给出信息量;而当 $P(x) = 0$ 时,$H = \infty$,对应于不可能出现的事件,其信息量无穷。在通信系统中,当信息源由若干个相互独立的事件组成时,它所提供的总信息量则应是各个独立事件的信息量之和,即

$$H[P(x_1)P(x_2)\cdots] = -\log_a[P(x_1)P(x_2)\cdots] = H[P(x_1)] + H[P(x_2)] + \cdots \tag{2.2}$$

信息量的单位由式(2.1)中对数底数 a 确定,a 的取值又由信息源的性质决定,当信息源只包括两种状态的随机事件时,a 取值为2,其信息量单位为比特(bit);如果取 e 为对数的底,则信息量的单位为奈特(nat);如果取 10 为对数的底,则信息量的单位称为十进制单位,或叫哈特莱(Hartlay)。通常广泛使用的单位是比特。

【例 2.1】　一信息源由四个符号 a，b，c，d 组成，它们出现的概率分别为 $\frac{1}{8}$，$\frac{1}{8}$，$\frac{1}{2}$，$\frac{1}{4}$，且每个符号的出现都是独立的。试求某个消息：abcbdabdcbadbcacdadbcbdabcdbaabcbdabcbdabdbcdba cdadacdbc 的信息量及每个符号的平均信息量。

【解】　在此消息中，a 出现 13 次，b 出现 17 次，c 出现 12 次，d 出现 14 次，该消息共有 56 个字符。依公式(2.1)和(2.2)，出现 a 的信息量（单位为 bit，下同）为 $13\times(-\log_2\frac{1}{8})=39$，出现 b 的信息量为 $17\times(-\log_2\frac{1}{8})=51$，出现 c 的信息量为 $12\times(-\log_2\frac{1}{2})=12$，出现 d 的信息量为 $14\times(-\log_2\frac{1}{4})=28$，故该消息的信息量为

$$H/\text{bit}=39+51+12+28=130$$

$$\overline{H}/(\text{bit}\cdot\text{符号}^{-1})=\frac{H}{\text{符号数}}=\frac{130}{56}\approx2.3(\text{bit/符号})$$

2.1.6　数据通信中的几个技术指标

在数据通信中，有 4 个指标非常重要，即数据传输速率、传输带宽、时延和误码率。

1. 数据传输速率

数据传输速率是指单位时间内传输的信息量，可用"比特率"和"波特率"来表示。比特率是每秒传输二进制信息的位数，单位为"位/秒"，通常记作 bit/s，主要单位为 Kbit/s，Mbit/s，Gbit/s。

2. 传输带宽

简单地说，带宽(Bandwidth)是指每秒传输的最大字节数，也就是一个信道的最大数据传输速率，单位也为"位/秒"(bit/s)。高带宽意味着系统的高处理能力。不过，传输带宽与数据传输速率是有区别的，前者表示信道的最大数据传输速率，是信道传输数据能力的极限，而后者是实际的数据传输速率，像公路上的最大限速与汽车实际速度的关系一样。

带宽本来是指某个信号具有的频带宽度，其单位是赫兹（或千赫兹，兆赫兹），过去的通信主干线路都是用来传送模拟信号，带宽表示线路允许通过的信号频带范围。但是，当通信线路用来传送数字信号时，传送数字信号的速率即数据率就应当成为数字信道的最重要指标，不过习惯上仍延续使用"带宽"来作为"数据率"的同义词。

3. 时延

时延就是信息从网络的一端传送到另一端所需的时间，其计算公式为

$$时延=发送时延+传播时延+处理时延$$

发送时延是节点在发送数据时使数据块从节点进入到传输所需要的时间，也就是从数据块的第一比特开始发送算起，到最后一比特发送完毕所需的时间，又称"传输时延"，其计算公式为

$$发送时延（以 s 为单位）=\frac{数据块长度（以 bit 为单位）}{信道带宽（以 bit/s 为单位）}$$

传播时延是电磁波在信道中需要传播一定距离所需的时间，其计算公式为

$$传播时延（以 s 为单位）=\frac{信道长度（以 km 为单位）}{电磁波在信道上的传播速率（以 km/s 为单位）}$$

处理时延是数据在交换节点为存储转发而进行一些必要的数据处理所需的时间。在节点缓存队列中分组队列所经历的时延是"处理时延"中的重要组成部分。"处理时延"的长短取决于当时的通信量,但当网络的通信量很大时,还会产生队列溢出,这相当于处理时延为无穷大。

4. 误码率

误码率是指二进制数据位传输时出错的概率。它是衡量数据通信系统在正常工作情况下的传输可靠性的指标。在计算机网络中,一般要求误码率低于 10^{-6},若误码率达不到这个指标,可通过差错控制方法检错和纠错。

2.1.7 传输介质类型及主要特性

1. 双绞线

双绞线(Twisted Pair Line)是一种最常用的传输介质,由呈螺线排列的两根绝缘导线组成,两根导线相互扭绞在一起,可使线对之间的电磁干扰减至最小。一根双绞线电缆由多个绞在一起的线对(如 8 条线组成 4 个线对)组成(图 2.4)。

图 2.4　双绞线

双绞线比较适合于短距离的信号传输,既可用于传输模拟信号,也可用于传输数字信号,信号传输速率取决于双绞线的芯线材料、传输距离、驱动器与接收器能力等诸多因素。通过适当的屏蔽和扭曲长度处理后,可提高双绞线的抗干扰性能,传输信号波长远大于扭曲长度时,其抗干扰性最好。因此,当传输低频信号时,抗干扰能力很强,传输距离较远;当传输高频信号时,抗干扰能力下降,传输距离变短。通常,一个网络系统的物理层规范规定了它所采用的传输介质、介质长度及传输速率等。

2. 同轴电缆

同轴电缆(Coaxial Cable)是局域网中应用较为广泛的一种传输介质。它由内、外两个导体组成,内导体是单股或多股线,呈圆柱形的外导体通常由编织线组成并围裹着内导体,内外导体之间使用等间距的固体绝缘材料来分隔,外导体用塑料外罩保护起来(图 2.5)。

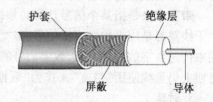

图 2.5　同轴电缆

在网络系统中,主要使用两种同轴电缆:一是 50 Ω 电缆,主要用于基带信号传输,传输带宽为 1 ~ 20 Mbit/s,如 10 Mbit/s 以太网采用的就是 50 Ω 同轴电缆;二是 75 Ω 公用天线电视(CATV)电缆,既可用于传输模拟信号,又可用于传输数字信号。有线电视电缆的传输频带比较宽,高达 300 ~ 400 MHz,可用于宽带信号的传输。在有线电视电缆上,通常通过频分多路复用(FDM)技术实现多路信号的传输,它既能传输数据,也能传输语音和视频信号。

3. 光导纤维

光导纤维(Fiber)是一种传送光信号的介质,它的内层是具有较高光波折射率的光导玻璃纤维,外层包裹着一层折射率较低的材料,利用光波的全反射原理来传送编码后的光信号(图 2.6)。根据光波的传输模式,光纤主要分为两种:多模光纤和单模光纤。

　　在多模光纤中,通过多角度的反射光波实现光信号的传输。由于多模光纤中有多个传输路径,每个路径的长度不同,通过光纤的时间也不同,导致光信号在时间上出现扩散和失真,限制了它的传输距离和传输速率。

　　在单模光纤中,只有一个轴向角度传输光信号,或者说光波沿着轴向无反射地直线传输,光纤起着波导作用。由于单模光纤只有一个传输路径,不会出现信号传输失真现象。因此,在相同传输速率情况下,单模光纤比多模光纤的传输距离长得多。通常,单模光纤传输系统的价格要高于多模光纤传输系统。

　　由于光纤的衔接、分岔比较困难,一般只适用于点到点或环形结构的网络系统中。在不便敷设电缆的场合,可采用无线介质作为传输信道,常用的无线介质有微波、超短波、红外线及激光等。

4. 红外线

　　红外线(Infrared)的工作频率为 1 012～5 070 Hz,红外线的方向性很强,不易受电磁波干扰。在视野范围内的两个互相对准的红外线收发器之间通过将电信号调制成非相干红外线而形成通信链路,可以准确地进行数据通信。由于红外线的穿透能力较差,易受障碍物的阻隔,在近距离的无线通信系统中,一般将红外线作为一种可选的传输介质。

5. 微波

　　微波(Microwave)是一种高频电磁波,其工作频率为 0.3～300 GHz。微波通信系统可分成地面微波通信系统(图2.7)和卫星微波通信系统。

图 2.6　光导纤维

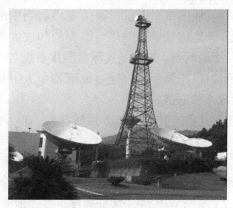

图 2.7　微波

　　地面微波通信系统由视野范围内的两个互相对准方向的抛物面天线组成,能够实现视野范围内的微波通信。地面微波通信系统主要作为计算机网络的中继链路,实现两个或多个局域网的互联,扩大网络的覆盖范围。

2.1.8　卫星通信技术

　　卫星通信就是利用人造地球卫星作为中继站转发无线电信号,在两个或多个地面站之间进行的通信。卫星通信能同时和地球上很多用户接通,进行几乎与距离无关的一点到多点之间的通信。这种能力既适用于地球上的固定终端,也适用于地面、空间和海洋上的移动终端(如飞机、舰船、移动车等)。在目前的国际通信中,卫星通信承担了 75% 以上的通信业务,可以说,卫星通信在现代通信中扮演了重要的角色。

在卫星问世之前,英国空军雷达专家克拉克于1945年10月在一篇文章中提出,在赤道上空高度为35 786 km处的同步轨道上放置三颗相隔120°的人造地球同步卫星,就可实现全球通信,这就是著名的卫星覆盖通信说。

1957年10月,苏联发射了第一颗人造地球卫星SPUTNIK-1(斯普特尼克1号)后,揭开了卫星通信的序幕。1964年8月美国宇航局(NASA)成功地发射了第一颗同步卫星CYNCOM-3(辛康姆3号)。该卫星定点于东经155°的赤道上空,通过它成功地进行了北美和西太平洋地区间的电话、电视、传真的通信试验,并于1964年秋用它转播了东京奥运会盛况,显示了卫星通信的优越性和实用价值,轰动全球。1964年8月,国际通信卫星组织宣告成立,该组织于1965年4月发射了第一颗商用静止轨道通信卫星INTELSAT-I(简写为IS-I),定点于西经35°大西洋赤道上空,开始了欧、美大陆间的商业通信业务。

我国于1970年4月24日成功发射了第一颗人造卫星东方红一号。1984年4月8日,我国成功地发射了第一颗试验同步卫星STW-1号,定点于东经103°的同步轨道上,通过该卫星开通了新疆、西藏、云南等边远地区的数字电话、广播及电视节目。1986年2月10日我国第一颗实用同步卫星东方红二号发射成功,定点于东经103°的赤道上空,这标志着我国的卫星通信已从实验、试用阶段进入实用阶段。

卫星通信可看成一种特殊的微波中继,中继站设在卫星上,电路两端设在地球上(称为地面站),形成中继距离长达几千甚至几万公里的传输路线。

卫星通信系统是由卫星和地面站上、下两部分组成的,如图2.8所示。通信卫星起到中继作用,把一个地球站送来的信号经变频和放大传送给每一个地面站。地面站实际是卫星系统与地面公众网的接口,地面用户通过地面站出入卫星系统,形成连接电路。

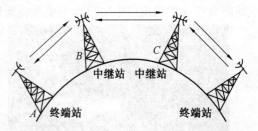

图2.8 中继通信示意图

卫星通信与其他通信方式相比较,有以下特点:

(1)覆盖面积大,通信距离远。一颗静止卫星(即同步卫星)的天线波束可覆盖地球表面42.4%,三颗等间隔的同步卫星,就可建立除两极外的全球通信。

(2)组网灵活,便于多址连接。各种地面站不受地理条件的限制,不管是固定站还是移动站,不同业务种类组网在一个卫星通信网内。

(3)通信容量大。卫星通信工作在微波频段,使卫星的通信容量可达上万路话路。

(4)通信质量好、可靠性高。这是因为电磁波主要在接近真空的外层空间传播。

(5)经济效益、社会效益好。卫星通信不受地理和环境条件的限制,具有建设快、投资少、经济效益高的优点。

2.1.9 微波中继通信技术与移动通信技术

1.微波中继通信技术

微波中继通信是一种无线通信方式。无线通信是依靠无线电波在空间传播来实现信息传输的。微波是指波长在1 mm~10 m范围内的电磁波。微波中继通信又称微波接力通信,它是现代化通信的重要手段之一。

由于地球是椭球体,地面是个曲面,而微波邻近光波,具有类似于光波的直线传输特性,实现远距离通信不加中继会受地面阻挡,所以必须采用接力的方式,如图 2.8 所示。另一方面,微波在空间中传播会产生损耗,也需要用接力的方式对损失的能量进行补充,这是采用微波中继的另一个重要原因。

一个微波中继通信网,除长达数百公里乃至上千公里的主干线外,还有很多支线,除主干线和支线顶点设有微波终端站外,在线路中每隔 50 km 左右设置一个微波中继站和分路站,如图 2.9 所示。

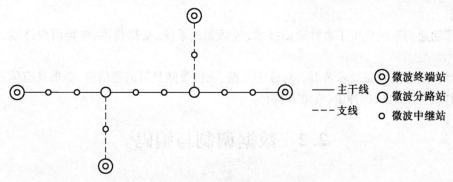

图 2.9　微波中继通信网线路图

2. 移动通信技术

移动通信是指利用无线频段,使处于移动状态的用户与处于静止或移动状态的对方用户实时地进行通信。移动通信系统可从不同的角度进行分类:按业务种类分,可分为移动电话通信、移动数据通信和移动传真通信;按用户性质分,可分为军用移动通信和民用移动通信;按组网形式分,可分为单区制网和多区制网;按所用技术手段分,可分为寻呼系统、集群系统、蜂窝系统、无绳电话系统和无中心选址系统等。使用最多的民用陆地移动通信系统主要有:

(1) 无线电调度系统。无线电调度系统是用户量较多的移动通信业务,它是提高生产和运营能力、保障作业安全的重要手段,主要用于作业调度人员和流动作业之间的通信,典型应用就是对大型工矿企业、码头、消防、车站、机场、交通等部门或系统流动作业人员、车辆的指挥调度。

(2) 无线电寻呼系统。无线电寻呼系统是一种单向呼叫系统,可看做有线电话网呼叫振铃系统的一种无线电延伸,在寻呼发射机有效作用范围内,只要用户随身携带着寻呼机(BP机),便可接收到信息。

(3) 公用移动电话通信系统。公用移动电话通信系统为典型的移动通信方式,它是公用电话网的一个组成部分,通常所说的汽车电话就是典型的公用移动电话通信系统。我国公用移动通信网的工作方式规定采用双频双工。目前,公用移动电话通信系统大致可分为三类,即大区制、小区制和中区制电话系统。早先的公用移动电话通信系统采用模拟制,20 世纪 90 年代以来,数字移动电话通信系统迅猛发展。目前世界上的数字移动电话通信系统主要有GSM、CDMA 和第三代数字移动电话系统。

(4) 无绳电话系统。无绳电话系统是有线电话网的一种延伸,是双工电话系统,它是用无线电代替用户线的室内部分,使有线电话变为在一定范围内任意移动的便携式电话,即在普通电话座机上设置一个无线电收、发信机的续接器,把有线电话的信号转为无线电方式后,与手持电话机进行电话通信,使电话机变得可随意携带。

与固定通信相比,移动通信有以下特点:

◆ 移动通信的传输必须使用无线电波。由于移动通信中至少有一方处于移动,必然使用无线传输。

◆ 信道特性复杂。由于通信的双方或一方在移动,导致接收信号的幅度、相位随时间、地点不断变化,致使接收信号极不稳定。

◆ 移动通信可用于多种场合,特别是在不利于有线传输的场合,如江湖、海面、移动载体间的通信。

◆ 移动通信系统集中了多种通信技术,包括无线系统、交换技术、各种用户终端、组网方式等。

◆ 对移动通信设备要求苛刻。对载于车船、飞机及随身带的通信机,要求具有体积小、质量轻、操作简便、抗振、抗冲击、省电等特点。

2.2 数据调制与编码

2.2.1 数据调制

在通信系统中,利用电信号把数据从信源传输到信宿,所传输的数据从信号性质上分为模拟数据和数字数据两种形式。模拟数据和数字数据要想在信道中长距离传输需要进行调制或编码。所谓的调制就是载波信号的某些特征根据输入信号而变化的过程。无论是模拟数据还是数字数据,经过调制方式进行传输就是作为模拟信号传输,在接收端要进行解调,再还原出原始数据。数据与信号之间有四种可能的组合来满足各种数据传输方法的需要,分别为数字数据→数字信号,数字数据→模拟信号,模拟数字→数字信号,模拟数据→模拟信号。

1. 模拟数据的模拟信号调制

模拟数据的模拟信号调制最常用的两个技术是幅度调制(Amplitude Modulation)和频率调制(Frequency Modulation)。

幅度调制如图2.10所示,它是一种载波的幅度随原始模拟信号幅度变化而变化的技术。载波的幅度在调制过程中变化,而载波频率不变。

频率调制是一种高频载波的频率随原始模拟信号的幅度变化而变化的技术。因此,载波频率会在整个调制过程中波动,而载波的幅度是相同的。

2. 数字数据的模拟信号调制

模拟信号发送的基础是载波信号,是一种连续的频率恒定的信号。可以通过调制载波信号的三种特性,即振幅、频率、相位来对数字数据进行编码。

(1)振幅调制。是指把二进制的两个数字0和1分别用同一频率的载波信号的两个不同振幅来表示。一般情况,用振幅恒定载波表示一个二进制数,而用载波不存在表示另一个二进制数。振幅调制是数字调制方式中最早出现的,也是最简单的,但其抗噪声性能较差,因此实际应用并不广泛,但经常作为研究其他数字调制方式的基础。振幅调制如图2.11所示。

(2)频率调制。在二进制数字调制中,若载波的频率随二进制基带信号在0和1两个频率点间变化,则产生二进制频率调制信号,频率调制方式在数字通信中的应用较为广泛。在话

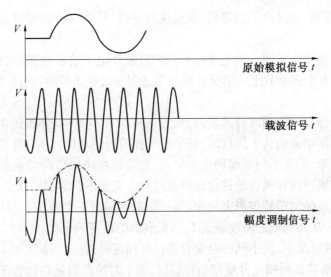

图 2.10　幅度调制

音频带内进行数据传输时,国际电话与电报顾问委员会(Consultative Committee for International Telegraph and Telephone,CCITT)建议在低于 1 200 bit/s 时使用,在微波通信系统中也用于传输监控信息。频率调制如图 2.11 所示。

（3）相位调制。在二进制数字调制中,当正弦载波的相位随二进制数字基带信号离散变化时,则产生二进制移相键控(2PSK)信号。通常使用信号载波的 0° 和 180° 相位分别表示二进制数字基带信号的"1"和"0"。相位调制如图 2.11 所示。

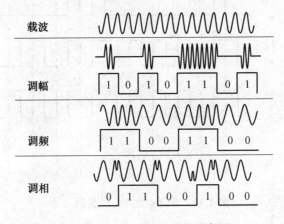

图 2.11　调幅、调频、调相示意图

2.2.2　数据编码

数据在传递过程中,可以采用模拟信号的方式,也可以采用数字信号的方式。数字数据和模拟数据也可以用离散的信号来表示,这种离散信号的表示就称为信号的编码。在数据远距离传输时,为了减少在传输介质中的传输损耗和提高抗干扰能力,传输的数据必须编码为信号才能在介质上传输。

由于表示二进制数字的码元的形式不同,因此产生出不同的编码方案。主要有单极性不归零码、单极性归零码、双极性不归零码、双极性归零码、曼彻斯特码和差分曼彻斯特码,如图2.12所示。

单极性码表示传输中只用一种电平(+E 或−E)和 0 电平表示数据,双极性码是用两种电平(+E 和−E)和 0 电平表示数据。单极性码简单适用于短距离传输,双极性码抗干扰能力强,适用于长距离传输。

不归零信号是指在一位的时钟周期内,信号电平保持不变,不会回到 0 电平;而归零信号则在一位的时钟周期结束的后半周期时,信号电平提前回到 0 位。不归零信号抗干扰能力强,适合工作于较高频率,但是不归零编码也有缺点,它难以决定一位的结束和另一位的开始,需要有某种方法来使发送器和接收器进行定时或同步。克服不归零编码缺点的另一个编码方案是曼彻斯特编码。在曼彻斯特编码方式中,每一位的中间有一个跳变。位中间的跳变既作为时钟,又作为数据。从高到低的跳变表示 1,从低到高的跳变表示 0。有时,人们也使用差分曼彻斯特编码,在这种情况下,位中间的跳变仅提供时钟定时,每位周期开始时有跳变为 0,无跳变为 1。对于曼彻斯特编码和差分曼彻斯特编码,由于时钟和数据均包含于信号数据流中,所以这样的编码被称之为自同步编码。

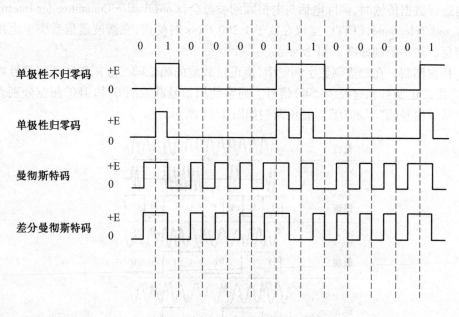

图 2.12　常见的数字信号编码

2.3　多路复用技术

多路复用是指在数据传输系统中,允许两个或多个数据源共享同一个传输介质,就像每个数据源都有自己的信道一样。多路复用将若干个彼此无关的信号合并为一个复合信号,然后在共用信道上进行传输,在信号的接收段必须将复合信号分离,然后发送给每一个接收端。

多路复用器(Multiplexer)将来自多个输入线的多路数据组合、调制成一路复用数据,并将此数据信号送上数据链路。多路分配器(Demutiplexer)也称多路译码器,用来接收复用的数据流,再将信道分离还原为多路数据,并送到适当的输出端。多路复用器和多路分配器统称多路器,英文简写为 MUX。多路复用主要分为:频分多路复用(Frequency Division Multiplexing, FDM)、时分多路复用(Time Division Multiplexing, TDM)、波分多路复用(Wavelength Division Multiplexing, WDM)和码分多路复用(Code Division Multiplexing, CDM)。

2.3.1 频分多路复用

频分多路复用是在一条传输介质上使用多个频率不同的模拟信号进行多路传输,频分多路复用器把传输介质的可用带宽分割成一个个"频段",每个输入装置都分配到一个"频段"。每一个"频段"形成了一个子信道,各个信道的中心频率不重合,子信道之间留有一定宽度的隔离频带,频分多路复用示意图如图 2.13 所示。

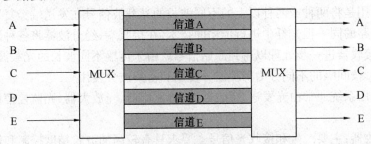

图 2.13 频分多路复用

频分多路复用技术主要应用在无线电广播系统、有线电视系统(CATV)和宽带局域网中。

2.3.2 时分多路复用

时分多路复用技术是将一条物理信道按时间分成若干个时间片,轮流地分给多个信号使用。TDM 要求各个子通道按时间片轮流占用整个带宽。时间片的大小可以按位、字节或固定大小的数据块传送的时间来确定。TDM 适用于数字信号传送,FDM 适用于模拟信号传送。时分多路复用示意图如图 2.14 所示。

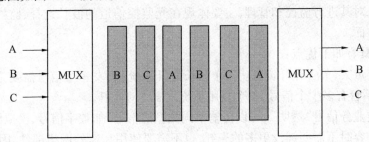

图 2.14 时分多路复用

时分多路技术采用分时技术,把传输线路的可用时间分成时隙,具体过程如下:

(1) 接到多路复用器的每个终端都分配到一个时隙。

(2) 多路复用器对每个终端进行扫描,以确定它是否有字符要传送。

(3) 如果终端没有字符要传送,多路复用器便发送一个空字符,以保持序列顺序。

时分多路技术可以用在宽带系统中,也可以用在频分复用下的某个子通道上,即将整个信道频带分成几个子信道,每个子信道再使用时分多路复用技术。时分制按照子通道动态利用情况又可再分为同步时分和统计时分两种。在同步时分制下,整个传输时间划分为固定大小的周期,每个周期内,各个子信道都在固定位置占有一个时间槽。这样,在接收端可以按约定的时间关系恢复各个子通道的信息流。但是,当某个子通道的时间槽来到时,如果没有信息要发送,这部分带宽就浪费了。统计时分制对同步时分制进行了改进,采用统计时分制时,发送端的多路复用器(又叫集中器)依次循环扫描各个子通道,若某个子通道有信息要发送则为它分配一个时间槽,若没有就跳过,这样就没有空的时间槽在线路上传播了。

2.3.3　波分多路复用

波分多路复用类似于频分多路复用,是将 FDM 应用于全光纤网组成的通信系统中的一种频分多路复用技术。

波分多路复用是将两种或两种以上的不同波长的光载波信号在发送端经复用器汇合在一起并耦合到光线路的同一根光纤中进行传输的技术,在接收端,经分波器将各种波长的光载波分离,然后由光接收器进一步处理以得到原始信号。由于传输不同波长的光载波信号,波长之间要有时间间隔,按间隔的不同分为稀疏波分复用和密集波分复用。

波分多路复用系统通常由光发送/接收器、波分复用器、光放大器、光监控信道和光纤等五个模块组成。

光发送/接收器:主要产生和接收光信号。要求具有较高的波长精度控制和较为精确的输出功率控制。

波分复用器:包括合波器和分波器。合波器用于传输系统发送端,具有多个输入端和一个输出端,每个输入端口输入一个预选波长的光信号,输出端口将不同波长的光波由端口输出。分波器用于传输系统接收端,具有一个输入端口和多个输出端口,用于将多个不同波长的光信号分离出来。

光放大器:可以作为前置放大器、线路放大器、功率放大器,是光纤通信中的关键器件之一。目前使用的光放大器分为光纤放大器(OFA)和半导体光放大器(SOA)两大类。

光监控信道:根据 ITU-TG.692 建议要求,密集波分复用系统要利用光纤放大器工作频带以外的一个波长对其进行监控和管理,主要体现在光监控信道的波长选择、监控信号速率、监控信号格式等方面。

WDM 技术具有如下优点:

(1)传输容量大,节省光纤资源。对单波长光纤系统,收发一个信号需要一对光纤,而对于 WDM 系统,不管有多少个信号,整个复用系统只需一对光纤。

(2)对各类业务信号"透明",可以传输不同类型的信号,如数字信号、模拟信号等。

(3)网络扩容时不需要铺设更多的光纤,也不需要使用高速的网络部件,因此 WDM 是理想的扩容手段。

(4)方便组建动态可重构的光网络。在网络节点使用光分插复用器或者使用光交叉连接设备,可以组成具有高灵活性、高可靠性的全光网络。

2.3.4　码分多路复用

码分多路复用是以不同的编码来区分各路原始信号的一种复用方式,它与各种多址技术结合产生了各种接入技术,包括无线和有线接入。

前面所讲的 FDM 和 WDM 是以频段的不同来区分地址,其特点是独占信道而共享时间;

TDM 是共享信道而独占时间槽,即在同一频宽中不同相位上发送和接收信号。码分多路复用完全不同于 FDM 和 TDM,它允许所有输入装置在同一时间使用整个信道,而采用码型来区分各路信号。码分多路复用适合于移动通信系统,在笔记本电脑、个人数字助理等移动计算机的通信中会大量使用这种技术。

2.4　无线局域网(WLAN)

2.4.1　无线局域网简介

1.基本概念

无线局域网(Wireless Local Area Network,WLAN)是以无线信道作为传输介质的计算机局域网。无线局域网不使用通信电缆连接计算机与网络,而是通过无线的方式连接,使网络的构建和终端的移动更加灵活。无线联网方式是对有线联网方式的一种补充和扩展,使网上的计算机具有可移动性。

与有线网络相比,WLAN 具有以下优点:

(1)安装快捷。在建设网络时,网络布线施工的周期长、对周边环境影响大。而 WLAN 的优势就是免去或减少了这部分工作量,一般只要配备一个或多个接入点(Access Point),设备就可建立覆盖整个建筑或区域的局域网络。

(2)部署灵活。在有线网络里,入网设备的安放受网络接入点位置的限制。部署 WLAN 后,在无线网的信号覆盖区域内,入网设备在任何一个位置都可以接入网络。

(3)经济节约。由于有线网络缺少灵活性,因此网络规划时尽可能地考虑未来发展的需要,导致预设大量利用率较低的接入点,而一旦网络的发展超出了设计规划时的预期,则要再次投入费用进行网络扩充和改造。WLAN 可以避免或减少以上情况的发生。

(4)易于扩展。WLAN 有多种配置方式,能够根据实际需要灵活选择。WLAN 能够组建只有几个用户的小型局域网到上千用户的大型网络,并且能够提供漫游等有线网络无法提供的特性。

由于 WLAN 具有多方面的优点,其发展十分迅速。IEEE 802.11 标准定义了两种类型的设备,一种是无线终端(Mobile Terminal)或称为移动节点(Mobile Node,MN),通常是由一台计算机加上一块无线网络接口卡构成的,或者是配备无线网卡的笔记本电脑;另一种称为无线接入点(Access Point,AP),其作用是提供无线和有线网络之间的桥接。一个无线接入点通常由一个无线网络接口和一个有线网络接口(IEEE 802.3)构成,桥接软件符合 802.1d 桥接协议。接入点就像是无线网络的一个无线基站,将多个无线站聚合并转接到有线的网络上。

2.WLAN 的拓扑结构

WLAN 有两种主要的拓扑结构,即自组织网络(Ad Hoc Network)和基础结构网络(Infrastructure Network)。

自组织型 WLAN 是一种对等模型的网络,目的是为了满足特定需求(Ad Hoc)的服务。自组织网络由一组无线终端组成,这些无线终端以相同的工作组名、扩展服务集标识号(ESSID)和密码等对等的方式相互直连,在 WLAN 的覆盖范围之内,进行点对点或点对多点之间的通信(图 2.15)。

组建自组织 WLAN 不需要增添任何网络基础设施，在这种拓扑结构中，不需要有中央控制器的协调。自组织网络使用非集中式的 MAC 协议，如 CSMA/CA。

自组织 WLAN 不能采用全连接的拓扑结构。对于网络中的两个移动节点而言，某一个节点可能会暂时处于另一个节点传输范围以外，它接收不到另一个节点的传输信号，因此无法在这两个节点之间直接建立通信。

基础结构型 WLAN 利用了高速的有线或无线骨干传输网络。在这种拓扑结构中，移动节点在基站(Base Station,BS)的协调下接入到无线信道(图 2.16)。

图 2.15　自组织网络(Ad Hoc Network)

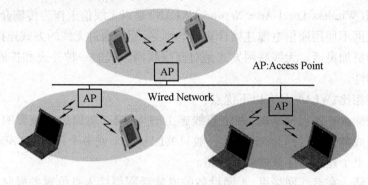

图 2.16　基础结构网络(Infrastructure Network)

基站的另一个作用是连接移动节点与现有的有线网络。当基站起到这样的作用时，被称为接入点。基础结构 WLAN 虽然也使用非集中式 MAC 协议(如基于竞争的 802.11 协议)，但大多数基础结构 WLAN 都使用集中式 MAC 协议(如轮询机制)。由于大多数的协议过程都由接入点执行，移动节点只需要执行小部分的功能，则其复杂性大大降低。

在基础结构 WLAN 中，存在许多基站及其覆盖范围下的移动节点形成的蜂窝小区。基站在小区内可以实现全网覆盖。在实际应用中，大部分无线 WLAN 都是基于基础结构网络。

一个用户从一个地点移动到另一个地点，被认为离开一个接入点，进入另一个接入点，这种情形称为"漫游"(Roaming)。漫游功能要求小区之间必须有合理的重叠，以便用户不会中断正在通信的链路连接。接入点之间也需要相互协调，以便用户透明地从一个小区漫游到另一个小区。发生漫游时，必须执行切换操作。

多个移动设备使用同一频率，接入同一个接入点，组成了一个基本服务集(Basic Service Set,BSS)。多个基本服务集互相连接组成了一个逻辑上的分布式系统(Distribution System,DS)，称为扩展服务集

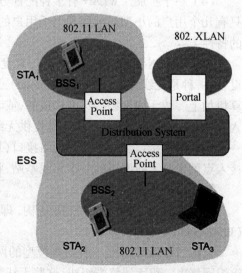

图 2.17　基本服务集和扩展服务集

(Extended Service Set,ESS)(图 2.17)。

与基础结构网络的基本服务集和扩展服务集相比,由移动设备自组织网络而成的网络称为独立基本服务集(IBSS, Independent Basic Service Set)。

2.4.2　无线局域网标准

1. WLAN 标准的变迁及标准系列

1990 年,IEEE 802 标准化委员会成立 IEEE 802.11 无线局域网(WLAN)标准工作组。IEEE 802.11 无线局域网标准工作组的任务是研究 1 Mbit/s 和 2 Mbit/s 数据速率、工作在 2.4 GHz 开放频段的无线设备和网络发展的全球标准,并于 1997 年 6 月公布了该标准,这是第一代无线局域网标准之一。该标准定义物理层和媒体访问控制(MAC)规范,使无线局域网和无线设备制造商建立互操作的网络设备(图 2.18)。

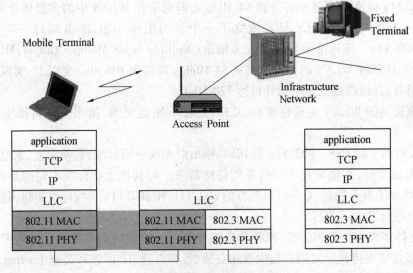

图 2.18　IEEE 802.11 协议栈

IEEE 802.11 标准中物理层定义了数据传输的信号特征和调制,定义了两个 RF 传输方法和一个红外线传输方法,RF 传输方法采用扩频调制技术来满足绝大多数国家工作规范。在该标准中 RF 传输标准是跳频扩频和直接序列扩频,工作在 2.400 0 ~ 2.483 5 GHz 频段。直接序列扩频采用 BPSK 和 DQPSK 调制技术,支持 1 Mbit/s 和 2 Mbit/s 数据传输速率。跳频扩频采用 GFSK 调制技术,支持 1 Mbit/s 数据传输速率,共有 22 组跳频方案,包括 79 个信道。红外线传输方法工作在 850 ~ 950 nm 段,峰值功率为 2 W,支持的数据传输速率为 1 Mbit/s 和 2 Mbit/s。

IEEE 802.11 系列标准除 802.11 外,还包括后续推出的 802.11a、11b、11g 等几个新的标准。802.11a 占用 5 GHz 自由频段,由于这一频段其他类型的应用不多,故干扰较少;它采用了传输速率较高的正交频分复用(Orthogonal Frequency Division Multiplexing,OFDM)技术,在 10 m 范围内其速率可高达 54 Mbit/s,但随着距离的增加,其速率快速下降,70 多米时就会下降到 10 Mbit/s 以内。802.11b 占用 2.4 GHz 的自由频段,但由于无绳电话、蓝牙设备甚至微波炉都使用这个频段,其干扰要大一些。它采用相对简单的直接序列扩频(Direct Sequence Spread Spectrum,DSSS)技术,其速率理论上可以达到 11 Mbit/s,但考虑到物理层的开销以及自由频段易受干扰等情况,其实际速率远低于此。虽然802.11a开始制订的时间要早于802.11b,但因为802.11b容易实现,所以802.11b产品反而占据了较大的市场份额。

由于使用不同的频段,802.11a的产品与802.11b不兼容。为了解决这个问题,IEEE开发了802.11g协议,它在和802.11b兼容的基础上提高了速度和传输距离。802.11g中规定的调制方式有两种,包括802.11a中采用的OFDM与802.11b中采用的补码键控调制(Complementary Code Keying,CCK)。通过规定两种调制方式,既达到了在2.4 GHz频段实现802.11a水平的数据传送速度,又与802.11b产品兼容。所以802.11g其实是一种混合标准,它既能适应传统的802.11b标准,在2.4 GHz频率下提供11 Mbit/s数据传输率,也符合802.11a标准在5 GHz频率下提供54 Mbit/s的数据传输率。但是干扰的原因决定了802.11g不可能达到802.11a的高速率,而且这个协议到2003年7月才得到正式批准,使许多设备生产商已经转而直接采用802.11a。

虽然802.11g标准最高速率可达到54 Mbit/s,但对于在WLAN中的多媒体业务来说,这个速率还远远不够。因此,IEEE已经成立了一个新的工作小组,准备制订一项新的高速WLAN标准802.11n。该标准采用多输入多输出(Multiple Input Multiple Output,MIMO)技术和OFDM技术,计划将WLAN的传输速率从54 Mbit/s提高到108 Mbit/s以上,实现与百兆有线网的无缝结合,其最高数据速率预计可达320 Mbit/s。

除了上面提到的WLAN主要标准外,IEEE还在不断地完善,推出或即将推出的新标准有:

(1) 802.11e:支持QoS。802.11e是IEEE推出的无线通用标准,它使企业、家庭和公共场所之间真正实现互通,并能满足不同行业的特殊需求。与其他无线标准不同的是,该标准在MAC物理层增加了服务质量(QoS),对现有的802.11b和802.11a无线标准提供多媒体支持,同时完全与这些标准向后兼容。

QoS和支持多媒体是提供话音、视频和音频业务的无线网络的关键特性。宽带服务提供商把QoS和多媒体支持视为对用户提供视频点播、音频点播、IP话音和高速Internet接入的重要部分。IEEE在802.11e正式生效之前就制订了QoS基准,并成为802.11e的核心构件。

QoS基准的主要机制在于能更好地控制多媒体应用的时间敏感信息。当无信号发送,即无争用期间(CFP),QoS基准接纳时间调度和轮询通信,改善轮询的效能,并通过前向纠错(FEC)提高信道稳定性和有选择的重发。在无争用期间,还能改善信道存取,并能保持对向后兼容的轮询。这些机制为高带宽多媒体流、功率管理以及各种速率和突发信息流的轮流接入提供最大效能。

即使是无线网络的密集部署,802.11e标准也能增强QoS支持。在这样的环境中,多个802.11e子网可配置在互相能通信的范围内,而在通信期间,不受不同子网中无线设备的干扰。

(2) 802.11h:避免干扰。IEEE 802.11h克服现有其他802.11标准的缺陷。802.11a无线网络工作在5 GHz频段,支持24个不重叠的信道,对干扰的敏感性也比802.11g低,但因国家不同,利用5 GHz频段的环境会发生改变,同样会遇到与其他系统相互干扰的问题。802.11h针对这个问题所定义的机制,能使基于802.11a的无线系统避免与其他同类系统中的宽带技术相干扰。

802.11h克服上述缺陷,引入了两项关键技术,即动态频率选择(DFS)和发射功率控制

（TPC）。

　　DFS 定义了检测机制,当检测到有使用相同无线信道的其他装置存在时,可根据需要转换到其他信道,以避免相互干扰,并协调对信道的利用。某个无线接入点利用 WLAN 装置的 DFS 查找其他接入点。当 WLAN 装置连接到某个接入点时,无线装置列出它能够支持的信道。当需要转换到新的信道时,接入点利用列出信道数据确定最佳信道。

　　TPC 通过降低 WLAN 装置的无线发射功率,减少 WLAN 与卫星通信的相互干扰。它还能用于管理无线装置的功耗和接入点与无线装置之间的距离。

　　802.11h 定义的 DFS 和 TPC 机制的优势在于,根据 5 GHz 频段的管理要求确保标准通信方式的实施,促进 802.11a 无线网络的推广使用,并提高 WLAN 的部署和运行性能。

　　(3) 802.11n:支持高速率。为了适应高性能 WLAN 的需求,IEEE 于 2003 年组建了 802.11TGn工作组来制订 802.11n 标准。802.11n 的主要机制在于通过 MAC 接口支持高数据率,并提高频谱效率,为无线 HDTV 传输和密集无线网络环境提供超高速数据流;运行 802.11n 组网协议将为 WLAN 提供 500 Mbit/s 的速率,约比目前的 WLAN 快 10 倍,而且能与现有的Wi-Fi标准广泛兼容,并支持 PC、消费电子设备和移动平台。

　　为实现上述功能,802.11n 应用两项关键技术:多输入多输出(MIMO)技术和宽信道带宽技术。

　　MIMO 技术:它能对要发送的数据建立多条路径、增加单信道数据吞吐率。MIMO 技术使用多个发射和接收天线,每条信道能在相同的频率上传送不同的数据集,并通过提高发送信号的传输速度来提高网络容量。

　　MIMO 实际上是一种无线芯片技术,发送端通过 2 根或多根天线发送信号。在接收端,MIMO 算法将信息重新组合,以增强传输性能。

　　20/40 MHz 信道带宽:802.11n 标准支持 20/40 MHz 信道带宽。40 MHz 信道由 2 个 20 MHz 的相邻信道组成,利用 2 个信道之间未被利用的频段,使每次传输能比目前 54 Mbit/s 的 WLAN 数据率提高 1 倍多,约为 125 Mbit/s。

　　802.11n 标准给 WLAN 带来许多新的应用:一是在 5 GHz 频段内工作,即在 5 GHz 频段内,40 MHz 频段容量的增大有可能使 802.11n 网络提供更多的无线服务;二是与 802.11b、802.11a 和 802.11 g 共存并向后兼容,支持 802.11eQoS 标准;三是单个和多个目的帧聚合,即把几个数据帧合并在一个数据包里,进行流媒体传输。

　　(4)802.11i:改善安全性。802.11i 标准结合 802.1x 中的用户端口身份验证和设备验证,对 WLAN 的 MAC 层进行修改与整合,定义了严格的加密格式和鉴权机制,改善 WLAN 的安全性。

　　由于 WLAN 基于计算机网络与无线通信技术,在计算机网络结构中,逻辑链路控制层(LLC)及其之上的应用层对不同的物理层的要求可以是相同的,也可以是不同的,因此,WLAN 标准主要针对物理层和媒质访问控制层 MAC 的内容,涉及所使用的无线频率范围、空中接口通信协议等技术规范与技术标准。

　　2. IEEE 802.11 标准内容

　　IEEE 802.11 系列标准定义的是网络协议栈的底层,包括物理层(Physical Layer,PHY)和介质访问层(Medium Access Layer,MAC)及其管理功能。

　　物理层定义了无线传输的类型、频段、调制标准等内容,在 802.11 最初定义的三个物理层规范中包括两个扩散频谱技术和一个红外传输技术规范,无线传输的频道定义在 2.4 GHz 的 ISM 波段内,这个频段在各个国际无线管理机构中是非注册使用频段,使用 802.11 的客户端设备就不需要任何无线许可。扩散频谱技术保证了 802.11 的设备在这个频段上的可用性和可靠的吞吐量,同时还保证同其他使用同一频段的设备不互相影响。802.11 无线标准定义的传输速率是 1 Mbit/s 和 2 Mbit/s,可以使用 FHSS(Frequency Hopping Spread Spectrum)和 DSSS(Direct Sequence Spread Spectrum)技术,FHSS 和 DSSS 技术在运行机制上是完全不同的,所以采用这两种技术的设备没有互操作性,如图 2.19 所示。

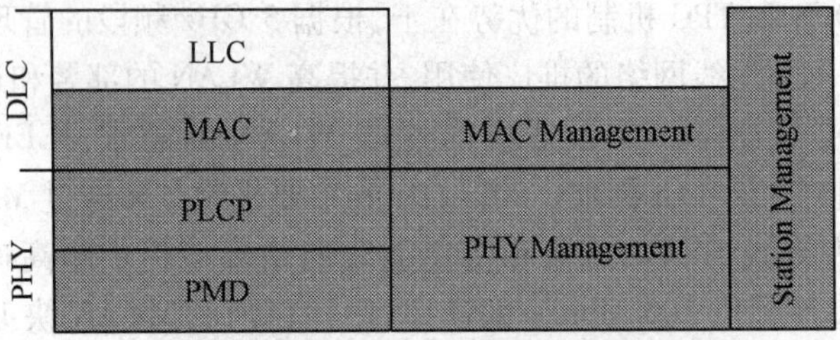

图 2.19　IEEE 802.11 层及其管理功能

802.11b 在 802.11 协议的物理层增加了两个新的速度:5.5 Mbit/s 和 11 Mbit/s。为了实现这个目标,DSSS 被选为该标准唯一的物理层传输技术,这个就使 802.11b 可以和 1 Mbit/s 和 2 Mbit/s 的 802.11 bps DSSS 系统互操作。最初 802.11 的 DSSS 标准使用 11 位的 chipping Barker 序列将数据编码并发送,每一个 11 位的 chipping 代表一个一位的数字信号 1 或者 0,这个序列被转化成波形(称为一个 Symbol),然后传播。这些 Symbol 以 1 MS/s(每秒 1 M 的 Symbols)的速度进行传送,传送的机制称为 BPSK(Binary Phase Shifting Keying),在 2 Mbit/s 的传送速率中,使用了一种更加复杂的传送方式,称为 QPSK(Quandrature Phase Shifting Keying),QPSK 中的数据传输率是 BPSK 的 2 倍,提高了无线传输的带宽。

在 802.11b 标准中,采用了一种更先进的编码技术,它抛弃了原有的 11 位 Barker 序列技术,而采用了 CCK(Complementary Code Keying)技术,它的核心编码中有一个 64 个 8 位编码组成的集合,在这个集合中的数据有特殊的数学特性,使其在经过干扰或者由于反射造成的多方接受问题后还能够被正确地互相区分。5.5 Mbit/s 使用 CCK 串来携带 4 位的数字信息,而 11 Mbit/s 的速率使用 CCK 串来携带 8 位的数字信息。两个速率的传送都利用 QPSK 调制,其信号的调制速率为 1.375 MS/s。

为了支持在有噪声的环境下能够获得较好的传输速率,802.11b 采用了动态速率调节技术,使用户在不同的环境下自动使用不同的连接速度来补充环境的不利影响。在理想状态下,用户以 11 Mbit/s 的全速运行,当用户移出理想的 11 Mbit/s 速率传送的位置或者距离时,或者潜在地受到了干扰的话,就把速度自动按序降低为 5.5 Mbit/s、2 Mbit/s、1 Mbit/s。同样,当用户回到理想环境,连接速度也会反向增加直至 11 Mbit/s。速率调节机制是在物理层自动实现而不会对用户和其他上层协议产生任何影响。

802.11 的 MAC 和 802.3 的 MAC 非常相似,都是在一个共享媒体之上支持多个用户共享资源,由发送者在发送数据前先确定网络的可用性。在 IEEE 802.3 中,使用载波侦听多路访问冲突检测(Carrier Sense Multiple Access with Collision Detection,CSMA/CD)机制完成调节,而在 802.11 中冲突的检测存在一定的问题,被称为"Near/Far"现象,因为要检测冲突,设备必须能够一边接受数据信号一边传送数据信号,而这在无线系统中是无法办到的。所以在 802.11 中采用了新的机制 CSMA/CA(Carrier Sense Multiple Access with Collision Avoidance)或者 DCF (Distributed Coordination Function)。CSMA/CA 利用 ACK 信号来避免冲突的发生,只有当客户端收到网络上返回的 ACK 信号后才确认送出的数据已经正确到达目的。CSMA/CA 通过这种方式来提供无线的共享访问,这种显式的 ACK 机制在处理无线问题时非常有效,但是这种方式增加了额外的负担,所以 802.11 网络和类似的 802.3 网络比较在性能上稍逊一筹(图 2.20)。

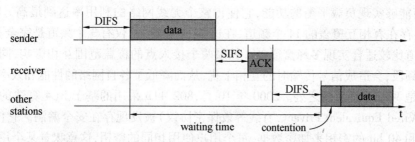

图 2.20　CSMA/CA 机制

无线 MAC 层的另一个问题是隐藏节点(Hidden Node)问题。两个相反的工作站利用一个中心接入点进行连接,这两个工作站都能够"听"到中心接入点的存在,而互相之间则可能由于障碍或者距离原因无法感知到对方的存在。为了解决这个问题,802.11 在 MAC 层上引入了一个新的 Request-To-Send/Clear-To-Send protocol (RTS/CTS)选项,当打开这个选项后,一个发送节点传送一个 RTS 信号,随后等待访问接入点回送 RTS 信号,由于所有的网络中的节点能够"听"到访问接入点发出的信号,所以 CTS 能够让它们停止传送数据,这样发送端就可以发送数据和接受 ACK 信号而不会造成数据的冲突,间接解决了隐藏节点问题。由于 RTS/CTS 需要占用网络资源而增加了额外的网络负担,一般只是在那些大数据报上采用(重传大数据报会耗费较大)(图 2.21)。

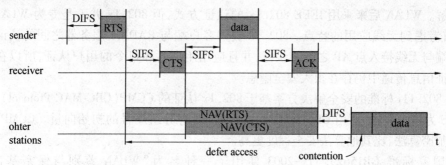

图 2.21　RTS/CTS 机制

IEEE 802.11 MAC 子层提供了两个提高健壮性的功能,CRC 校验和包分片。在 802.11 协议中,每一个在无线网络中传输的数据报都被附加上了 CRC 校验位,以验证其在传送的时候没有出现错误,这和 Ethernet 网络中通过上层 TCP/IP 协议来对数据进行校验有所不同。包分片的功能允许大的数据报在传送的时候被分成较小的部分分批传送,在网络十分拥挤或者存在干扰的情况下是一个非常有用的特性,因为大数据报在这种环境下传送非常容易遭到破坏。这项技术大大减少了数据报被重传的概率,从而提高了无线网络的整体性能。接收端的 MAC

子层负责将收到的被分片的大数据报进行重新组装,对于上层协议这个分片的过程是完全透明的。

IEEE 802.11 的 MAC 子层负责解决无线终端和访问接入点之间的连接。当一个 802.11 无线终端进入一个或者多个接入点的覆盖范围时,它会根据信号的强弱以及包错误率来自动选择一个接入点进行连接,一旦被一个接入点接受,无线终端就会把信号的频道切换为接入点的频段。这种重新协商的情况通常发生在无线终端移出了原连接接入点的服务范围,或者信号衰减后。其他的情况还发生在信号的变化或者由于原有接入点中的拥塞。在拥塞的情况下,重新协商能够实现负载平衡的功能,它使得整个无线网络的利用率达到最高。802.11 的 DSSS 中一共存在着相互覆盖的 14 个频道,在这 14 个频道中,仅有 3 个频道是完全不覆盖的,利用这些频道比较适合实现多蜂窝覆盖。如果两个接入点的覆盖范围互相影响,同时使用了互相覆盖的频段,会造成信号传输时的互相干扰,从而降低了各自网络的性能和效率。

安全性是 WLAN 最薄弱之处。2000 年 10 月,802.11b 采用的基于 RC4 算法的标准安全协议 WEP(Wired Equivalent Privacy,有线等效保密协议)被发现存在安全漏洞。它使用 24 bit 的初始向量和 40 bit 的密钥来加密数据,每个用户使用相同的密钥,这意味着某个用户的安全漏洞将威胁整个网络的安全。现在有些产品支持 TKIP(Temporal Key Integrity Protocol,临时密钥完整性校验协议),尽管它使用 48 bit 的初始向量和 128 bit 的密钥,但它仍没有脱离 WEP 核心,和 WEP 完全兼容。WEP 算法的安全漏洞是由于 WEP 机制本身引起的,与密钥的长度无关,增加密钥长度是不可能增强其安全性的,初始向量长度的增加也只能在一定程度上提高破解难度,延长破解时间,而并不能从根本上解决问题。在某种程度上,TKIP 更易受攻击,因为它采用了 Kerberos 密码,常常可以用简单的猜测方法攻破。Wi-Fi 联盟和 IEEE 802 委员会也承认,TKIP 只能作为一种临时的过渡方案,而不是最终方案,长远目标是采用 AES(Advanced Encryption Standard,高级加密标准)加密。

除了对传输的数据进行加密来提高安全性外,WLAN 还通过加强对用户的认证来增强网络的安全性。802.11b 使用业务组标识符(SSID),但由于其采用广播形式,使用者皆可收到,容易被破解。WLAN 后来采用 IEEE 802.1x 的认证方式,但 802.1x 并不是专为 WLAN 设计的,它没有考虑到无线应用的特点。802.1x 提供客户端与 RADIUS 服务器之间的认证,而不是无线终端与无线接入点 AP 之间的认证,并且应用用户名和口令的用户认证,所以在存储、使用和认证信息传递中仍存在很大安全隐患。

IEEE 802.11i 标准的安全解决方案基于 802.1x 认证的 CCMP(CBC-MAC Protocol)加密技术,以 AES 为核心算法,采用 CBC-MAC 加密模式,具有分组序号的初始向量。CCMP 为 128 位的分组加密算法,比其他算法安全程度更高。

中国国家标准 GB15629.11—2003 使用了一种名为"WLAN 鉴别与保密基础结构(WAPI)"的安全协议,而不是 802.11 标准中使用的 WEP 或 TKIP 安全协议。从技术上讲,WAPI 安全机制与目前国际标准不同。WAPI 采用国家密码管理委员会办公室批准的公开密钥体制的椭圆曲线密码算法和秘密密钥体制的分组密码算法,分别用于 WLAN 设备的数字证书、密钥协商和传输数据的加/解密,从而实现设备的身份鉴别、链路验证、访问控制和用户信息在无线传输状态下的加密保护。WAPI 由 ISO/IEC 授权的 IEEE ReGIStration Authority 审查获得认可,分配了用于 WAPI 协议的以太类型字段,这也是我国目前在该领域唯一获得批准的协议,向 ISO/IEC JTC1 委员会进行提交。

　　从市场角度讲,WAPI 充分考虑了市场应用。应用模式上分为单点式和集中式两种。单点式主要用于家庭和小型公司的小范围应用;集中式主要用于热点地区和大型企业,可以和运营商的管理系统结合起来,共同搭建安全的无线应用平台。

　　不同 WLAN 的覆盖距离也不一样。多数 802.11b 的网络可以传输 100 m 的距离,采用更高功率的发送器可以延长覆盖距离,但同时信号受到的干扰也会更大,遇到的障碍也会更多。考虑到安全性,WLAN 又要求限制发送功率,从而影响传输距离。802.11a 的传输距离和802.11b 差不多。从理论上看,高频电磁波更容易被吸收、传输距离较短,但是 802.11a 采用OFDM 技术,可以克服多径效应的影响,综合而言它们的覆盖距离差别不大。但是,802.11a的54 Mbit/s 速率是在 10 m 以内可达到的,随着距离的增加,速率减小得很快,70 m 时就下降到10 Mbit/s 以内了。802.11g 应用 OFDM 技术能达到更远的距离,但是增加传输距离不完全是优势,因为无线带宽是共享的,距离的增加就意味着用户数的增加,每个用户可分配的带宽相应减少。因此 802.11g 适合在用户较少的环境或者用户对于带宽要求较低的场所。并且较长的距离将会泄漏信号,入侵者就可能从远端闯入网络。

　　尽管 WLAN 的接入速率相对较高,但是不能在快速移动中获取数据。目前能够在移动环境下实现接入的是蜂窝网络通信技术。由于这类网络覆盖范围大,因此也可称之为无线广域网(WWAN)。但是其数据传输速率很低,即使理想状态下,3G 的数据传输速率也只能达到2 Mbit/s,这与 802.11b 的 11 Mbit/s 相差甚远。因此 WLAN 可作为有线局域网的补充,在一些“热点”地区,WLAN 则可作为 3G 的竞争方案。不同技术、不同方案在市场上的定位是不同的,可能会有取代的关系,但更有可能是共存共生的关系,WLAN 对 3G 产生很大的影响。

2.5　蓝牙(Blue Tooth)技术

2.5.1　蓝牙技术简介

1. WPAN 和蓝牙

　　便携技术的发展和应用需求的增长,促进了无线个域网(Wireless Personal AreaNetwork,WPAN)的产生和发展,使无线接入的产业链更加完善。WPAN 位于 802.11 的末端,它工作在个人操作环境,需要相互通信的装置构成一个网络,而无需任何中央管理设备。其特性是动态拓扑以适应网络节点的移动性。其优点是按需建网、容错、连接不受限制,一个设备用做主控,其他设备作为从属,系统适合运行多种类型的文件。WPAN 覆盖的范围一般在 10 m 半径以内,运行于自由使用的无线频段。WPAN 设备具有价格便宜、体积小、易操作和功耗低等优点。

　　WPAN 系统由 4 个层面构成:

　　(1) 应用软件。由驻留在主机上的软件模块组成,控制 WPAN 的运行。

　　(2) 固件和软件栈。管理链接的建立,并规定和执行 QoS 要求。

　　(3) 基带。负责数据传送所需的数据处理,包括编码、封包、检错和纠错,定义运行的状态,与主控制器接口(HCI)连接。

　　(4) 无线电。无线电连接经 D/A 和 A/D 转换处理的输入/输出数据,接收来自和到达基带的数据,并接收来自和到达天线的模拟信号。

　　蓝牙是以一位千年前统一丹麦和挪威的丹麦国王 Harald Bluetooth 的名字命名的。蓝牙技术是由爱立信、诺基亚、Intel、IBM 和东芝 5 家公司于 1998 年 5 月共同提出开发的。

在无线技术中,蓝牙是一种短距离的无线通信技术,电子设备彼此通过蓝牙而连接起来。配有蓝牙的设备通过芯片上的无线接收器能够在 10 m 的距离内彼此通信,传输速度可以达到 1 Mbit/s。

蓝牙技术已成为整个无线移动通信领域的重要组成部分,蓝牙不仅仅是一个芯片,而且是一个近距无线网络,能在众多设备之间进行无线通信和信息交换,由蓝牙构成的无线个人网已在移动通信领域广泛应用。

蓝牙技术使用高速跳频(Frequency Hopping,FH)和时分多址(Time Division Multi Access,TDMA)等通信技术,能在近距离内方便地将多个设备呈网状链接起来。蓝牙技术是网络中各种外围设备接口的统一桥梁,它消除了设备之间的连线。

2. 蓝牙的技术标准

蓝牙技术是低价、低耗能的射频技术,它使蓝牙通信设备使用特殊的通信协议,实现近距离无线通信。蓝牙为用户的移动设备实现自发连接,使用户能够通过局域网或广域网的接入点进行快速的访问。

蓝牙技术标准的更新主要体现在兼容性和安全方面。

(1) Bluetooth 1.0。Bluetooth 1.0 定义了蓝牙的基本功能。Bluetooth 工作在 2.4 GHz 的 ISM 频段,采用了 Bluetooth 1.0 技术的设备将能够提供 720 kbit/s 的数据交换速率,其发射范围一般可达 10 m。Bluetooth 1.0 技术应用跳频技术来消除干扰和降低衰落。当检测到距离小于10 m时,接受设备可动态调节功率。当业务量减小或停止时,蓝牙设备可以进入低功率工作模式。

Bluetooth 1.0 组网时最多可以有 256 个蓝牙单元设备连接起来组成微微网,其中一个主控单元和 7 个从属单元处于工作状态,而其他设备单元则处于待机模式。微微网络可以重叠使用,从属单元可以共享,多个相互重叠的微微网可以组成分布网络。

(2) Bluetooth 1.1。Bluetooth 1.0 规范在标准方面没有考虑到设备互操作性的问题。出于安全性方面的考虑,Bluetooth 1.0 设备之间的通信都是经过加密的,当两台蓝牙设备之间尝试建立起一条通信链路的时候,会因为设置口令的不匹配而无法正常通信。另外,如果从属设备处理信息的速度高于主设备的话,随后的竞争会使两台设备都得出自己是通信主设备的结果。Bluetooth 1.1 技术规范要求会话中的每一台设备都需要确认其在主/从设备关系中所扮演的角色。

Bluetooth 技术原来把 2.4 GHz 的频带划分为 79 个子频段,为了适应一些国家的军用需要,Bluetooth 1.0 重新定义了另一套子频段划分标准,把整个频带划分为 23 个子频段,以避免使用 2.4 GHz 频段中指定的区域。因此造成了使用 79 个子频段的设备与使用 23 个子频段的设备之间互不兼容。Bluetooth 1.1 标准取消了 23 子频段的副标准,所有的 Bluetooth 1.1 设备都使用 79 个子频段在 2.4 GHz 的频谱范围之内进行通信。

Bluetooth 1.1 规范也修正了互不兼容的数据格式会引发 Bluetooth 1.0 设备之间的互操作性问题,允许从属设备主动与主设备进行通信。从属设备在必要时通知主设备发送包含 slots 信息的数据包。

(3) Bluetooth 1.2。Bluetooth 1.1 标准的设备很容易受到主流的 802.11b 设备干扰。在 Bluetooth SIG 宣布的 Bluetooth 1.2 标准中提供了更好的同频抗干扰能力,加强了语言识别能力,并向下兼容 Bluetooth 1.1 的设备。

Bluetooth 1.2 增加了可调式跳频技术(Adaptive Frequency Hopping,AFH),主要针对现有蓝牙协议和 802.11b/g 之间的互相干扰问题进行了全面的改进,防止用户在同时使用 Bluetooth 和 WLAN 两种设备的时候出现互相干扰。同时增强了语音处理,改善了语音连接的品质,能够更快速地实现连接。

由于 Bluetooth 和 WLAN 同样是使用 2.4 GHz 的频谱,第一、二代蓝牙技术经常会发生相互干扰的情况。而 Bluetooth 1.2 规格的推出,使蓝牙技术更容易推广与使用。

3. 蓝牙的技术内容

蓝牙技术是采用低能耗无线电通信技术来实现语音和数据传输的,其传输速率最高为 1 Mbit/s,以时分方式进行全双工通信,通信距离为 10 m 左右,配置功率放大器可以使通信距离进一步增加。

蓝牙技术采用跳频技术抗信号衰落;采用快跳频和短分组技术,有效减少同频干扰,提高通信的安全性;采用前向纠错编码技术,减少远距离通信时随机噪声的干扰;采用 2.4 GHz 的开放 ISM (工业、科学、医学)频段;采用 FM 调制方式使设备变得简单可靠。一个跳频频率发送一个同步分组,每组一个分组占用一个时隙(也可以增至 5 个时隙)。蓝牙技术支持一个异步数据通道,或者 3 个并发的同步语音通道,或者一个同时传送异步数据和同步语音的通道。蓝牙的每一个语音通道支持 64 Kbit/s 的同步语音,异步通道支持的最大速率为 721 Kbit/s,反向应答速率为 57.6 Kbit/s 的非对称连接,或者 432.6 Kbit/s 的对称连接。语音采用 CVSD 调制,数据采用 GFSK 调制。

2.5.2　蓝牙术语表

1. 常用概念

(1)即时网络:一种通常以自发方式创建的网络。即时网络不要求架构,受时空限制。

(2)Bluetooth 时钟:Bluetooth 控制器子系统内部的 28 位时钟,每 312.5 ms 作滴答声一次。此时钟的值定义了各种物理信道中的时隙编号及定时。

(3)Bluetooth 主机:Bluetooth 主机可以是一个计算设备、外围设备、蜂窝电话、PSTN 网络或 LAN 接入点等。附加至 Bluetooth 控制器的 Bluetooth 主机可以与其他附加至其各自 Bluetooth 控制器的 Bluetooth 主机进行通信。

(4)连接。

①连接(至服务):建立至某项服务的连接。如果尚未建立,这还包括建立物理链路、逻辑传输、逻辑链路以及 L2CAP 信道。

②连接:两个对等应用程序或映射至 L2CAP 信道上的较高层协议之间的连接。

③创建安全连接:建立包括验证和加密在内的连接程序。

(5)文件传输配置文件(FTP):FTP 定义了客户端设备如何浏览服务器设备上的文件夹和文件。一旦客户端找到了文件或位置,客户端即可从服务器拉取文件,或通过 GOEP 从客户端推送文件至服务器。

(6)通用访问配置文件(GAP):GAP 是所有其他配置文件的基础,它定义在 Bluetooth 设备间建立基带链路的通用方法。此配置文件定义了一些通用的操作,这些操作可供引用 GAP 的配置文件以及实施多个配置文件的设备使用。GAP 确保了两个 Bluetooth 设备(不管制造商和应用程序)可以通过 Bluetooth 技术交换信息,以发现彼此支持的应用程序。不符合任何其他 Bluetooth 配置文件的 Bluetooth 设备必须与 GAP 符合以确保基本的互操作性和共存。

(7)免提配置文件(HFP):它使用 SCO 携带单声道,连续可变斜率增量调制或脉冲编码对数-法或 μ-法量化音频通道调制,目前的版本是 1.5。HFP 描述了网关设备如何用于供免提设备拨打和接听呼叫。典型配置如汽车使用手机作为网关设备。在车内,立体声系统用于电话音频,而车内安装的麦克风则用于通话时发送输出音频。HFP 还可用于个人计算机在家中或办公环境中作为手机扬声器的情况。

(8)硬拷贝电缆替代配置文件(HCRP):HCRP 定义了如何通过 Bluetooth 无线链路完成基于驱动程序的打印。此配置文件定义了客户端和服务器两种角色。客户端为包含打印驱动程序的设备,该打印程序适用于客户端希望打印其上内容的服务器。常见配置如充当客户端的个人计算机通过驱动程序使用充当服务器的打印机来进行打印,这提供了更为简便的无线选择以替代设备和打印机之间的电缆连接。HCRP 没有设定有关至打印机的通信的标准,因此驱动程序需视特定打印机型号或范围而定。

(9)耳机配置文件(HSP):这是最常用的配置,为当前流行支持蓝牙耳机与移动电话使用。它依赖于 SCO 在 64 千比特编码的音频/s 的 CVSD 的或 PCM 以及 AT 命令从 GSM 07.07 的一个子集,包括环能力最小的控制、接听来电、挂断以及音量调整。HSP 描述了 Bluetooth 耳机如何与计算机或其他 Bluetooth 设备(如手机)通信。连接和配置好后,耳机可以作为远程设备的音频输入和输出接口。

(10)内部通信系统配置文件(ICP):Bluetooth 射频也可能由于其他射频干扰而接收不到。因为 Bluetooth 无线技术使用无需申请许可证的波段进行传输,所以这种情况尤其值得注意。幸运的是,该技术经过精心设计,不仅不会在所处波段产生不必要的噪音,而且还能够避开其他无线电波。能够影响 Bluetooth 无线产品的一些常见射频技术产品包括微波炉和某些型号的无绳电话。

(11)休眠设备:设备在已同步至主设备的基础模式微微网中运行,但放弃了其默认的 ACL 逻辑传输。

(12)个人局域网配置文件(PAN):PAN 描述了两个或更多个 Bluetooth 设备如何构成一个即时网络,以及如何使用同一机制通过网络接入点接入远程网络。配置文件角色包括网络接入点、组即时网络及个人局域网用户。

(13)微微网。

①定义:占用一个共享物理信道的设备的集合,其中一个设备是微微网主设备,其余设备都连接至主设备。

②微微网物理信道:分为若干时隙的一种信道,每个时隙都与一个 RF 跳频相关联。连续的跳频通常与不同的 RF 跳频相对应,并以 1 600 hops/s 的标准跳频率发生。这些连续跳频遵循伪随机跳频序列,在 79 个射频信道间进行跳频。

③微微网主设备:微微网中的设备,其 Bluetooth 时钟和 Bluetooth 设备地址定义了微微网物理信道的特征。微微网中除主设备以外的任意设备,均连接于微微网主设备上。

微微网(Piconet)是由采用蓝牙技术的设备以特定方式组成的网络。微微网的建立由两台设备的连接开始,最多由八台设备构成。网络内的蓝牙设备是对等的,以同样的方式工作。当微微网建立时,只有一台为主设备,其他均为从属设备,并持续在微微网生存期间(图

2.22)。

在微微网络中一般包含如下设备：

◆ 主设备(Master Unit)：指在微微网中,某台设备的时钟和跳频序列用于同步其他设备。

◆ 从设备(Slave Unit)：指非主设备的设备。

◆ MAC 地址(MAC Address)：指用 3 bit 表示的地址,用于区分微微网中的设备。

◆ 休眠设备(Parked Units)：指在微微网中只参与同步,但没有 MAC 地址的设备。

◆ 监听及保持方式(Sniff and Hold Mode)：指微微网中从设备的两种低功耗工作方式。

分布网络(Scatternet)是由多个独立、非同步的微微网形成的。在两个相关的微微网络中,一般有一个设备起到桥接的作用,它同时属于这两个网络(图 2.23)。

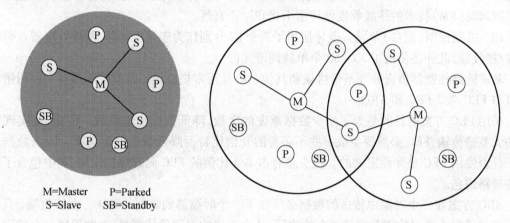

M=Master　P=Parked
S=Slave　SB=Standby

图 2.22　微微网　　　　　　　　　　图 2.23　分布网络

蓝牙系统一般由四个功能单元组成：天线单元、链路控制(固件)单元、链路管理(软件)单元和软件(协议)单元(图 2.24)。

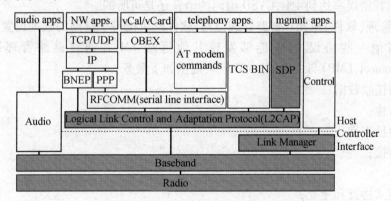

图 2.24　蓝牙的体系结构

(1) 天线单元。蓝牙要求其设备天线部分体积小巧、质量轻,因此蓝牙天线属于微带天线。蓝牙空中接口是建立在天线电平为 0 dBm 的基础上的。空中接口遵循美国联邦通信委员会(Federal Communication Commission,FCC)有关电平为 0 dBm 的 ISM 频段的标准。蓝牙使用扩展频谱功能来增加一些补充业务,频谱扩展功能是通过起始频率为2.402 GHz、终止频率为2.480 GHz、间隔为 1 MHz 的 79 个跳频频点来实现的,蓝牙最大的跳频速率是 1 660 hps。理想的连接范围为 100 mm～10 m,可以通过增大发送电平将距离延长至 100 m。

　　蓝牙工作在全球通用的 2.4 GHz ISM 频段,ISM 频带是对所有无线电系统都开放的频带,因此使用其中的某个频段会遇到不可预测的干扰。为此,蓝牙特别设计了快速确认和跳频方案以确保链路稳定。跳频技术是把频带分成若干个跳频信道(Hop Channel),在一次连接中,无线电收发器按一定的码序列(伪随机码)不断地从一个信道"跳"到另一个信道,只有收发双方是按这个码序列进行通信的,而其他的设备不可能按同样的规律进行干扰。跳频的瞬时带宽很窄,但通过扩展频谱技术使这个窄带扩展成宽频带,使干扰可能造成的影响变得很小。时分双工(Time Division Duplex,TDD)方案被用来实现全双工传输。

　　与其他工作在相同频段的系统相比,蓝牙跳频更快,数据包更短,这使蓝牙比其他系统更稳定。FEC(Forward Error Correction,前向纠错)的使用抑制了长距离链路的随机噪声;应用了二进制调频(FM)技术的跳频收发器抑制干扰和防止衰落。

　　(2) 链路控制(固件)单元。蓝牙使用了 3 个 IC 分别作为连接控制器、基带处理器及射频传输/接收器,此外还使用了 30 ~ 50 个单独调谐元件。

　　基带链路控制器负责处理基带协议和其他一些低层常规协议。基带控制器有 3 种纠错方案:1/3 FEC、2/3 FEC 和 ARQ。

　　采用 FEC 方案的目的是为了减少数据重发的次数,降低数据传输负载。但是,要实现数据的无差错传输,FEC 必然要生成一些不必要的开销比特而降低数据的传送率。因为数据包对于是否使用 FEC 是弹性定义的。报头总有占 1/3 比例的 FEC 码起保护作用,其中包含了有用的链路信息。

　　ARQ 方案在一个时隙中传送的数据必须在下一个时隙得到收到的确认。在接收端,只有数据通过了报头错误检测和循环冗余检测后,认为无错才返回确认消息,否则返回一个错误消息。蓝牙的话音信道采用连续可变斜率增量调制(Continuous Variable Slope Delta Modulation,CVSD)话音编码方案,获得高质量传输的音频编码。CVSD 编码擅长处理丢失和被损坏的语音采样,即使比特错误率达到 4% ,CVSD 编码的语音还是可听的。

　　(3) 链路管理(软件)单元。链路管理(LM)软件模块携带了链路的数据设置、鉴权、链路硬件配置和其他一些协议。LM 能够发现其他远端 LM 并通过链路管理协议(Payer Management Protocol,LMP)与之通信。LM 模块提供如下服务:

　　① 发送和接收数据;

　　② 请求名称;

　　③ 链路地址查询;

　　④ 建立连接;

　　⑤ 鉴权;

　　⑥ 链路模式协商和建立;

　　⑦ 决定帧的类型;

　　⑧ 将设备设为 sniff 模式。master 只能有规律地在特定的时隙发送数据。

　　将设备设为 hold 模式。工作在 hold 模式的设备为了节能在一个较长的周期内停止接收数据,平均每激活一次链路的周期由 LM 定义,LC(链路控制器)具体操作。

　　当设备不需要传送或接收数据但仍需保持同步时将设备设为暂停模式。处于暂停模式的设备周期性地激活并跟踪同步,同时检查 page 消息。

　　建立网络连接。在 piconet 内的连接被建立之前,所有的设备都处于 standby(待命)状态。

在这种模式下,未连接单元每隔 1.28 s 周期性地"监听"信息。每当一个设备被激活,它就监听规划给该单元的 32 个跳频频点。跳频频点的数目因地理区域的不同而异,32 这个数字适用于除日本、法国和西班牙之外的大多数国家。作为 master 的设备首先初始化连接程序,如果地址已知,则通过寻呼(page)消息建立连接,如果地址未知,则通过一个后接 page 消息的 inquiry(查询)消息建立连接。在最初的寻呼状态,master 单元将在分配给被寻呼单元的 16 个跳频频点上发送一串 16 个相同的 page 消息。如果没有应答,master 则按照激活次序在剩余 6 个频点上继续寻呼。slave 收到从 master 发来的消息的最大的延迟时间为激活周期的 2 倍 (2.56 s),平均延迟时间是激活周期的一半(0.6 s)。inquiry 消息主要用来寻找蓝牙设备, Inquiry 消息和 page 消息很相像,但是 inquiry 消息需要一个额外的数据串周期来收集所有的响应。如果 piconet 中已经处于连接的设备在较长一段时间内没有数据传输,蓝牙还支持节能工作模式。master 可以把 slave 置为 hold(保持)模式,在这种模式下,只有一个内部计数器在工作。slave 也可以主动要求被置为 hold 模式。处于 hold 模式一般被用于连接多个 piconet 或者耗能低的设备,如温度传感器。除 hold 模式外,蓝牙还支持另外两种节能工作模式:sniff(呼吸)模式和 park(暂停)模式。在 sniff 模式下,slave 降低了从 piconet"收听"消息的速率,"呼吸"间隔可以依应用要求做适当的调整。在 park 模式下,设备依然与 piconet 同步但没有数据传送。工作在 park 模式下的设备放弃了 MAC 地址,偶尔收听 master 的消息并恢复同步、检查广播消息。如果把这几种工作模式按节能效率以升序排列,则依次是:呼吸模式、保持模式和暂停模式。

连接类型和数据包类型。连接类型定义了哪种类型的数据包能在特别连接中使用。蓝牙基带技术支持两种连接类型:同步定向连接(Synchronous Connection Oriented,SCO)类型,主要用于传送话音;异步无连接(Asynchronous Connectionless,ACL)类型,主要用于传送数据包。同一个 piconet 中不同的主从对可以使用不同的连接类型,而且在一个时间段内还可以任意改变连接类型。每个连接类型最多可以支持 16 种不同类型的数据包,包括 4 个控制分组,这对 SCO 和 ACL 是相同的。两种连接类型都使用 TDD(时分双工传输方案)实现全双工传输。 SCO 连接为对称连接,利用保留时隙传送数据包。连接建立后,master 和 slave 可以不被选中就发送 SCO 数据。SCO 数据包既可以传送话音,也可以传送数据,但在传送数据时,只用于重发被损坏的那部分的数据。ACL 链路定向发送数据包,它既支持对称连接,也支持不对称连接。master 负责控制链路带宽,并决定 piconet 中的每个 slave 可以占用多少带宽和连接对称性。slave 只有被选中时才能传送数据。ACL 链路也支持接收 master 发给 piconet 中所有 slave 的广播消息。

鉴权和保密。蓝牙基带部分在物理层提供保护和信息保密机制。鉴权基于"请求响应法则"。鉴权是蓝牙系统中的关键部分,它允许用户为个人的蓝牙设备建立一个信任域。加密被用来保护连接的个人信息。密钥由高层软件来管理。网络传送协议和应用程序可以提供较强的安全机制。

(4) 软件(协议)单元。Bluetooth 基带协议结合电路交换和分组交换,适用于语音和数据传输。每个声道支持 64 Kbit/s 同步语音链接。异步信道支持任一方向 721 kb/s 和回程方向 57.6 kb/s 的非对称链接,也支持 43.2 kb/s 的对称连接。因此,可以足够快地应付蜂窝系统上的数据比率。它的链接范围为 100 mm ~ 10 m,如果增加传输功率的话,其链接范围可以扩展到 100 m。Bluetooth 软件构架规范要求与 Bluetooth 设备支持基本水平的互操作性。

蓝牙设备支持基本互操作特性要求。对某些设备,这种要求涉及无线模块、空中协议及应用层协议和对象交换格式。Bluetooth 1.0 标准由两个文件组成,Foundation Core 规定设计标准,Foundation Profile 规定相互运作性准则。蓝牙设备必须能够彼此识别并加载软件以支持设备更高层次的性能。

软件(协议)结构需有如下功能:设置及故障诊断工具;能自动识别其他设备;取代电缆连接;与外设通信;音频通信与呼叫控制;商用卡的交易与号簿网络协议。

蓝牙的软件(协议)单元是一个独立的操作系统,不与任何操作系统捆绑。

2. Blue Tooth 运行机制

(1) 角色。每个 piconet 包括一个且只有一个主控设备和最多七个从属设备。任何一个蓝牙设备既可成为主控设备又可成为从属设备。角色的分配是在微微网形成时临时确定的。发出连接指令的设备将成为主控设备,主/从转换功能可使角色改变。

(2) 组成。蓝牙设备唯一标识自身跳转模式的 Global ID。未连接进 piconet 的设备处于 Standby 模式。此时这些设备监听其他设备的 inquiry 消息或者构建 piconet 的 page。当某个设备发出查询命令时,接收设备用 FHS 包发送自己的 ID 号和时钟偏移给询问者,以便使其形成一个完整的覆盖范围内的设备情况表。

master 用所需设备的 ID 号寻呼这个设备(此 ID 号是在先前的 inquiry 中得到的)。被呼设备将用自己的 ID 号回应,然后 master 会再发一个 FHS 包(包括 Master 的 ID 号和时钟偏移)给被呼设备,被呼设备便加入了 master 的 piconet。

(3) 地址。一旦某个设备加入 piconet 中,就被分配一个 3 bit 的 master 地址(AMA),其他成员可以用其访问该设备。一旦 piconet 内有 8 个活动 slave,master 必须把一个 slave 强制成 Park 模式。在 Park 模式中,此设备仍然存在于 piconet 中,但是它释放了 AMA 地址而得到一个 8 bit 的被动成员地址(PMA)。AMA 和 PMA 允许超过 256 个设备同时存在于一个 piconet 中,但是只有 8 个具有 AMA 地址的设备才能进行通信。

Park 模式设备以一定时间间隔侦听外界指令,master 有能力给所有的 slave 广播信息。处于 Standby 状态的设备也监听其他设备发出的 inquiry 或 page 指令,每隔 1.25 s 它们就做一次这样的扫描。

(4) inquiry。master 使用的是全球统一的预留 inquiry 事件 ID 标识号,并采用全球唯一的包含 32 个信道的信道序列发送此指令,32 个回复信道也是预留的。

进行 inquiry 扫描的设备每隔 1.25 s 就在这 32 个信道中的某个信道上停留 10 ms,然后就跳转到序列中的下一个信道继续监听,直到该设备的 inquiry 扫描功能被禁止,可能不止一个设备发出 inquiry 指令,因此要连续监听。

在主询端,32 个 inquiry 信道被分成 2 个频组,每组 16 个信道。主询设备先在第 1 频组上发布 16 条相同的 inquiry 指令,随即每隔 1.25 s 在反向回复信道上监听回音。如果被询设备扫描的信道正好和主询设备发布指令的信道重合,被询设备的监测相关器就会起较明显的反应,而后被询设备就会用 HFS 包发送自己的 ID 号和时钟偏移。在下一个 1.25 s 内主询设备用第 2 组频率重新发布 inquiry 指令,如此反复,直到主询设备的覆盖范围内的所有设备都发回 FHS 包。

(5)page。每个设备依据其 ID 号都有唯一的包含 32 个寻呼频率的信道序列和包含 32 个回复频率的信道序列。处于 Standby 状态的设备,每隔 1.25 s 在其特有的寻呼信道序列中的某个信道停留 10 ms,以监听寻呼 ID 信息,若此 ID 号不是自己的,该设备就跳转到序列中的下一个寻呼信道继续监听。

在主寻呼端,呼叫设备的 32 个寻呼信道也被分成 2 个频组,每组 16 个信道。主寻呼设备先根据它最近知道的被呼设备的时钟偏移作出被呼设备位置的估计,然后调整两个频组的频率,随即主呼设备先用第 1 组估计的频率持续地呼叫 1.25 s。

如果主呼设备未收到回音,说明位置估计是错误的,主呼设备将在下一个 1.25 s 内使用第 2 频组。小的时钟偏移会使呼叫过程很快完成,而大的时钟偏移却会使该过程延长到最大 2.5 s,这是两个频组总共呼叫的时间。寻呼过程的平均时延是 0.64 s。一旦一个设备通过 inquiry 被发现并且通过 page 加入到 piconet 中,piconet 就形成了。

（6）状态转换。为了在很低的功率状态下也能使蓝牙设备处于连接状态,蓝牙规定了三种节能状态,即停等(Park)状态、保持(Hold)状态和呼吸(Sniff)状态(图 2.25)。

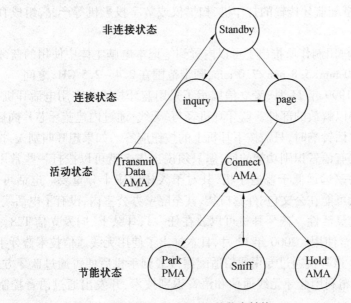

图 2.25　Blue Tooth 的状态转换

在 Sniff 状态中,从属设备降低了从 piconet"收听"消息的速率,一会儿醒一会儿睡,宛如呼吸一样。

Hold 状态,设备停止传送数据,但一旦激活,数据传递就立即重新开始。

在 Park 状态中,设备被赋予 PMA 地址,并以一定间隔监听主控设备的消息,主控设备的消息包括:

① 询问该设备是否想成为活动设备;

② 询问任何停等的设备是否想成为活动设备;

③ 广播消息。

这三种状态的节能效率为:呼吸模式<保持模式<停等模式。

2.5.3　蓝牙技术产品及应用

蓝牙技术自从发布以来,给信息产业的快速增长带来了前所未有的激情,业界观察者评论它为无线通信近 20 年来最重要的进展。

1. 蓝牙产品崭露头角

蓝牙技术经过酝酿、准备,多种蓝牙产品已经问世,并开始走向市场。

(1)蓝牙芯片。1999 年 12 月,朗讯宣布了它的第一个蓝牙集成芯片 W7020,由一个单芯片无线发送子系统、一个基带控制器和蓝牙协议软件组成。2000 年 6 月,Mitel 推出 MT1020,称这是世界上第一种可进行语音和数据处理的蓝牙基带控制器。

(2)蓝牙适配器。2000 年 5 月,日本东芝公司推出一系列蓝牙 PC 卡。2000 年 6 月,摩托罗拉公司公布其第一批蓝牙产品,包括一个 PCMCIA (个人计算机存储器接口适配器)卡、一个 USB(Universal Serial Bus)部件。PCMCIA 卡和 USB 部件这两个新产品都是个人电脑的附加设备,可以允许个人电脑用无线方式交换信息和整理数据。2001 年 3 月推出的蓝牙 CF 卡,内置了微波公司的 Odyssey 蓝牙通信芯片,可广泛应用在用户的手持设备中——只要此设备与无线网络标准兼容。2001 年 3 月,3Com 推出蓝牙 USB 蓝牙模块,使 USB 接口可轻易适用于笔记本或台式机,搭配蓝牙传输的打印机、扫描仪或数字投影机等产品,组成真正的无线家庭网络。

(3)蓝牙天线。村田制作所推出了可以内置到笔记本电脑主体中使用的蓝牙天线“G2 系列”,外形尺寸为 15.0 mm×5.8 mm×7.0 mm,频带范围在 2.4 ~ 2.5 GHz 之间。

(4)蓝牙耳机。1999 年 11 月,爱立信展示了采用蓝牙技术的实用电话耳机,这是第一个采用蓝牙技术使手得以解放的部件。蓝牙耳机轻巧、无线,通过内建蓝牙芯片同插入移动电话上的蓝牙相连。当电话铃响时,只需按下耳机上的按钮应答。如果想呼叫别人,按下耳机上按钮,而且,如果手机具有语音识别功能的话,您只须说出人名就可以拨打一些常用的电话。由于蓝牙耳机的发射功率远远低于普通手机,其对于人体健康十分重要。电话可以相隔 10 m远,与人通话时,电话可能在公文包、外套口袋、甚至隔壁办公室内,没有了电话线束缚,你可以尽情享受蓝牙给予的灵活性。蓝牙耳机可以放在任一只耳朵上,同爱立信 T28, T28 WORLD和 R320 蜂窝电话配合使用。2000 年 12 月,日本推出了使用无线通信技术蓝牙手机专用无线头戴式耳机“i2me”。该耳机通过专用通信适配器接驳到手机后便可通过蓝牙方式进行通信。2002 年 1 月,东芝宣布利用蓝牙无线通信和语音识别技术,开发出通过语音控制家电产品的头戴式带话筒耳机。

(5)蓝牙手机。2000 年 6 月,爱立信公司展示了内置蓝牙芯片的 GPRS 手机 R520m 和 T36,Ericsson 认为 R520m 是世界首例蓝牙 GPRS 手机,该手机还捆绑了用于无线访问 Internet的 WAP 浏览器。GPRS(General Packet Radio Service)是第 2.5 代无线通信技术,有较快的数据传输速度(100 kbps)。

(6)蓝牙笔记本电脑。IBM 推出应用蓝牙技术的全新 ThinkPad 笔记本电脑,能方便地连接到无线调制解调器、照相机和其他设备上。通过蓝牙技术,笔记本电脑将不再需要无线调制解调器或是单独的无线 ISP 账号,而是将来自笔记本电脑的数据通过无线电设备发送到蜂窝电话,然后再由蜂窝电话进行传输。

(7)蓝牙硬盘。美国的 IBM 公司展示了配备蓝牙接口的全新硬盘存储器。这种采用蓝牙接口的硬盘存储器,可以通过无线方式与同样为试制品的蓝牙 MP3 数字播放器相连接并传输播放音频数据。目前这种硬盘的记录容量为 340 MB,IBM 承诺会在不久推出更大容量的同类产品。有了这种设备后,电脑用户在电脑主机与硬盘间可进行无线操作。当人离开时,可将硬盘带走,防止他人非法操作,回来后重新连上硬盘便可继续工作。

（7）蓝牙打印机。2000 年 10 月,日本电气公司推出了采用"蓝牙"技术的彩色喷墨打印机。打印机没有使用内置的蓝牙模块,而是在打印机端子上连接蓝牙打印机适配器,通过适配器从安装在个人电脑扩展槽上的"蓝牙卡"接收数据。通信方式支持蓝牙 1.0B 版。

（8）蓝牙手表。2001 年 4 月,设在印度硅谷班加罗尔市的 IBM(印度公司)开发出一种蓝牙计算机手表,长和宽都不到 5 cm,厚度只有 0.5 cm,也只比普通的手表略微重一点,但是它的能力却不可小觑。该产品与支持蓝牙的手机组合在一起。当有电话打进来时,手表便发出声音来通知用户。在表带的背面内置麦克风和扬声器。除了作为手机以外,该产品还可以与个人电脑的安全性技术结合使用,当带上手表的人士离开电脑以后,电脑感应到手表的电波减弱便可以使个人电脑进入禁止使用状态。单独使用手表还可以进行游戏及日程计划管理。

（9）蓝牙数码相机。佳能公司在全球最大电讯及电脑科技展 CeBIT 2001 大展上,展示了在 S10 数码相机上结合蓝牙技术的运用实例:首先要在相机一侧上附接"蓝牙"设备模块,然后将接收器连接到一台喷墨打印机上,相机中的数码图像就能够简单地通过无线电传输到打印机上。无线传输数据的范围为距离 10 m 左右。当"蓝牙"模块使用在移动电话上时,数码相机就能够接收移动电话上的信息,然后再传递到另一个"蓝牙"模块。

（10）蓝牙标签。2001 年 3 月,英国 Red-M 公司和丹麦 BlueTags 公司合作开发基于"蓝牙"的无线智能电子标签技术。在一件物体(公文包、行李箱、甚至笔记本电脑)上贴这种电子标签,机场和酒店管理处将可以利用蓝牙技术对该物体进行追踪。例如,在机场中,智能电子标签系统可使机场的电脑系统在一件行李抵达时开始对其进行追踪,一直到它被送上行李传送带为止。因为"蓝牙"系统是一个双向的短距离无线网络,这种智能电子标签能帮助机场的电脑系统完成更复杂的任务。机场的电脑系统可以通过远程方式读取电子标签上的数据,并下载以前的追踪信息。这样,机场就可以清楚地知道行李属于哪一位特定的旅客。

2. 蓝牙技术的应用

近年来,蓝牙技术的发展很快,在各领域的应用也越来越广泛,尤其是在电脑和手机上应用的发展尤为迅速。目前,主要体现在三个方面:一是用蓝牙交换手机铃声、图片、小游戏。如通过网络下载手机图片和铃声,则供选择的内容有限、速度较慢且费用较高。只要有了蓝牙设备,用电脑上网,在网站上把图片铃声下载到电脑中,再传输到手机里,就解决了上述难题。相比传输线或红外线,蓝牙手机会比用红外线快。二是把蓝牙手机变身为无线 U 盘。除了图片、铃声和 Java 小游戏外,一般的文档也能传到蓝牙手机中,这样就可以把蓝牙手机当成 U 盘使用,但受到手机的存储器容量、手机支持的文档特定格式的制约。不过,只需在传送文档前,先把文档的"扩展名"改成手机可接收的扩展名,你的蓝牙手机就变成了一个无线 U 盘了。另外,蓝牙手机还可以让电脑无线上网。电脑通过手机无线上网,传统的方法是通过传输线或红外线来进行,两者都有缺点。传输线的长度有限,如果使用笔记本电脑上网的话,在空间比较局促的地方,手机可能无处可摆;而红外线上网又必须要求让手机和电脑的红外线端口呈一直线对齐,用蓝牙让电脑和手机连接就没这个烦恼。你可以把手机放在口袋或包里,不必刻意找到最佳位置摆放,只要距离在 10 m 内,任何角度都可以实现上网。

其实蓝牙技术的应用范围远远不止这些。现在越来越多的人正在研究将蓝牙技术走向我们日常生活当中,而且已经有一定成效。如篮牙技术构成的电子钱包和电子锁。因为Bluetooth 构成的无线电电子锁比其他非接触式电子锁或 IC 锁具有更高的安全性和适用性,各种无线电遥控器(特别是汽车防盗和遥控)比红外线遥控器的功能更强大,所以使用蓝牙合成的电子钱包和电子锁实用性很强。在超市购物时,当你走向收银台时,蓝牙电子钱包会发出一个信号,证明您的信用卡或现金卡上有足够的余额。因此,您不必掏出钱包便可自动为所购物品付款。然后收银台会向您的电子钱包发回一个信号,更新您的现金卡余额。利用这种无线电子钱包,可轻松地接入航空公司、饭店、剧场、零售商店和餐馆的网络,自动办理入住、点菜、购物和电子付帐。

蓝牙技术走向日常生活还体现在篮牙技术在传统家用电器中的应用。将蓝牙系统嵌入微波炉、洗衣机、电冰箱、空调机等传统家用电器,使之智能化并具有网络信息终端的功能,能够主动地发布、获取和处理信息,赋予传统电器以新的内涵。网络微波炉应该能够存储许多微波炉菜谱,同时还应该能够提高通过生产厂家的网络或烹调服务中心自动下载新菜谱;网络冰箱能够知道自己存储的食品种类、数量和存储日期,可以提醒存储到期和发出存量不足的警告,甚至自动从网络订购;网络洗衣机可以从网络上获得新的洗衣程序。带蓝牙的信息家用电器还能主动向网络提供本身的一些有用信息,如向生产厂家提供有关故障并要求维修的反馈信息等。蓝牙信息家用电器是网络上的家用电器,不再是计算机的外设,它也可以各自为战,提示主人如何运作。可以设想把所有的蓝牙信息家用电器通过一个遥接器来进行控制。该遥控器不但可以控制电视、计算机、空调器,同时还可以用作无绳电话或者移动电话,甚至可以在这些蓝牙信息家用电器之间共享有用的信息,比如把电视节目或者电话语音录制后存储到电脑中。

2.5.4 蓝牙技术前景展望

蓝牙在家庭和办公自动化、家庭娱乐、电子商务、工业控制、智能化建筑等方面展示出良好的应用前景。

1. 解决通用性问题

(1)解决不同生产商生产出来的蓝牙产品间的互用性问题。在蒙特卡罗举行的"2000 蓝牙会议"上,会议基调就是强调蓝牙产品的互用性(Interoperability)。会议认为就现阶段而言,协作是首要。只有蓝牙特殊兴趣集团成员协作,才能保证不同蓝牙产品的互用性,以为广大消费者所接受。采用蓝牙技术的产品在发布前必须通过蓝牙特殊兴趣集团的认证,并通过互用性检测。

(2)各国统一频率问题。蓝牙所使用的从 2 400～2 483.5 MHz 的频率波段并非每个国家都适用,在法国、西班牙、日本和澳大利亚,这个频率范围内只有一段波段可用。在欧美,2.4 GHz频带的频率不必经过批准便可使用,2 400～2483.5 MHz 是开放的,而在日本开放的是2 471～2 497 MHz。日本的动作比较快,从 1999 年 10 月开始,日本修改了法律,同样开放24 00～2 483.5 MHz。其他国家政府也在积极进行放宽对 2.4 GHz 频带使用的限制,以消除推广蓝牙的障碍。

(3)将蓝牙上升为国际统一标准。尽管蓝牙特殊兴趣集团成立以来,在短时间内得到很快的发展,成员数量已经达到 2 491 家,并且来自各行各业。但是有一个隐患问题不容忽视:蓝牙只是一个由几家通信巨头推出的标准,虽然它的目的是要建立一个全球统一的无线连接标准,但它还不是一个国际标准,至少目前如此。

2. 降低成本以利普及

一个产品想要普及,首要条件就是价格能为人们所普遍接受。按照蓝牙联盟的主要成员的观点,5 美元将成为用户应用蓝牙技术的心理线。如果能够把价格降低到 5 美元左右,蓝牙设备将大量出现。蓝牙技术如果成本和芯片体积下不来,就很难推广使用。例如在移动电话上的应用,芯片就必须做到小巧、廉价、结构紧凑和功能强大。

目前的产品用蓝牙模块仍需使用射频、基频、闪存 3 种芯片,加上天线、功率放大器、VCO等关键零组件,蓝牙模块不仅体积大,成本更是高达 20 美元,高昂的价格成了蓝牙产品普及的障碍。目前降低成本的主要方式有:

(1)提高集成度。如 Cambridge Consultants 公司,使用了 0.18 或 0.15 微米技术,能够在几乎不增加成本的情况下把基带电路加到芯片中。这个公司的入门产品是一个单芯片传输器和联接控制器。公司称之为 BlueCore 和 BlueStack。这是一个完整的蓝牙,不需要外部的SAW 滤波器、陶瓷电容或感应器。

(2)把蓝牙收发模块的基本 LSI 和设备基本 LSI 做在一起,实现基本 LSI 和 RF 收发电路LSI 单芯片化。现在,基本 LSI 和 RF 收发 LSI 系用不同技术制造,基本 LSI 用 CMOS 技术,RF收发电路用双极型-CMOS 技术。未来单芯片化的二者都将用 CMOS 技术制造。高频 CMOS可以降低成本,但功耗将比使用双极型 CMOS 高。除了高频 CMOS 外,还有其他方法实现单芯片。例如,村田制作所便开发了使用多层陶瓷技术把基本 LSI 和 RF 收发电路 LSI 集成于一个芯片中的方法。

2.6　ZigBee 技术

2.6.1　简介

ZigBee 技术是一种应用于短距离范围内,低传输数据速率下的各种电子设备之间的无线通信技术。ZigBee 名字来源于蜂群使用的赖以生存和发展的通信方式,蜜蜂通过跳 ZigZag 形状的舞蹈来通知发现的新食物源的位置、距离和方向等信息,以此作为新一代无线通讯技术的名称。ZigBee 过去又称为"HomeRF Lite"、"RF-EasyLink"或"FireFly"无线电技术,目前统一称为 ZigBee 技术。

2.6.2　ZigBee 技术的特点

无线通信技术一直向着不断提高数据速率和传输距离的方向发展。例如:广域网范围内的第三代移动通信网络(3G)目的在于提供多媒体无线服务,局域网范围内的标准从IEEE802.11 的 1 Mb/s 到 IEEE802.11g 的 54 Mb/s 的数据速率。而当前得到广泛研究的ZigBee 技术则致力于提供一种廉价的、固定、便携或者移动设备使用的极低复杂度、成本和功耗低的、低速率无线通信技术,这种无线通信技术具有如下特点:

1. 功耗低

工作模式情况下,ZigBee 技术传输速率低,传输数据量很小,因此信号的收发时间很短,并且在非工作模式时,ZigBee 节点处于休眠模式。设备搜索时延一般为 30 ms,休眠激活时延为15 ms,活动设备信道接入时延为 15 ms。由于工作时间较短,收发信息功耗较低且采用了休眠模式,使得 ZigBee 节点非常省电,ZigBee 节点的电池工作时间可以长达 6 个月到 2 年左右。同时,由于电池时间取决于很多因素,例如:电池种类、容量和应用场合,ZigBee 技术在协议上对电池使用也进行了优化。对于典型应用,碱性电池可以使用数年,对于某些工作时间和总时间(工作时间+休眠时间)之比小于 1%的情况,电池的寿命甚至可以超过 10 年。

2. 数据传输可靠

ZigBee 的媒体接入控制层(MAC 层)采用 talk-when-ready 的碰撞避免机制。在这种完全确认的数据传输机制下,当有数据传送需求时则立刻传送,发送的每个数据包都必须等待接收方的确认信息,并进行确认信息回复,若没有得到确认信息的回复就表示发生了碰撞,将再传一次,采用这种方法可以提高系统信息传输的可靠性。同时为需要固定带宽的通信业务预留了专用时隙,避免了发送数据时的竞争和冲突。同时 ZigBee 针对时延敏感的应用做了优化,通信时延和休眠状态激活的时延都非常短。

3. 网络容量大

ZigBee 低速率、低功耗和短距离传输的特点使它非常适宜支持简单器件。ZigBee 定义了两种器件:全功能器件(FFD)和简化功能器件(RFD)。对全功能器件,要求它支持所有的 49 个基本参数。而对简化功能器件,在最小配置时只要求它支持 38 个基本参数。一个全功能器件可以与简化功能器件和其他全功能器件通话,可以按 3 种方式工作,即个域网协调器、协调器或器件。而简化功能器件只能与全功能器件通话,仅用于非常简单的应用。一个 ZigBee 的网络最多包括有 255 个 ZigBee 网路节点,其中一个是主控(Master)设备,其余则是从属(Slave)设备。若是通过网络协调器(Network Coordinator),整个网络最多可以支持超过 64 000 个 ZigBee 网路节点,再加上各个 Network Coordinator 可互相连接,整个 ZigBee 网络节点的数目将十分可观。

4. 兼容性

ZigBee 技术与现有的控制网络标准无缝集成。通过网络协调器(Coordinator)自动建立网络,采用载波侦听/冲突检测(CSMA-CA)方式进行信道接入。为了可靠传递,还提供全握手协议。

5. 安全性

Zigbee 提供了数据完整性检查和鉴权功能,在数据传输中提供了三级安全性。第一级实际是无安全方式,对于某种应用,如果安全并不重要或者上层已经提供足够的安全保护,器件就可以选择这种方式来转移数据。对于第二级安全级别,器件可以使用接入控制清单(ACL)来防止非法器件获取数据,在这一级不采取加密措施。第三级安全级别在数据转移中采用属于高级加密标准(AES)的对称密码。AES 可以用来保护数据净荷和防止攻击者冒充合法器件。

6. 实现成本低

模块的初始成本估计在 6 美元左右,很快就能降到 1.5~2.5 美元,且 Zigbee 协议免专利费用。目前低速低功率的 UWB 芯片组的价格至少为 20 美元,而 ZigBee 的价格目标仅为几美分。

2.6.3 ZigBee 协议框架

Zigbee 是一组基于 IEEE 批准通过的 802.15.4 无线标准研制开发的组网、安全和应用软件方面的技术标准。与其他无线标准如 802.11 或 802.16 不同,Zigbee 和 802.15.4 以250 kb/ps的最大传输速率承载有限的数据流量。ZigBee V1.0 版本的网络标准连同灯光控制设备描述已于 2004 年底推出，其他应用领域及相关设备的描述也会在随后的时间里陆续发布。

在标准规范的制订方面，主要是 IEEE 802.15.4 小组与 ZigBee Alliance 两个组织，两者分别制订硬件与软件标准，两者的角色分工就如同 IEEE 802.11 小组与 Wi-Fi 的关系。在 IEEE 802.15.4 方面，2000 年 12 月 IEEE 成立了 802.15.4 小组，负责制订 MAC 与 PHY（物理层）规范，在 2003 年 5 月通过 802.15.4 标准，802.15.4 任务小组目前在着手制订 802.15.4b 标准，此标准主要是加强 802.15.4 标准，包括：解决标准有争议的地方、降低复杂度、提高适应性并考虑新频段的分配等。ZigBee 建立在 802.15.4 标准之上，它确定了可以在不同制造商之间共享的应用纲要。802.15.4 仅仅定义了实体层和介质访问层，并不足以保证不同的设备之间可以对话，于是便有了 ZigBee 联盟。

ZigBee 兼容的产品工作在 IEEE802.15.4 的 PHY 上，其频段是免费开放的，分别为 2.4 GHz（全球）、915 MHz（美国）和 868 MHz（欧洲）。采用 ZigBee 技术的产品可以在 2.4 GHz 上提供 250 kb/s（16 个信道）、在 915 MHz 提供 40 kb/s（10 个信道）和在 868 MHz 上提供 20 kb/s（1 个信道）的传输速率。传输范围依赖于输出功率和信道环境，介于 10 ~ 100 m，一般是 30 m 左右。由于 ZigBee 使用的是开放频段，已有多种无线通讯技术使用。因此为避免被干扰，各个频段均采用直接序列扩频技术。同时，PHY 的直接序列扩频技术允许设备无需闭环同步。在这 3 个不同频段，都采用相位调制技术，2.4 GHz 采用较高阶的 QPSK 调制技术以达到 250 kb/s 的速率，并降低工作时间，以减少功率消耗。而在 915 MHz 和 868 MHz 方面，则采用 BPSK 的调制技术。相比较 2.4 GHz 频段，900 MHz 频段为低频频段，无线传播的损失较少，传输距离较长，其次此频段过去主要是室内无绳电话使用的频段，现在因室内无绳电话转到 2.4 GHz，干扰反而比较少。

在 MAC 层上，主要沿用 WLAN 中 802.11 系列标准的 CSMA/CA 方式，以提高系统兼容性，所谓的 CSMA/CA 是在传输之前，会先检查信道是否有数据传输，若信道无数据传输，则开始进行数据传输，若产生碰撞，则稍后一段时间重传。

在网络层方面，ZigBee 联盟制订可以采用星形和网状拓扑两种结构，也允许两者的组合成为丛集树状。根据节点的不同角色，可分为全功能设备（Full-Function Device；FFD）与精简功能设备（Reduced-Function Device；RFD）。相较于 FFD，RFD 的电路较为简单且存储体容量较小。FFD 的节点具备控制器（Controller）的功能，能够提供数据交换，而 RFD 则只能传送数据给 FFD 或从 FFD 接收数据。

ZigBee 协议套件紧凑且简单，具体实现的硬件需求很低，8 位微处理器 80c51 即可满足要求，全功能协议软件需要 32 K 字节的 ROM，最小功能协议软件需求大约 4 K 字节的 ROM。

2.6.4　基于 ZigBee 技术的应用

随着 ZigBee 规范的进一步完善，许多公司均在着手开发基于 ZigBee 的产品。采用 ZigBee 技术的无线网络应用领域有家庭自动化、家庭安全、工业与环境控制与医疗护理、检测环境、监测、监察保鲜食品的运输过程及保质情况等，其典型应用领域如下。

1. 数字家庭领域

可以应用于家庭的照明、温度、安全、控制等。ZigBee 模块可安装在电视、灯泡、遥控器、儿童玩具、游戏机、门禁系统、空调系统和其他家电产品等，例如在灯泡中装置 ZigBee 模块，如果人们要开灯,不需要走到墙壁开关处,直接通过遥控便可开灯。当你打开电视机时,灯光会自动减弱;当电话铃响起时或你拿起话机准备打电话时,电视机会自动静音。通过 ZigBee 终端设备可以收集家庭各种信息,传送到中央控制设备,或是通过遥控达到远程控制的目的,实现家居生活自动化、网络化与智能化。韩国第三大移动手持设备制造商 Curitel Communications 公司已经开始研制世界上第一款 Zigbee 手机,该手机将可通过无线的方式将家中或是办公室内的个人电脑、家用设备和电动开关连接起来。这种手机融入了"Zigbee"技术,能够使手机用户在短距离内操纵电动开关和控制其他电子设备。

2. 工业领域

通过 ZigBee 网络自动收集各种信息,并将信息回馈到系统进行数据处理与分析,有利于对工厂整体信息的掌握,例如火警的感测和通知,照明系统的感测,生产机台的流程控制等,都可由 ZigBee 网络提供相关信息,以达到工业与环境控制的目的。韩国的 NURI Telecom 在基于 Atmel 和 Ember 的平台上成功研发出基于 ZigBee 技术的自动抄表系统。该系统无需手动读取电表、天然气表及水表,从而为公用事业企业节省数百万美元,此项技术正在进行前期测试,很快将在美国市场上推出。

3. 智能交通

如果沿着街道、高速公路及其他地方分布式地装有大量 ZigBee 终端设备,你就不再担心会迷路。安装在汽车里的器件将告诉你,你当前所处位置,正向何处去。全球定位系统(GPS)也能提供类似服务,但是这种新的分布式系统能够向你提供更精确更具体的信息。即使在GPS 覆盖不到的楼内或隧道内,你仍能继续使用此系统。从 ZigBee 无线网络系统能够得到比GPS 多很多的信息,如限速、街道是单行线还是双行线、前面每条街的交通情况或事故信息等。使用这种系统,也可以跟踪公共交通情况,你可以适时地赶上下一班车,而不至于在寒风中或烈日下在车站等上数十分钟。基于 ZigBee 技术的系统还可以开发出许多其他功能,例如在不同街道根据交通流量动态调节红绿灯,追踪超速的汽车或被盗的汽车等。

2.6.5　ZigBee 发展现状及展望

为了推动 ZigBee 技术的发展,Chipcon(已被 TI 收购)与 Ember、Freescale、Honeywell、Mistubishi、Motorola、Philips 和 Samsung 等公司共同成立了 ZigBee 联盟(ZigBee Alliance),目前该联盟已经包含 130 多家会员。该联盟主席 Robert F. Haile 曾于 2004 年 11 月亲自造访中国,以免专利费的方式吸引中国本地企业加入。据市场研究机构预测,低功耗、低成本的 ZigBee 技术将在未来两年内得到快速增长,2005 年全球 ZigBee 器件的出货量将达到 100 万个,2006 年底将超过 8 000 万个,2008 年将超过 1.5 亿个。这一预言正在从 ZigBee 联盟及其成员近期的一系列活动和进展中得到验证。在标准林立的短距离无线通信领域,ZigBee 的快速发展可以说是有些令人始料不及的,从 2004 年底标准确立,到 2005 年底相关芯片及终端设备总共卖出 1 500 亿美元,应该说比被业界"炒"了多年的蓝牙、Wi-Fi 进展都要快。

ZigBee 技术在 ZigBee 联盟和 IEEE802.15.4 的推动下,结合其他无线技术,可以实现无所不在的网络。它不仅在工业、农业、军事、环境、医疗等传统领域具有巨大的运用价值,在未来其应用可以涉及到人类日常生活和社会生产活动的所有领域。由于各方面的制约,ZigBee 技术的大规模商业应用还有待时日,但已经展示出了非凡的应用价值,相信随着相关技术的发展和推进,一定会得到更大的应用。但是,我们还应该清楚地认识到,基于 ZigBee 技术的无线网络才刚刚开始发展,它的技术、应用都还远谈不上成熟,国内企业应该抓住商机,加大投入力度,推动整个行业的发展。

2.6.6　ZigBee 和 Wi-Fi 的主要特性

ZigBee 协议是建立在 IEEE 802.15.4 协议定义的物理层和 MAC 层基础之上的,分为物理层、MAC 层、网络层和应用层。ZigBee 和 Wi-Fi 的主要特性比较如下。

1. 成本

Zigbee 网络的数据传输速率低,协议简单,所以降低了成本。其中精简功能设备(RFD)只有简单的 8 位处理器和小协议栈以及省掉了内存和其他电路,降低了 Zigbee 部件的成本。Zigbee 虽然尺寸小、单价低,但是总体成本还是比 wifi 要贵很多。

2. 数据传输速率

(1)IEEE802.15.4 定义了两个物理层标准,分别是 2.4 GHz 物理层和 868/915 MHz 物理层。它们都基于 DSSS(Direct Sequence Spread Spectrum,直接序列扩频),使用相同的物理层数据包格式,区别在于工作频率、调制技术、扩频码片长度和传输速率。2.4 GHz 波段为全球统一的无需申请的 ISM 频段,有助于 ZigBee 设备的推广和生产成本的降低。2.4 GHz 的物理层通过采用高阶调制技术能够提供 250 kb/s 的传输速率,有助于获得更高的吞吐量、更小的通信时延和更短的工作周期,从而更加省电。不过这只是链路上的速率,除掉帧头开销、信道竞争、应答和重传,真正能被应用所利用的速率可能不足 100 kb/s,并且这余下的速率也可能要被邻近多个节点和同一个节点的多个应用所瓜分。目前,ZigBee 不能用于传输视频之类的应用,只能聚焦于一些低速率的应用,比如传感和控制。868 MHz 是欧洲的 ISM 频段,915 MHz 是美国的 ISM 频段,这两个频段的引入避免了 2.4 GHz 附近各种无线通信设备的相互干扰。868 MHz 的传输速率为 20 kb/s,916 MHz 是 40 kb/s。这两个频段上无线信号传播损耗较小,因此可以降低对接收机灵敏度的要求,获得较远的有效通信距离,从而可以用较少的设备覆盖给定的区域。

(2)802.11 n 标准有高达 600 Mb/s 的速率,可提供支持对带宽最为敏感的应用所需的速率、范围和可靠性。802.11 n 结合了多种技术,其中包括 Spatial Multiplexing MIMO(Multi-In,Multi-Out)(空间多路复用多入多出)、OFDM(正交频分复用),以便形成很高的速率,同时又能与以前的 IEEE 802.11b/g 设备通信。

3. 网络容量

(1)ZigBee 网络容量大,一个 ZigBee 网络最多包括 255 个 ZigBee 网路节点,其中一个是主控,其余是从属设备,若是通过网络协调器,整个网络最多可支持 65000 个 ZigBee 网络节点,也就是说每个 ZigBee 节点可以与数万节点相连接。由于 WSN(无线传感器网络)的能力很大程度上取决于节点的多少,也就是说可容纳的传感器节点越多,WSN 的功能越强大。

(2)路由策略和节点传输半径设置影响 IEEE802.11 DCF 多跳网络容量。对于 Ad Hoc 或传感器网络这样的多跳无线网络来说,信源节点与信宿节点通常不在对方的传输覆盖范围内,因此在传送信息时需要经过中间节点的转发。在转发过程中,对路由的选择可以有两种策略:短跳路由策略,即数据转发过程使用由多个短距离链路组成的路由;长跳路由策略,即数据转发过程使用由少量的长距离链路组成的路由。

4. 安全性

（1）Zigbee 提供了数据完整性检查和鉴权功能,采用 AES-128 加密算法,安全机制是由安全服务提供层提供,系统的整体安全性是在模板级定义的,每一层(MAC、网络或应用层)都能被保护,为了降低存储要求,它们可以分享安全钥匙。SSP 是通过 ZD0 进行初始化和配置的,要求实现高级加密标准(AES)。Zigbee 规范定义了信任中心的用途。

（2）802.11i 增强 WiFi 技术的安全性。802.11i 基于强大的 AES-CCMP(高速加密标准模式/CBC-MAC 协议)加密算法,避免了 WEP(有线等效协议)中不可避免的 IV(向量初始化)和 MIC(信息完整性检查)的错误。通过使用 AES-CCMP,802.11i 不仅能加密数据包的有效负载,还可以保护被选中数据包的头字段。IEEE 802.11i 规定使用 802.1x 认证和密钥管理方式,在数据加密方面,定义了 TKIP(Temporal Key Integrity Protocol)、CCMP(Counter-Mode/CBC-MAC Protocol)和 WRAP(Wireless Robust Authenticated Protocol)三种加密机制。其中 TKIP 采用 WEP 机制里的 RC4 作为核心加密算法,可以通过在现有的设备上升级固件和驱动程序的方法达到提高 WLAN 安全的目的。CCMP 机制基于 AES(Advanced Encryption Standard)加密算法和 CCM(Counter-Mode/CBC-MAC)认证方式,使得 WLAN 的安全程度大大提高,是实现 RSN 的强制性要求。由于 AES 对硬件要求比较高,因此 CCMP 无法通过在现有设备的基础上进行升级实现。WRAP 机制基于 AES 加密算法和 OCB(Offset Codebook),是一种可选的加密机制。

Wi-Fi 联盟还开发 WPA2 规范,这个规范是 Wi-Fi 联盟为兼容 802.11i 标准而制订的,WPA2 尽管首次在 Wi-Fi 网络上实现了 128 位的 AES,但它也将需要新的访问卡,在有些情况下还需要新的访问节点。Wi-Fi 卡和许多访问节点中的处理器的运算能力都不够强大,不能处理 128 位的密码,更强大的加密技术可能会迫使用户购买新的访问点和无线访问卡。

5. 可靠性

（1）ZigBee 在技术上有许多保障功能,首先是物理层采用了扩频技术,能够在一定程度上抵抗干扰,而 MAC 层和应用层(APS 部分)有应答重传功能,另外 MAC 层的 CSMA 机制使节点发送之前先监听信道,也可以起到避免开干扰的作用,网络层采用了网状网的组网方式,从源节点到达目的节点可以有多条路径,路径的冗余加强了网络的健壮性,如果原先的路径出现了问题,比如受到干扰,或者其中一个中间节点出现故障,ZigBee 可以进行路由修复,另选一条合适的路径来保持通信。

（2）IEEE802.11 制订了帧交换协议。当一个站点收到从另一个站点发来的数据帧时,它向源站点返回一个确认(Acknowledge,ACK)帧。如果数据帧被破坏或 ACK 损坏,源站点在一个很短的时间内没有收到 ACK,会立即重发该帧。为了更进一步增强可靠性,还可以使用四帧交换:请求发送帧(Request To Send,RTS);清除发送帧(Clear To Send,CTS);发送数据帧;ACK。

6. 时延

（1）ZigBee 时延短,通常在 15～30 ms,由于 ZigBee 采用随机接入 MAC 层,并且不支持时分复用的信道接入方式,因此对于一些实时的业务并不能很好支持。而且由于发送冲突和多跳,使得时延变成一个不易确定的因素。

（2）IEEE 802.11 协议利用 CSMA/CA 技术避免冲突。工作过程是站 A 向站 B 发送数据前,先向 B 发送一个请求发送帧 RTS,RTS 中含有整个通信过程需要持续的时间(Duration)。

立即发送站地址、立即接收站地址、非立即接收站的节点收到该帧就依据该帧中 Duration 域的值设置自己的 NAV(网络分配向量,用于判断信道是否被其他节点占用),等待该通信过程结束后再去竞争信道。B 收到 RTS 后就立即给 A 发送一个允许发送帧 CTS,CTS 中含有剩下通信过程所需时间及 A 站地址,其他节点收到该 CTS 帧后同样也要设置自己的 NAV。这样的 2 次握手可以很大程度上保证整个通信过程不受其他节点干扰。A 收到 CTS 后就发送数据,B 收到数据后就发送 ACK,于是一次通信过程结束,但在多跳传输时会有时延。

小　结

本章首先对数据通信的相关基本概念进行了介绍,其次对数据通信时采用的数据调制与编码技术,以及多路复用技术的原理进行了简单的阐述,在本章最后重点描述了无线局城网标准和蓝牙技术。

习　题

1. 某信息源的符号集由 A,B,C,D 和 E 组成,设每一信号独立出现,其出现概率分别为 $\frac{1}{4}, \frac{1}{8}, \frac{3}{16}, \frac{5}{16}, \frac{1}{8}$,试求该信息源符号的平均信息量。

2. WLAN 的拓扑结构有哪两类?

3. 写出 Bluetooth 的设备角色。

4. Bluetooth 的节能状态有哪几个? 试比较其节能效果。

5. Bluetooth 的运行机制是什么?

6. Zigbee 和 Wi-Fi 的主要特性有哪些?

第3章 无线广域网络技术

本章主要学习移动通信技术,重点掌握 GSM 网络、GPRS 网络、3G/UMTS 的体系结构和协议栈,以及移动通信的演进路线等。

3.1 移动通信技术的发展历程

1. 发展历史

移动通信是指通信双方或至少一方处于移动状态而进行信息传递和交换的通信。信息包括语音、数据和其他数字化的多媒体信息。移动通信不受时间和空间的限制,能够使人类实现理想的通信。

移动通信的发展分为三个阶段:

第一阶段,20 世纪 40 年代之前,在短波频段上进行了通信应用,采用人工交换和人工切换频率的工作方式。

第二阶段,在 20 世纪 40~60 年代后期,发展了一些具有拨号、半双工功能的专用移动通信系统,已经实现用户直接拨号和自动交换功能。

前两个阶段的移动通信系统基于噪声受限原理,采用与无线广播和电视广播相同的方法,即系统天线尽量高,功率尽可能大,以求有较好的信噪比和较大的基站覆盖面。系统以最大信号覆盖整个服务区域,使用高功率发射机提供较大的衰落冗余,以保证接收机的信号满足所需的电平。这种系统有功能弱、容量有限、频率利用率低和质量差的局限性。

第三阶段,自 20 世纪 70 年代至今,应用蜂窝理论实现频率复用,蜂窝移动通信系统基于干扰受限原理,通过分割小区,有效地控制干扰,实现频率复用,提高了频谱的利用率和系统的容量。

第三阶段分为以模拟技术为主的第一代移动通信系统,以窄带数字技术为主的第二代移动通信系统和以宽带数字技术为主的第三代移动通信系统。

第一代移动通信系统使用蜂窝小区的概念,多址接入方式为频分多址(FDMA),双工方式为频分双工(FDD),直接使用模拟信号进行模拟调制。第一代系统主要包括 AMPS 和 TACS 制式的蜂窝移动通信系统。

采用模拟技术的第一代移动通信系统频带利用率低,难以解决有限的频率资源与无限的用户容量之间的矛盾;不能与 ISDN 直接连接,无法实现非话业务和数字通信业务;保密性差、成本高。

20 世纪 80 年代中期开始,欧洲各国制订了泛欧第二代蜂窝移动通信技术标准,形成了目前全球广泛使用的 GSM 系统标准。由于 GSM 系统规定了统一、开放的标准,不同厂家的设备组成系统,在不同系统之间可实现漫游,具有频率利用率高、成本低、保密性好等特点,在欧洲大部分国家及亚太地区得到广泛的应用。

1990 年经美国电子工业协会和美国电信工业协会(EIA/TIA)认定为 IS-54 标准。日本也形成了自己的数字蜂窝移动通信 PDC 标准。

上述系统都使用 TDMA/FDMA 方式及数字调制和话音压缩编码等技术,数字信令系统和网络拓扑更加完善,频谱利用率提高,设备价格降低,网络容量增大,能够连接 ISDN 的 2B+D 综合数字业务。

1989 年,美国 QualComm 公司提出了码分多址(CDMA)技术,1992 年美国蜂窝移动通信协会(CTIA)正式将 CDMA 作为美国第二代数字移动通信系统标准。1993 年,TIA 把 CDMA 的公共空中接口标准 IS-95 定为北美数字移动通信系统标准。

2. 第三代移动通信技术的发展

1985 年,国际电信联盟在 CCIR SG-8 会议上提出未来公共陆地移动通信系统(FPLMTS)的概念。1992 年世界无线电大会在 2 GHz 频段上给 FPLMTS 陆地和卫星业务分配了 230 MHz 频率,即 1 885 ~ 2 025 MHz 和 2 110 ~ 2 200 MHz,其中卫星部分为 1 980 ~ 2 010 MHz 和 2 170 ~ 2 200 MHZ。

为了统一标准,1994 年 FPLMTS 正式改名为国际移动通信系统 2000(International Mobile Telecommunication 2000, IMT2000)。IMT2000 的目标是:全球统一频段,统一标准,全球无缝覆盖;实现高服务质量,高保密性能,高频谱效率;提供多媒体业务,实现车速环境 144 Kbit/s 速率、步行环境 384 Kbit/s 速率、室内环境 2 Mbit/s 速率的无线多媒体通信。

欧洲率先提出了 UMTS(Universal Mobile Telecommunications System)标准。UMTS 采用高效分组传输,支持无线宽带多媒体业务,实现高速移动条件下 384 Mbit/s 速率的广域覆盖和相对静止条件下 2 Mbit/s 速率的本地覆盖。UMTS 主张在 PLMN 核心网仍采用 GSM 网路结构和信令规范,在无线接入技术上实现 CDMA 和 TDMA 技术的融合。1998 年 1 月,UMTS 的无线接口正式确定为 UTRA(UMTS Terrestrial Radio Access;FDD:W-CDMA,TDD:TD-CDMA),其中 FDD:W-CDMA 用于宏蜂窝,满足车速环境的要求;TDD:TD-CDMA 用于微蜂窝,满足步行和室内环境的要求,形成了多层网蜂窝结构,并确定采用基于 GSM 的核心网 UTRA 作为演进发展的基础。

美国第三代移动通信方案有两种:一种以 ANSI/IS-41 为核心网基础,以 CDMA2000 为无线传输技术;另一种以 GSMMAP 为核心网基础,以 W-CDMA/NA 为无线传输技术。

我国提出 TD-SCDMA 方案,使用同步 CDMA、智能天线和软件无线电等技术,并积极主张采用 GSMMAP 为核心网的基础,与第二代移动通信网实现平滑过渡。

1999 年 6 月,国际电信联盟 TGS/l 第 17 次会议在北京召开,制订无线接口技术规范建议(IMT. RSK)基本框架,进一步推动了两种宽带码分多址技术 W-CDMA、CDMA2000 和 TD-SCDMA 时分双工(TDD)技术的融合。ITU-R TG8/l 芬兰赫尔辛基会议确定了第三代陆地移动通信 5 个无线接口技术提案的规范。

(1) IMT-2000 CDMA DS:基于 UTRA/W-CDMA。

(2) IMT-2000 CDMA MC:基于 CDMA2000 MC。

(3) IMT-2000 CDMA TDD:包括 UTRA TDD 及我国的 TD-SCDMA。

（4）IMT-2000 TDMA SC：基于 UWC-136。

（5）IMT2000 TDMA MC：基于 EP-DECT。

其中（1）、（2）是 FDDI 工作方式，使用对称频率，适合于蜂窝组网，高速移动。第（3）种技术是 TDD 工作方式，使用非配对频率，由于采用时分双工，上下行时隙数可调，对实现不对称的数据业务如因特网访问具有优势，适合室内及低速环境下使用。其中 UTRA TDD 和 TD-SCDMA 在 L2 层以上具有最大的共性。

3. 移动通信技术发展的趋势

未来移动通信技术发展的主要趋势是宽带化、分组化、综合化和个人化，主要体现为：

（1）宽带化是通信信息技术发展的重要方向，移动通信技术朝着无线接入宽带化的方向演进，无线传输速率将从第二代系统的 9.6 Kbit/s 向第三代移动通信系统的最高速率 2 Mbit/s 发展。

（2）网络中数据业务量形成主导地位，从传统的电路交换技术逐步转向以分组特别是以 IP 为基础的网络是发展的必然，IP 协议将成为电信网的主导通信协议。

（3）核心网络综合化，接入网络多样化。未来信息网络的结构模式将向核心网/接入网转变，网络的分组化和宽带化使在同一核心网络上综合传送多种业务信息，网络的综合化及管制的逐步开放和市场竞争的需要将进一步推动传统的电信网络与新兴的计算机网络的融合。接入网是通信信息网络中最具开发潜力的部分，未来网络可通过固定接入、移动蜂窝接入、无线本地环路接入等不同的接入设备接入核心网，实现用户所需的各种业务，在技术上实现固定和移动通信等不同业务的相互融合。

（4）信息个人化是移动通信技术发展的主要驱动力，移动 IP 是实现未来信息个人化的重要技术手段。移动智能网技术与 IP 技术的组合将进一步推动全球个人通信的发展。

（5）网络将以技术为中心转向以应用为中心。

（6）移动通信网络结构从电路交换网络向 IP 网络过渡，IP 技术成为未来网络的核心关键技术。在业务控制分离的基础上，网络呼叫控制和核心交换传送网的进一步分离，使网络结构趋于分为业务应用层、控制层及由核心网和接入网组成的网络层。

3.2　第二代移动通信技术

3.2.1　第二代移动通信技术 GSM

1. GSM 的发展及特点

GSM（ Global System for Mobile Communication，全球移动通信系统）数字移动通信系统源于欧洲。1982 年在欧洲邮电行政大会（CEPT）上成立"移动特别小组"（Group Special Mobile，GSM），开始制订使用于泛欧各国的一种数字移动通信系统的技术规范。1990 年完成了 GSM900 的规范。随着设备的开发和数字蜂窝移动通信网的建立，GSM 逐渐演变为 Global System for Mobile Communication（全球移动通信系统）。

与模拟和其他第二代移动通信技术相比，GSM 的主要特点有：

（1）频谱效率高。采用了高效调制器、信道编码、交织、均衡和语音编码技术，使系统具有高频谱效率。

（2）容量大。通过增加每个信道传输带宽，使同频复用载干比（CIR）要求降低至 9 dB，GSM 系统的同频复用模式可以缩小到 4/12 或 3/9，甚至更小，而模拟系统是 7/21；引入半速率话音编码和自动话务分配以减少越区切换的次数，使 GSM 系统的容量（每兆赫每小区的信道数）比 TACS 系统高 3～5 倍。

（3）保证话音质量。在门限值以上时，话音质量总是达到相同的水平而与无线传输质量无关。

（4）接口开放。不仅限于空中接口，还包括网络之间以及网络中个设备实体之间。

（5）安全性高。通过鉴权、加密和 TMSI 号码的使用，达到安全的目的。鉴权用来验证用户的入网权利。加密用于空中接口，由 SIM 卡和网络 AUC 的密钥决定。TMSI 是一个由业务网络给用户指定的临时识别号，以防止因被跟踪而泄漏其地理位置。

（6）与业务网络互联。与 ISDN 和 PSTN 等网络的互联通常利用现有的接口，如 ISUP 或 TUP 等。

（7）实现漫游。漫游是移动通信的重要特征，它标志着用户可以从一个网络自动进入另一个网络。GSM 系统中的漫游是在 SIM 卡识别号以及被称为 IMSI 的国际移动用户识别号的基础上实现的。

2. GSM 系统的结构与功能

GSM 系统的典型结构如图 3.1 所示。GSM 系统由若干个子系统、功能实体组成。其中基站子系统（BSS）在移动台（MS）和网络子系统（NSS）之间提供和管理传输通路，包括 MS 与 GSM 系统的功能实体之间的无线接口管理。NSS 管理通信业务，保证 MS 与相关的公用通信网或与其他 MS 之间建立通信，NSS 不直接与 MS 互通，BSS 也不直接与公用通信网互通。MS、BSS 和 NSS 组成 GSM 系统的实体部分，运行支持子系统（OSS）控制和维护系统的运行。

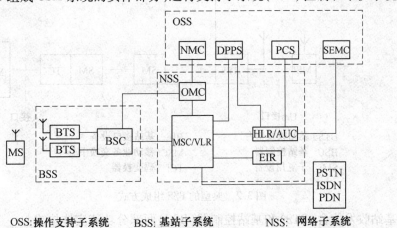

OSS:操作支持子系统　　BSS: 基站子系统　　　NSS: 网络子系统
NMC:网络管理中心　　　DPPS:数据后处理系统 PCS SEMC:安全管理中心
OMC:操作与维护中心　　MSC: 移动业务交换中心　VLR: 访问位置寄存器
HLR: 归属位置寄存器　　AUC: 鉴权中心　　　　　BSC: 基站控制器
BTS: 基站收发信台　　　PDN: 公用数据网　　　　PSTN:公用电话网
ISDN:综合业务数字网　　MS:　移动台

图 3.1　GSM 系统结构

（1）移动台（Mobile Station，MS）。移动台是 GSM 移动通信网中用户使用的设备，也是用户能够直接接触的整个 GSM 系统中的唯一设备。移动台的类型有手持、车载和便携式等。

移动台除了通过无线接口接入 GSM 系统的无线和处理功能外,还提供与使用者之间的接口,如完成通话呼叫所需要的话筒、扬声器、显示屏和按键,或提供与其他一些终端设备之间的接口。如与个人计算机或传真机之间的接口,或同时提供这两种接口。因此,根据应用与服务情况,移动台可以是单独的移动终端(MT)、手持机、车载机,或者是由移动终端(MT)直接与终端设备(TE)传真机相连接而构成,或者是由移动终端(MT)通过相关终端适配器(TA)与终端设备(TE)相连接而构成。

移动台另外一个重要的组成部分是用户识别模块(Subscriber Interface Module,SIM),它基本上是一张符合 ISO 标准的 SMART 卡,包含所有与用户有关的及某些无线接口的信息,包括鉴权和加密信息。使用 GSM 标准的移动台都需要插入 SIM 卡,只有当处理异常的紧急呼叫时,可以在不用 SIM 卡的情况下操作移动台。GSM 系统通过 SIM 卡来识别移动电话用户。

(2) 基站子系统(Base Station Subsystem,BSS)。典型的 BSS 组成方式如图 3.2 所示。BBS 通过无线接口直接与移动台相接,负责无线发送接收和无线资源管理。基站子系统与网络子系统(NSS)中的移动业务交换中心(MSC)相连,实现移动用户之间或移动用户与固定网络用户之间的通信连接,传送系统信号和用户信息。对 BSS 部分进行操作维护管理,需要建立 BSS 与操作支持子系统(OSS)之间的通信连接。

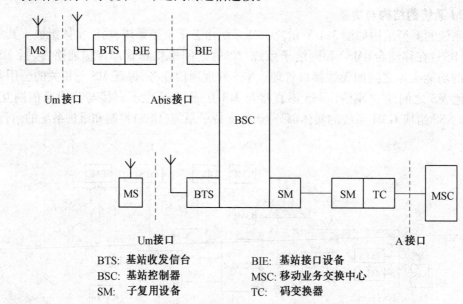

BTS: 基站收发信台　　　　　BIE: 基站接口设备
BSC: 基站控制器　　　　　　MSC: 移动业务交换中心
SM: 子复用设备　　　　　　TC: 码变换器

图 3.2　典型的 BSS 组成方式

BSS 由基站收发信台(BTS)和基站控制器(BSC)两部分功能实体构成。一个 BSC 根据话务量需要可以控制数十个 BTS。BTS 可以直接与 BSC 相连接,也可以通过基站接口设备(BIE)采用远端控制的连接方式与 BSC 相连接。BSS 还包括码变换器(TC)和相应的子复用设备(SM)。码变换器在实际情况下置于 BSC 和 MSC 之间,在组网的灵活性和减少传输设备配置数量方面具有许多优点。

①基站收发信台(Base Transceiver Station,BTS)。BTS 属于 BSS 的无线部分,由基站控制器(BSC)控制,服务于某个小区的无线收发信设备,完成 BSC 与无线信道之间的转换,实现与移动台之间通过空中接口的无线传输及相关的控制功能。BTS 主要分为基带单元、载频单元

和控制单元三大部分。基带单元主要用于必要的话音和数据速率适配以及信道编码等。载频单元主要用于调制/解调与发射机/接收机之间的耦合等。控制单元则用于 BTS 的操作与维护。当 BSC 与 BTS 不设在同一处，需采用 Abis 接口时，必须增加传输单元，以实现 BSC 与 BTS 之间的远端连接方式。当 BSC 与 BTS 并置在同一处，只需采用 BS 接口时，则不需要传输单元。

②基站控制器(Base Station Controller,BSC)。BSC 是 BSS 的控制部分,是 BSS 的变换设备,承担无线资源和无线参数的管理。

BSC 主要由下列部分构成:

a. 与 MSC 相接的 A 接口或与码变换器相接的 Ater 接口的数字中继控制部分。

b. 与 BTS 相接的 Abis 接口或 BS 接口的 BTS 控制部分。

c. 公共处理部分,包括与运行维护中心相接的接口控制。

d. 交换部分。

(3) 网络子系统(Network SubSystem,NSS)。NSS 实现 GSM 系统的交换功能和用于用户数据与移动性管理、安全性管理所需的数据库功能,它对 GSM 移动用户之间通信和 GSM 移动用户与其他通信网用户之间通信起着管理作用。整个 GSM 系统内部,即 NSS 的各功能实体之间和 NSS 与 BSS 之间都通过符合 CCITT 信令系统 No.7 协议和 GSM 规范的 7 号信令网路互相通信。网络子系统由以下一系列功能实体构成:

①移动业务交换中心(Mobile Switching Center,MSC)。MSC 是 GSM 系统网络的核心,它提供交换功能及连接系统其他功能实体,如基站子系统、归属用户位置寄存器、鉴权中心、移动设备识别寄存器、运行维护中心和面向固定网(公用电话网 PSTN、综合业务数字网 ISDN 等)的接口功能,把移动用户与移动用户、移动用户与固定网用户互相连接起来。

MSC 从三种数据库,即归属用户位置寄存器(HLR)、访问用户位置寄存器(VLR)和鉴权中心(AUC)获取处理用户位置登记和呼叫请求所需的全部数据。MSC 也根据其最新获取的信息更新数据库的相关数据。

MSC 为移动用户提供以下业务:

a. 电信业务。例如:电话、紧急呼叫、传真和短消息服务等。

b. 承载业务。例如:同步数据 0.3~2.4 Kbit/s、分组组合和分解(PAD)等。

c. 补充业务。例如:呼叫转移、呼叫限制、呼叫等待、会议电话和计费通知等。

MSC 还支持位置登记、越区切换和自动漫游等移动特征性能和其他网路功能。

对于容量比较大的移动通信网,一个 NSS 可以包括若干个 MSC、VLR 和 HLR。这时,无需知道移动用户所处的位置,建立固定网用户与 GSM 移动用户之间的呼叫,首先被接入到入口移动业务交换中心(Gateway Mobile Switching Center,GMSC),入口交换机负责获取位置信息,把呼叫转接到可向该移动用户提供即时服务的 MSC,称为被访 MSC(VMSC)。GMSC 具有与固定网和其他 NSS 实体互通的接口。

②访问位置寄存器(Visited Location Registor,VLR)。VLR 在其控制区域内,存储进入其控制区域内已登记的移动用户相关信息,为已登记的移动用户提供建立呼叫接续的必要条件。VLR 从该移动用户的归属位置寄存(HLR)处获取并存储必要的数据。一旦移动用户离开该VLR 的控制区域,则重新在另一个 VLR 登记,原 VLR 将取消临时记录的该移动用户数据。因此,VLR 可看做一个动态用户数据库。

③归属位置寄存器(Home Location Register,HLR)。HLR 是 GSM 系统的中心数据库,存储着该 HLR 控制的所有存在的移动用户的相关数据。一个 HLR 能够控制若干个移动交换区域及整个移动通信网,所有移动用户重要的静态数据都存储在 HLR 中,包括移动用户识别号码、访问能力、用户类别和补充业务等数据。HLR 还存储移动用户实际漫游所在的 MSC 区域相关动态信息数据,任何呼叫可以按选择路径送到被叫的用户。

④鉴权中心(AUthentication Center,AUC)。AUC 存储着鉴权信息和加密密钥,用来防止无权用户接入系统,保证通过无线接口的移动用户通信的安全。AUC 属于 HLR 的一个功能单元部分,用于 GSM 系统的安全性管理。

⑤移动设备识别寄存器(Equipment Identification Register,EIR)。EIR 寄存器存储着移动设备的国际移动设备识别码(IMEI),通过检查白色清单、黑色清单或灰色清单(这三个清单分别列出了准许使用的、出现故障需监视的、失窃不准使用的移动设备的 IMEI 识别码),使运营系统对于非正常运行的 MS 设备,能及时采取防范措施,确保网络内所使用的移动设备的唯一性和安全性。

(4)操作支持子系统(Operation-Support System,OSS)。OSS 实现移动用户管理、移动设备管理及网路操作和维护。

移动用户管理包括用户数据管理和呼叫计费。用户数据管理一般由 HLR 来实现,HLR 是 NSS 功能实体。用户识别卡 SIM 的管理也是用户数据管理的一部分,根据运营部门对 SIM 的管理要求和模式采用专门的 SIM 个人化设备,管理作为相对独立的用户识别卡 SIM。呼叫计费可以由移动用户所访问的各个移动业务交换中心 MSC 和 GMSC 分别处理,也可以通过 HLR 或独立的计费设备来集中处理计费数据。

网络操作与维护是对 GSM 系统的 BSS 和 NSS 进行操作与维护管理任务的,实现网路操作与维护管理的设施称为操作与维护中心(OMC)。从电信管理网络(TMN)的角度看,OMC 应具备与高层次的 TMN 进行通信的接口功能,使 GSM 网路能与其他电信网路一起进行集中操作与维护管理。

3. GSM 系统的接口和协议

GSM 系统在制订技术规范时对各个子系统之间及各功能实体之间的接口和协议作了比较具体的定义,使不同供应商提供的 GSM 系统基础设备能够符合统一的 GSM 技术规范,达到互通、组网的目的。为使 GSM 系统实现国际漫游功能和在业务上连接 ISDN 的数据通信业务,建立规范和统一的信令网传递与移动业务有关的数据和各种信令信息,GSM 系统引入 7 号信令系统和信令网,GSM 系统的公用陆地移动通信网的信令系统是以 7 号信令网路为基础的。

(1)主要接口。GSM 系统的主要接口是指 A 接口、Abis 接口和 Um 接口,如图 3.3 所示。这三种主要接口的定义和标准化能保证不同供应商生产的 MS、BSS 和 NSS 设备能纳入同一个 GSM 数字移动通信网运行和使用。

①A 接口。A 接口定义 NSS 与 BSS 之间的通信接口,是 MSC 与 BSC 之间的互联接口,其物理链接通过采用标准的 2.048 Mbit/s PCM 数字传输链路来实现。此接口包括移动台管理、基站管理、移动性管理、接续管理等信息。

②Abis 接口。Abis 接口定义 BSS 的两个功能实体 BSC 和 BTS 之间的通信接口,用于 BTS 与 BSC 之间的远端互联方式,物理链接通过采用标准的 2.048 Mbit/s 或 64 Kbit/s PCM 数字传输链路来实现。

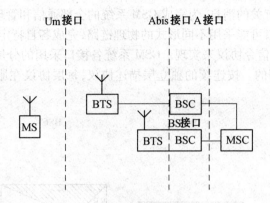

图 3.3　GSM 系统的主要接口

③Um 接口。Um 接口是空中接口，它定义 MS 与 BTS 之间的通信接口，用于 MS 与 GSM 系统的固定部分之间的连接，其物理链接通过无线链路实现。此接口传递的信息包括无线资源管理、移动性管理和接续管理等。

（2）网络子系统内部接口。网络子系统由 MSC、VLR、HLR 等功能实体组成，GSM 技术规范定义了不同的接口，以保证各功能实体之间的接口标准化。

①D 接口。D 接口定义 HLR 与 VLR 之间的接口。用于交换有关移动台位置和用户管理的信息，为移动用户提供的主要服务是保证移动台在整个服务区内能建立和接收呼叫。D 接口的物理链接通过 MSC 与 HLR 之间的标准 2.048 Mbit/s 的 PCM 数字传输链路实现。

②B 接口。B 接口定义 VLR 与 MSC 之间的内部接口。用于 MSC 向 VLR 询问有关 MS 当前位置信息或者通知 VLR 有关 MS 的位置更新信息等。

③C 接口。C 接口定义 HLR 与 MSC 之间的接口。实现交换路由选择和管理信息。C 接口的物理链接方式与 D 接口相同。

④E 接口。E 接口定义控制相邻区域的不同 MSC 之间的接口。当 MS 在一个呼叫进行过程中，从一个 MSC 控制的区域移动到另一个 MSC 控制的区域时，为了不中断通信需完成越区信道切换，E 接口在切换过程中交换有关切换信息以启动和完成切换。E 接口的物理链接方式通过 MSC 之间的标准 2.048 Mbit/s PCM 数字传输链路实现。

⑤F 接口。F 接口定义 MSC 与 EIR 之间的接口。用于交换相关的国际移动设备识别码管理信息。F 接口的物理链接方式通过 MSC 与 EIR 之间的标准 2.048 Mbit/s 的 PCM 数字传输链路实现。

⑥G 接口。G 接口定义 VLR 之间的接口。当采用临时移动用户识别码（TMSI）时，向分配临时移动用户识别码（TMSI）的 VLR 询问此移动用户的国际移动用户识别码（IMSI）的信息。G 接口的物理链接方式与 E 接口相同。

（3）GSM 系统与公用电信网的接口。公用电信网包括公用电话网（PSTN），综合业务数字网（ISDN），分组交换公用数据网（PSPDN）和电路交换公用数据网（CSPDN）。GSM 系统通过 MSC 与公用电信网互联，其接口满足 CCITT 的有关接口和信令标准。GSM 系统与 PSTN 和 ISDN 网的互联方式采用 7 号信令系统接口。其物理链接方式是通过 MSC 与 PSTN 或 ISDN 交换机之间的标准 2.048 Mbit/s 的 PCM 数字传输实现的。

（4）各接口协议。GSM 规范对各接口所使用的分层协议有详细的定义，如图 3.4 所示。

通过各个接口互相传递有关的消息,为完成 GSM 系统的全部通信和管理功能建立起有效的信息传送通道。不同的接口可能采用不同形式的物理链路,完成各自特定的功能,传递各自特定的消息,这些都由相应的信令协议来实现。GSM 系统各接口采用的分层协议结构是符合开放系统互联(OSI)参考模型的。按连续的独立层描述协议,每层协议在服务接入点对上层协议提供特定的通信服务。

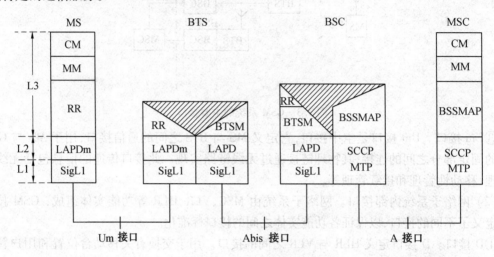

图 3.4　GSM 系统主要接口的协议分层

①协议分层结构。

信号层 1(L1,也称物理层)。L1 是无线接口的最底层,它提供传送比特流所需的物理链路,为高层提供不同功能的逻辑信道,包括业务信道和逻辑信道,每个逻辑信道有服务接入点。

信号层 2(L2)。在移动台和基站之间建立可靠的专用数据链路,L2 协议基于 ISDN 的 D 信道链路接入协议(LAP-D),在 Um 接口的 L2 协议称之为 LAP-Dm。

信号层 3(L3)。L3 是实际控制和管理的协议层,把用户和系统控制过程中的特定信息按一定的协议分组安排在指定的逻辑信道上。L3 包括三个基本子层:无线资源管理(RR)、移动性管理(MM)和接续管理(CM)。

②L3 的互通。在基站自行控制或在 MSC 的控制下基站完成蜂窝控制,子层在 BSS 中终

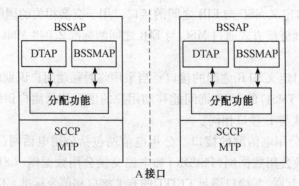

BSSAP: BSS 应用部分	SCCP: 信令连接控制部分
DTAP: 直接转移应用部分	MTP: 消息传递部分
BSSMAP: BSS 移动应用部分	

图 3.5　A 接口信令协议参考模型

止,RR 消息在 BSS 中进行处理和转译,映射成 BSS 移动应用(BSSMAP)的消息在 A 接口中传递,如图 3.5 所示。

MM 和 CM 都在 MSC 终止,MM 和 CM 消息在 A 接口中是采用直接转移应用部分(DTAP)传递,BSS 透明传递 MM 和 CM 消息,能够保证 L3 子层协议在各接口之间的互通。

③NSS 内部及与 PSTN 之间的协议。在 NSS 内部各功能实体之间已定义了 B、C、D、E、F 和 G 接口,这些接口的通信全部由 7 号信令系统支持,GSM 系统与 PSTN 之间的通信优先采用 7 号信令系统。与非呼叫相关的信令是采用移动应用部分(MAP),用于 NSS 内部接口之间的通信;与呼叫相关的信令则采用电话用户部分(TUP)和 ISDN 用户部分(ISUP),分别用于 MSC 之间和 MSC 与 PSTN、ISDN 之间的通信。

3.2.2　GSM 系统的无线接口

话音信号在无线接口路径的处理过程包括:语音通过一个模/数转换器,经过 8 kHz 抽样、量化后变为每 125 μs 含有 13 bit 的码流;每 20 ms 为一段,语音编码后降低传码率为 13 Kbit/s;经信道编码变为 22.8 Kbit/s;经码字交织、加密和突发脉冲格式化后变为 33.8 Kbit/s 的码流,经调制后发送出去,如图 3.6 所示。接收端的处理过程相反。

图 3.6　语音在 MS 中的处理过程

(1)语音编码。GSM 采用话音压缩编码技术,利用语声编码器为人体喉咙所发出的音调和噪声、人的口和舌的声学滤波效应建立模型,模型参数通过 TCH 信道进行传送。

语音编码器是建立在残余激励线性预测编码器(REIP)的基础上的,并通过长期预测器(LTP)增强压缩效果,LTP 去除话音的元音部分。语音编码器以 20 ms 为单位,经压缩编码后输出 260 bit,码速率为 13 Kbit/s。根据重要性不同,输出的比特分成 182 bit 和 78 bit 两类。较重要的 182 bit 又可以进一步细分出 50 个最重要的比特。

采用规则脉冲激励即长期预测编码(RPE-LTP)的编码方式,先进行 8 kHz 抽样,调整每 20 ms 为一帧,每帧长为 4 个子帧,每个子帧长 5 ms,纯比特率为 13 Kbit/s。与传统的 PCM 线路上语声的直接编码传输相比,GSM 的 13 Kbit/s 的话音速率要低得多。

(2)信道编码。为了检测和纠正传输期间引入的差错,在数据流中引入冗余通过加入从信源数据计算得到的信息来提高其速率。

由语音编码器中输出的码流为 13 Kbit/s,被分为 20 ms 的连续段,每段中含有 260 bit,细分为(图 3.7):

①50 个非常重要的比特。

②132 个重要比特。

③78 个一般比特。

④对它们分别进行不同的冗余处理。

块编码器引入 3 位冗余码,激变编码器增加 4 个尾比特后再引入 2 倍冗余。用于 GSM 系统的信道编码方法有三种:卷积码、分组码和奇偶码。

(3)交织。在编码后,语音组成的是一系列有序的帧。在传输时突发性的比特错误影响

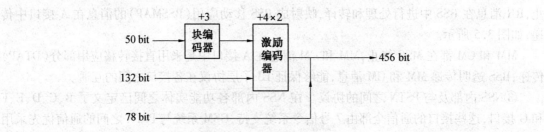

图 3.7 信道编码过程

连续帧的正确性。为了纠正随机错误以及突发错误,最有效的组码就是用交织技术来分散误差。

交织编码把码字的 b 个比特分散到 n 个突发脉冲序列中,以改变比特间的邻近关系。n 值越大,传输特性越好,但传输时延也越大,交织与信道的用途有关。

在 GSM 系统中,采用二次交织方法。由信道编码后提取出的 456 bit 被分为 8 组,进行第一次交织,如图 3.8 所示。

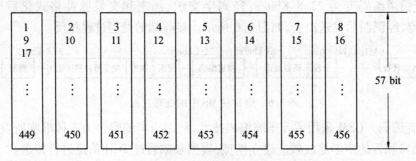

图 3.8 比特交织

由它们组成语音帧的一帧,假设有三帧语音帧(图 3.9),而在一个突发脉冲中包括一个语音帧中的两组(图 3.10),其中,前后 3 个尾比特用于消息定界,26 个训练比特,训练比特的左右各 1 bit 作为"挪用标志"。而一个突发脉冲携带有两段 57 bit 的声音信息,在发送时,进行第二次交织,见表 3.1。

A	B	C
20 ms	20 ms	20 ms
8×57=456 bit	456 bit	456 bit

图 3.9 三个语音帧

3	57	1	26	1	57	3	8.25

图 3.10 突发脉冲的结构

表 3.1 语音码的二次交织

A	A	A	A	B	B	B	B	C	C	C	C
			A	A	A	A	B	B	B	B	C	C	C	C

（4）调制技术。GSM 的调制方式是 0.3 GMSK。GMSK 是一种特殊的数字调频方式，它通过在载波频率上增加或者减少 67.708 kHz，来表示 0 或 1。利用两个不同的频率来表示 0 和 1 的调制方法称为 FSK。0.3 表示高斯滤波器的带宽和比特率之间的关系。在 GSM 中，数据的比特率是频偏的 4 倍，可以减小频谱的扩散，增加信道的有效性，比特率为频偏 4 倍的 FSK，称为 MSK（最小频移键控）。通过高斯预调制滤波器可进一步压缩调制频谱，高斯滤波器可降低频率变化的速度，防止信号能量扩散到邻近信道频谱。

0.3 GMSK 并不是一个相位调制，信息并不是像 QPSK 那样，由绝对的相位来表示。它是通过频率的偏移或者相位的变化来传送信息的。如果没有高斯滤波器，MSK 将用一个比载波高 67.708 kHz 的信号来表示一个待定的脉冲串 1。加入高斯滤波器没有影响 0 和 1 的 90°相位增减变化，因为它没有改变比特率和频偏之间的 4 倍关系，所以不会影响平均相位的相对关系，只是降低了相位变化时的速率。在使用高斯滤波器时，相位的方向变换将会变缓，但可以通过更高的峰值速度来进行相位补偿。如果没有高斯滤波器，将会有相位的突变，但相位的移动速度是一致的。

精确的相位轨迹需要严格的控制。GSM 系统使用数字滤波器和数字 I/Q 调制器去产生正确的相位轨迹。在 GSM 规范中，相位的峰值误差不得超过 20°，均方误差不得超过 5。

（5）跳频。跳频技术是在不同时隙发射载频在不断地改变。在语音信号经处理、调制后发射时，引入跳频技术。由于过程中的衰落具有一定的频带性，引入跳频可减少瑞利衰落的相关性。在业务密集区，蜂窝的容量受频率复用产生的干扰限制，系统的最大容量是在一给定部分呼叫情况下，由于干扰使质量受到明显降低的基础上计算的，当在给定的 CIR 值附近统计分散尽可能小时，系统容量较好。对于一给定总和，干扰源的数量越多，系统性能越好。

GSM 系统的无线接口采用了慢速跳频（SFH）技术。慢速跳频与快速跳频（FFH）之间的区别在于后者的频率变化快于调制频率。GSM 系统在整个突发序列传输期，传送频率保持不变，因此是属于慢跳频情况。

在上、下行线两个方向上，突发序列号在时间上相差 3BP，跳频序列在频率上相差 45 MHz。GSM 系统允许有 64 种不同的跳频序列，主要有两个参数：移动分配指数偏置 MAIO 和跳频序列号 HSN。MAIO 的取值可以与一组频率的频率数一样多，HSN 可以取 64 个不同值。跳频序列选用伪随机序列。

网络为了避免小区内信道之间的干扰，在一个小区的信道载有同样的 HSN 和不同的 MAIO。因为邻近小区使用不同的频率组，所以不会有干扰。为了获得干扰参差的效果，使用同样频率组的远距离小区应使用不同的 HSN。

（6）时序调整。GSM 系统采用 TDMA，其小区半径可以达到 35 km，需要进行时序调整。由于从手机出来的信号需要经过一定时间才能到达基地站，必须采取一定的措施，来保证信号在恰当的时候到达基地站。

如果没有时序调整,从小区边缘发射过来的信号,将因为传输的时延与从基站附近发射的信号相冲突,通过时序调整,手机发出的信号就可以在正确的时间到达基站。当 MS 接近小区中心时,BTS 就会通知它减少发射前置的时间;而当它远离小区中心时,就会要求它加大发射前置时间。

3.2.3　GSM 系统消息

在 GSM 移动通信系统中,系统消息的发送方式有两种:广播消息和随路消息。

移动台在空闲模式下,与网络设备间的联系是通过广播的系统消息实现的。网络设备向移动台广播系统消息,使得移动台知道自己所处的位置,以及能够获得的服务类型,在广播的系统消息中的某些参数还控制了移动台的小区重选。移动台在进行呼叫时,与网络设备间的联系是通过随路的系统消息实现的。网络设备向移动台发送的随路系统消息中的某些内容,控制了移动台的传输、功率控制与切换等行为。

广播的系统消息与随路的系统消息是紧密联系的。在广播的系统消息中的内容可以与随路的系统消息中的内容重复。由于随路的系统消息只影响一个移动台的行为,而广播的系统消息影响的是所有处于空闲模式下的移动台,因此随路的系统消息中的内容可以与广播的系统消息中的内容不一致。

系统消息的种类和内容如下。

(1) 系统消息 1。系统消息 1 为广播消息。

①小区信道描述:为移动台跳频提供频点参考。

②随机接入信道控制参数:控制移动台在初始接入时的行为。

③系统消息 1 的剩余字节:通知信道位置信息。

(2) 系统消息 2。系统消息 2 为广播消息。

①邻近小区描述:移动台监视邻近小区载频的频点参考。

②网络色码允许:控制移动台测量报告的上报。

③随机接入信道控制参数:控制移动台在初始接入时的行为。

(3) 系统消息 2bis。系统消息 2bis 为广播消息。

①邻近小区描述:移动台监视邻近小区载频的频点参考。

②随机接入信道控制参数:控制移动台在初始接入时的行为。

③系统消息 2bis 剩余字节:填充位,无有用信息。

(4) 系统消息 2ter。系统消息 2ter 为广播消息。

①附加多频信息:要求的多频测量报告数量。

②邻近小区描述:移动台监视邻近小区载频的频点参考。

③系统消息 2ter 剩余字节:填充位,无有用信息。

(5) 系统消息 3。系统消息 3 为广播消息。

①小区标识:当前小区的标识。

②位置区标识:当前小区的位置区标识。

③控制信道描述:小区的控制信道的描述信息。

④小区选项:小区选项信息。

⑤小区选择参数:小区选择参数信息。

⑥随机接入信道控制信息:控制移动台在初始接入时的行为。

⑦系统消息 3 剩余字节:小区重选参数信息与 3 类移动台控制信息。

(6) 系统消息 4。系统消息 4 为广播消息。

①位置区标识:当前小区的位置区标识。

②小区选择参数:小区选择参数信息。

③随机接入信道控制信息。控制移动台在初始接入时的行为。

④小区广播信道描述:小区的广播短消息信道描述信息。

⑤小区广播信道移动分配信息:小区广播短信道跳频频点信息。

⑥系统消息 4 剩余字节:小区重选参数信息。

(7) 系统消息 5。系统消息 5 为随路消息。

邻近小区描述:移动台监视邻近小区载频的频点参考。

(8) 系统消息 5bis。系统消息 5bis 为随路消息。

邻近小区描述:移动台监视邻近小区载频的频点参考。

(9) 系统消息 5ter。系统消息 5ter 为随路消息。

①附加多频信息:要求的多频测量报告数量。

②邻近小区描述:移动台监视邻近小区载频的频点参考。

(10) 系统消息 6。系统消息 6 为随路消息。

①小区标识:当前小区的标识。

②位置区标识:当前小区的位置区标识。

③小区选项:小区选项信息。

④网络色码允许:控制移动台测量报告的上报。

(11) 系统消息 7。系统消息 7 为广播消息。

系统消息 7 剩余字节:小区重选参数信息。

(12) 系统消息 8。系统消息 8 为广播消息。

系统消息 8 剩余字节:小区重选参数信息。

(13) 系统消息 9。系统消息 9 为广播消息。

①随机接入信道控制信息:控制移动台在初始接入时的行为。

②系统消息 9 剩余字节:广播信道参数信息。

3.2.4　GSM 系统的帧和信道

1. 基本概念

突发脉冲序列(Burst)是一串含有百来个调制比特的传输单元。突发脉冲序列有一个限定的持续时间和占有限定的无线频谱。它们在时间和频率窗上输出,这个窗称为缝隙(Slot)。在 GSM 系统频段内,按 FDMA 每 200 kHz 设置隙缝的中心频率,而隙缝在时间上循环地发生,按 TDMA 每次占 $\frac{15}{26}$ ms,即近似为 0.577 ms。在给定的小区内,所有隙缝的时间范围是同时存在的,这些隙缝的时间间隔称为时隙(Time Slot),其持续时间作为时间单元,称为突发脉冲序列周期(Burst Period,BP)。GSM 所规定的 200 kHz 带宽称为频隙(Frequency Slot),相当于 GSM 规范的无线频道(Radio Frequency Channel),即射频信道。

信道对于每个时隙具有给定的时间限界和时隙号码 TN(Time Slot Number)，一个信道的时间限界是循环重复的。与时间限界类似，信道的频率限界给出了属于信道的各缝隙的频率。把频率配置给各时隙，而信道带有一个缝隙。对于固定的频道，频率对每个缝隙是相同的。对于跳频信道的缝隙，可使用不同的频率。

帧(Frame)表示接连发生的 i 个时隙。在 GSM 系统中，采用全速率业务信道，i 取为 8。一个 TDMA 帧包含 8 个基本的物理信道。

物理信道(Physical Channel)采用频分和时分复用的组合，它由用于基站(BS)和移动台(MS)之间连接的时隙流构成。这些时隙在 TDMA 帧中的位置，从帧到帧是不变的。

逻辑信道(Logical Channel)是在一个物理信道中作时间复用的。不同逻辑信道用于 BS 和 MS 间传送不同类型的信息，例如，信令或数据业务。GSM 系统对不同的逻辑信道规定了五种不同类型的突发脉冲序列帧结构。

TDMA 帧的完整结构包括时隙和突发脉冲序列。TDMA 帧是在无线链路上重复的"物理"帧。

每一个 TDMA 帧含 8 个时隙，共占 $\frac{60}{13}$ ms$\approx$4.615 ms。每个时隙含 156.25 个码元，占 $\frac{15}{26}$ ms$\approx$0.557 ms。

多个 TDMA 帧构成复帧(Multi Frame)，其结构有两种，分别含连贯的 26 个或 51 个 TDMA 帧。当不同的逻辑信道复用到一个物理信道时，需要使用这些复帧。

含 26 帧的复合帧其周期为 120 ms，用于业务信道及其随路控制信道。其中 24 个突发序列用于业务，2 个突发序列用于信令。

含 51 帧的复合帧其周期为 $\frac{3060}{13}$ ms$\approx$235.385 ms，专用于控制信道。

多个复帧又构成超帧(Super Frame)，它是一个连贯的 51×26 TDMA 帧，即一个超帧可以是包括 51 个 26TDMA 复帧，也可以是包括 26 个 51TDMA 复帧。超帧的周期均为 1 326 个 TDMA 帧，即 6.12 s。

多个超帧构成超高帧(Hyper frame)。它包括 2 048 个超帧，周期为 12 533.76 s，即 3 h28 min 53 s760 ms。用于加密的话音和数据，超高帧每一周期包含 2 715 648 个 TDMA 帧，这些 TDMA 帧按序编号，依次从 0 至 2 715 647，帧号在同步信道中传送。帧号在跳频算法中也是必需的。

2. 信道类型

无线子系统的物理信道支撑着逻辑信道。逻辑信道可分为业务信道(Traffic Channel)和控制信道(Control Channel，也称为信令信道(Signalling Channel))，如图 3.11 所示。

(1) 业务信道(TCH)。业务信道载有编码的话音或用户数据，分为全速率业务信道(TCH/F)和半速率业务信道(TCH/H)，分别载有总速率为 22.8 Kbit/s 和 11.4 Kbit/s 的信息。使用全速率信道所用时隙的一半，可得到半速率信道。一个载频可提供 8 个全速率或 16 个半速率业务信道，包括各自所带有的随路控制信道。

①话音业务信道，载有编码话音的业务信道分为全速率话音业务信道(TCH/FS)和半速率话音业务信道(TCH/HS)，总速率分别为 22.8 Kbit/s 和 11.4 Kbit/s。对于全速率话音编

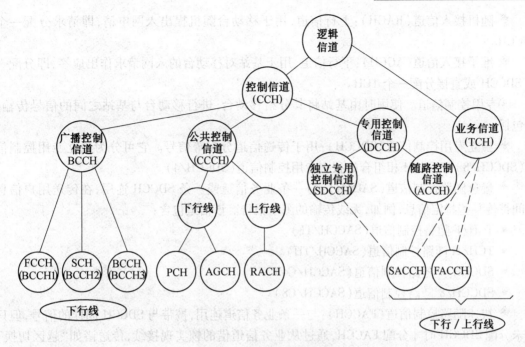

图 3.11　逻辑信道类型

码,话音帧长 20 ms,每帧含 260 bit,提供的净速率为 13 Kbit/s。

②数据业务信道,在全速率或半速率信道上,通过不同的速率适配、信道编码和交织,支撑着直至 9.6 Kbit/s 的透明和非透明数据业务。用于不同用户数据速率的业务信道,具体有:

a. 9.6 Kbit/s,全速率数据业务信道(TCH/F9.6)。

b. 4.8 Kbit/s,全速率数据业务信道(TCH/F4.8)。

c. 4.8 Kbit/s,半速率数据业务信道(TCH/H4.8)。

d. 不大于 2.4 Kbit/s,全速率数据数据业务信道(TCH/F2.4)。

e. 不大于 2.4 bit/s,半速率数据数据业务信道(TCH/H2.4)。

数据业务信道还支撑具有净速率为 12 Kbit/s 的非限制的数字承载业务。

(2) 控制信道(CCH)。控制信道用于传送信令或同步数据,有三种类型:广播控制信道(BCCH)、公共控制信道(CCCH)和专用控制信道(DCCH)。

① 广播控制信道仅作为下行信道使用,即 BS 至 MS 单向传输。它分为三种信道:

◆ 频率校正信道(FCCH):载有供移动台频率校正用的信息。

◆ 同步信道(SCH):载有供移动台帧同步和基站收发信台识别的信息。基站识别码(BSIC)在信道编码之前占有 6 bit,其中 3 bit 为 0~7 范围的 PLMN 色码,另 3 bit 为 0~7 范围的基站色码(BCC)。简化的 TDMA 帧号(RFN),它占有 19 bit。

◆ 广播控制信道(BCCH):在每个基站收发信台中有一个收发信机含有这个信道,向移动台广播系统信息。BCCH 所载的参数主要有:CCCH(公共控制信道)号码以及 CCCH 是否与 SDCCH(独立专用控制信道)相组合;为接入准许信息所预约的各 CCCH 上的区块(Block)号码;向同样寻呼组的移动台传送寻呼信息之间的 51TDMA 复合帧号码。

② 公共控制信道为系统内移动台所共用,它分为三种信道:

◆ 寻呼信道(PCH):下行信道,用于寻呼被叫的移动台。

◆ 随机接入信道(RACH):上行信道,用于移动台随机提出入网申请,即请求分配一个SDCCH。

◆ 准予接入信道(AGCH):下行信道,用于基站对移动台的入网请求作出应答,即分配一个SDCCH或直接分配一个TCH。

③专用控制信道。使用时由基站将其分给移动台,进行移动台与基站之间的信号传输。它包括:

◆ 独立专用控制信道(SDCCH):用于传送信道分配等信号。它可分为独立专用控制信道(SDCCH/8)与CCCH相组合的独立专用控制信道(SDCCH/4)。

◆ 慢速随路控制信道(SACCH):与一条业务信道或一条SDCCH连用,在传送用户信息期间带传某些特定信息,例如,无线传输的测量报告。该信道包含:

- TCH/F 随路控制信道(SACCH/TF)。
- TCH/H 随路控制信道(SACCH/TH)。
- SDCCH/4 随路控制信道(SACCH/C4)。
- SDCCH/8 随路控制信道(SACCH/C8)。

◆ 快速随路控制信道(FACCH):与一条业务信道连用,携带与SDCCH同样的信号,但只在未分配SDCCH时才分配FACCH,通过从业务信道借的帧实现接续,传送诸如"越区切换"等指令信息。FACCH可分为:

- TCH/F 随路控制信道 (FACCH/F)。
- TCH/H 随路控制信道 (FACCH/H)。

◆ 小区广播控制信道(CBCH):用于下行线,载有短消息业务小区广播(SMSCB)信息,使用像SDCCH相同的物理信道。

3.2.5 GSM 系统管理

1. GSM 系统的安全性管理

GSM 系统的安全主要包括:访问 AUC,进行用户鉴权;无线通道加密;移动设备确认;IMSI临时身份 TMSI。

SIM 卡中有固化数据、IMSI、Ki、安全算法,临时的网络数据 TMSI、LAI、Kc、被禁止的 PLMN及业务相关数据。

AUC 中有用于生成随机数(RAND)的随机数发生器,鉴权键 Ki 和各种安全算法。

GSM 系统的安全措施包括:

(1) 访问 AUC 用户鉴权。AUC 的基本功能是产生三参数组(RAND、SRES、Kc),其中RAND 由随机数发生器产生;SRES 由 RAND 和 Ki 由 A3 算法得出;Kc 由 RAND 和 Ki 用 A8 算法得出。三参数组保存在 HLR 中。对于已登记的 MS,由其服务区的 MSC/VLR 从 HLR 中装载三参数组为此 MS 服务。

当用户要建立呼叫、进行位置更新等操作时,其鉴权过程如下:

①MSC、VLR 传送 RAND 至 MS。

②MS 用 RAND 和 Ki 算出 SRES,并返至 MSC/VLR。

③MSL/VLR 把收到的 SRES 与存储其中的 SRES 比较,决定其真实性。

(2)无线通道加密(图 3.12)。

①MSC/VLR 把"加密模式命令 M"和 Kc 一起送给 BTS。

②"加密模式命令"传至 MS。

③"加密模式完成"消息 M′和 Kc 用 A5 算法加密,TDMA 帧号用 A5 算法加密,合成 Mc′。

④Mc′送至 BTS。

⑤Mc′和 Kc 用 A5 算法解密,TDMA 帧号由 A5 算法解密。

⑥若 Mc′能被解密成 M′(加密模式成功)并送至 MSC,则所有信息从此时开始加密。

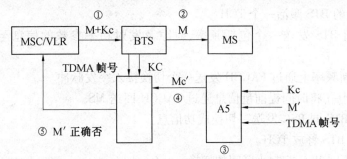

图 3.12　加密过程

(3)移动设备识别。

①MSC/VLR 要求 MS 发送 IMEI。

②MS 发送 IMEI。

③MSC/VLR 转发 IMEI。

④在 EIR 中核查 IMEI,返回信息至 MSC/VLR。

(4)使用 TMSI。当 MS 进行位置更新,发起呼叫或激活业务时,MSC/VLR 分配给 IMSI 一个新的 TMSI,MS 把 TMSI 保存在 SIM 卡上,MSC/VLR 与 MS 间信令联系只使用 TMSI,使用户号码保密,避免用户被定位。

2.移动性管理

GSM 网络对 MS 的移动性支持就是确定 MS 当前位置,以及使 MS 与网络的联系达到最佳状态。根据 MS 当前状态的不同,可分为漫游管理及切换管理。

(1)漫游管理:移动用户在移动性的情况下,要求改变与小区和网络联系的特点,称为漫游。在漫游时改变位置区及位置区的确认过程,称为位置更新。在相同位置区中的移动不需通知 MSC,而在不同位置区间的小区间移动则需通知 MSC。

①常规位置更新。MS 由 BCCH 传送的 LAI 确定要更新后,通过 SDCCH 与 MSC/VLR 建立连接,发送请求来更新 VLR 中数据,若此时 LAI 属于不同的 MSC/VLR,则 HLR 也要更新,当系统确认更新后,MS 和 BTS 释放信道。

②IMSI 分离。当 MS 关机后,发送最后一次消息要求进行分离操作,MSC/VLR 接到后在 VLR 中的 IMSI 上作分离标记。

③IMSI 附着。当 MS 开机后,若此时 MS 处于分离前相同的位置区,则将 MSC/VLR 中 VLR 的 IMSI 作附着标记;若位置区已变,则要进行新的常规位置更新。

④强迫登记。在 IMSI 要求分离时,若此时信令链路质量不好,则系统会认为 MS 仍在原来位置,因此每隔 30 min 要求 MS 重发位置区信息,直到系统确认。

⑤隐式分离。在规定时间内未收到系统强迫登记后 MS 的回应信号,对 VLR 中的 IMSI 作

分离标记。

（2）切换管理。在 MS 通话阶段中，MS 因改变小区而引起的系统操作称为切换。根据 MS 对周邻 BTS 信号强度的测量报告和 BTS 对 MS 发射信号强度及通话质量，统一由 BSC 评价后决定是否进行切换。

GSM 系统有三种不同类型的切换。

①相同 BSC 控制小区间的切换。

a. BSC 预订新的 BTS 激活一个 TCH。

b. BSC 通过旧 BTS 发送一个包括频率、时隙及发射功率参数的信息至 MS，此信息在 FACCH 上传送。

c. MS 在规定新频率上通过 FACCH 发送一个切换接入突发脉冲。

d. 新 BTS 收到后，将时间提前量信息通过 FACCH 回送 MS。

e. MS 通过新 BTS 向 BSC 发送一切换成功信息。

f. BSC 要求旧 BTS 释放 TCH。

②同一 MSC 不同 BSC 控制小区间的切换。

a. 旧 BSC 把切换请求及切换目的小区标识一起发给 MSC。

b. MSC 判断是哪个 BSC 控制的 BTS，并向新 BSC 发送切换请求。

c. 新 BSC 预订目标 BTS 激活一个 TCH。

d. 新 BSC 把包含有频率、时隙及发射功率的参数通过 MSC，旧 BSC 和旧 BTS 传到 MS。

e. MS 在新频率上通过 FACCH 发送接入突发脉冲。

f. 新 BTS 收到此脉冲后，回送时间提前量信息至 MS。

g. MS 发送切换成功信息通过新 BSC 传至 MSC。

h. MSC 命令旧 BSC 去释放 TCH。

i. BSC 转发 MSC 命令至 BTS 并执行。

③不同 MSC 控制的小区间的切换。

a. 旧 BSC 把切换目标小区标志和切换请求发至旧 MSC。

b. 旧 MSC 判断出小区属另一 MSC 管辖。

c. 新 MSC 分配一个切换号，并向新 BSC 发送切换请求。

d. 新 BSC 激活 BTS 的一个 TCH。

e. 新 MSC 收到 BSC 回送信息并与切换号一起转至旧 MSC。

f. 一个连接在 MSC 间被建立。

g. 旧 MSC 通过旧 BSC 向 MS 发送切换命令，其中包含频率、时隙和发射功率。

h. MS 在新频率上通过 FACCH 发一接入突发脉冲。

i. 新 BTS 收到后，通过 FACCH 回送时间提前量信息。

j. MS 通过新 BSC 和新 MSC 向旧 MSC 发送切换成功信息。

3.3　GPRS

3.3.1　GPRS 概述

1. GPRS 的产生和发展

GPRS(General Packet Radio Service,通用分组无线业务)对原有的 GSM 电路交换系统进行扩充,以满足用户利用移动终端接入 Internet 或其他分组数据网络的需求。GPRS 是在现有的移动通信系统 GSM 基础之上发展起来的分组数据业务。GPRS 在 GSM 数字移动通信网络中引入分组交换功能实体,以支持采用分组方式进行的数据传输。

GPRS 包含丰富的数据业务,如:PTP(Point to Point,点对点)数据业务,PTM-M(Point to Multipoint,点对多点)广播数据业务、PTM-G(Point to Multipoint Group,点对多点群呼)数据业务和 IP-M 广播业务。

GSM-GPRS 通过在原 GSM 网络基础上增加功能实体来实现对分组数据的传输,新增功能实体和软件升级后的原 GSM 功能实体组成 GSM-GPRS 网络,作为独立的网络实体完成 GPRS 数据业务,原 GSM 网络则完成电路业务。GPRS 网络与 GSM 原网络通过一系列的接口协议共同完成对移动台的移动性管理功能。

GPRS 新增服务 GPRS 支持节点(SGSN)、网关 GPRS 支持节点(GGSN)、点对多点数据服务中心等功能实体,并且对原有的功能实体进行软件升级。GPRS 大规模地采用了数据通信技术,包括帧中继、TCP/IP、X.25、X.75,同时在 GPRS 网络中使用了路由器、接入网服务器、防火墙等产品。

2. GPRS 的特点

GPRS 不仅仅是移动通信网络向 3G 演进的第一步,它将 IP 技术引入 GSM 网络,通过在 GSM 网络上叠加一个基于 IP 的 GPRS 核心网,使电路交换网转变为电路交换复合数据分组交换网。

GPRS 有很多优点:

(1) 利用现有网络升级。使运营商能够在原有网络资源的基础上逐步升级,避免浪费,实现平滑升级。

(2) 接入 Internet。通过 GPRS 网络互通首次完全实现了移动 Internet 功能。任何一种在固定 Internet 上的业务,利用 GPRS 同样能在移动网络上实现。

(3) 提高网络频谱效率。分组交换意味着仅当用户正在发送或接收数据时 GPRS 无线资源才被使用。它可以同时在几个用户之间共享,使无线资源能够有效使用,大量的 GPRS 用户可以共享相同的带宽,而且由同一个单元提供服务。

(4) 降低网络成本。GPRS 的成本将随着市场的扩大而迅速下降,并且 GPRS 为用户提供了较高速率的数据传输服务。

制约 GPRS 业务应用的不利因素包括:

(1) 小区容量有限。GPRS 会影响一个网络现有的小区容量。GPRS 对信道采取动态管理,并且通过在 GPRS 信道上提供 SMS(Short Message Service,短消息业务)来减少高峰时所需的信令信道数。

(2) 实际数据传输速率低。只有一个用户占用所有 8 个时隙并且没有防错保护时,才能达到 GPRS 传输速率的理论最大值 171.2 Kbit/s。一个网络运营商把所有 8 个时隙全给一个用户使用是不太可能的,因此用户使用带宽也将受到限制。

(3)转接时延。数据在通过无线链路传输过程中可能发生一个或几个分组数据包丢失或发生错误,对此可以引入数据完整性和重发策略,但由此也产生了潜在的转接时延。

3.3.2 GPRS 体系结构和传输机制

GPRS 体系结构如图 3.13 所示。

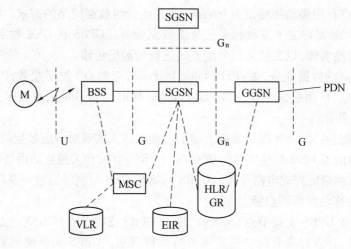

图 3.13　GPRS 体系结构

1. 主要网络实体

(1) GPRS MS。

①终端设备。TE(Teminal Equipment,终端设备)是终端用户操作和使用的终端设备,在 GPRS 系统中用于发送和接收终端用户的分组数据。TE 可以是独立的桌面计算机,也可以将 TE 的功能集成到手持的移动终端设备上,同 MT(Mobile Terminal)合二为一。实际上,GPRS 网络所提供的所有功能都是为了在 TE 和外部数据网络之间建立起分组数据传送的通路。

②移动终端。MT(Mobile Terminal,移动终端)一方面同 TE 通信,另一方面通过空中接口同 BTS 通信,并可以建立到 SGSN 的逻辑链路。GPRS 的 MT 必须配置 GPRS 功能软件,以支持 GPRS 系统业务。在数据通信过程中,从 TE 的观点来看,MT 的作用就相当于将 TE 连接到 GPRS 系统的 Modem。MT 和 TE 的功能可以集成在同一个物理设备中。

③移动台。MS 可以看做是 MT 和 TE 功能的集成实体,物理上可以是一个实体,也可以是两个实体(TE+MT)。

MS 有三种类型。

A 类 GPRS MS:能同时连接到 GSM 和 GPRS 网络,能同时在两个网络中被激活,同时侦听两个系统的信息,并能同时启用,同时提供 GPRS 业务和 GSM 电路交换业务,包括短消息业务。A 类 GRPS MS 用户能在两种业务上同时发起和/或接收呼叫,自动进行分组数据业务和电路业务之间的切换。

B 类 GPRS MS:能同时连接到 GSM 网络和 GPRS 网络,可用于 GPRS 分组交换业务和 GSM 电路交换业务,但两者不能同时工作,即在某一时刻,它或者使用电路交换业务,或者使用分组交换业务。B 类 GPRS MS 也能自动进行业务切换。

C 类 GPRS MS:在某一时刻只能连接到 GSM 网络或 GPRS 网络。如果它能够支持分组交换和电路交换两种业务,则只能人工进行业务切换,不能同时进行两种操作。

(2) PCU(Packet Control Unit,分组控制单元)。PCU 是在 BSS 侧增加的一个处理单元,主要完成 BSS 侧的分组业务处理和分组无线信道资源的管理,目前 PCU 一般在 BSC 和 SGSN 之间实现。

(3) SGSN(Service GPRS Support Node,服务 GPRS 支持节点)。SGSN 是 GPRS 网络的一个基本组成网元,是为了提供 GPRS 业务而在 GSM 网络中引进的一个新的网元设备。其主要的作用就是为本 SGSN 服务区域的 MS 转发输入/输出的 IP 分组,其地位类似于 GSM 电路网中的 VMSC。SGSN 提供以下功能:

①本 SGSN 区域内的分组数据包的路由与转发功能,为本 SGSN 区域内的所有 GPRS 用户提供服务。

②加密与鉴权功能。

③会话管理功能。

④移动性管理功能。

⑤逻辑链路管理功能。

⑥同 GPRS BSS、GGSN、HLR、MSC、SMS-GMSC、SMS-IWMSC 的接口功能。

⑦话单产生和输出功能,主要收集用户对无线资源的使用情况。

此外,SGSN 中还集成了类似于 GSM 网络中 VLR 的功能,GPRS 附着状态时,SGSN 中存储了同分组相关的用户信息和位置信息。SGSN 中的大部分用户信息在位置更新过程中从 HLR 获取。

(4) GGSN(Gateway GPRS Support Node,网关 GPRS 支持节点)。GGSN 也是为了在 GSM 网络中提供 GPRS 业务功能而引入的一个新的网元功能实体,提供数据包在 GPRS 网和外部数据网之间的路由和封装。在 PDP 上下文激活过程中根据用户的签约信息以及用户请求的 APN(Access Point Name,接入点名)来确定是否选择 GGSN 作为网关。GGSN 主要提供以下功能:同外部数据 IP 分组网络(IP、X. 25)的接口功能,根据需要提供 MS 接入外部分组网络的网关功能,从外部网的观点来看,GGSN 就好像是可寻址 GPRS 网络中所有用户 IP 地址的路由器,需要同外部网络交换路由信息;GPRS 会话管理,完成 MS 同外部网的通信建立过程;将移动用户的分组数据发往正确的 SGSN;话单的产生和输出功能,主要体现用户对外部网络的使用情况。

(5) CG(Charging Gateway,计费网关)。CG 主要完成对各 SGSN/GGSN 产生的话单的收集、合并、预处理工作,并完成同计费中心之间的通信。CG 是 GPRS 网络中新增加的设备。GPRS 用户一次上网过程的话单会从多个网元实体中产生,而且每一个网元设备中都会产生多张话单。引入 CG 是为了在话单送往计费中心之前对话单进行合并与预处理,以减少计费中心的负担;同时 SGSN、GGSN 这样的网元设备也不需要实现同计费中心的接口功能。

2. 主要的网络接口

(1) Um 接口。Um 接口是 GPRS MS 与 GPRS 网络间的接口,通过 MS 完成与 GPRS 网络的通信,完成分组数据传送、移动性管理、会话管理、无线资源管理等多方面的功能。

(2) Gb 接口。Gb 接口是 SGSN 和 BSS 间的接口,通过该接口 SGSN 完成同 BSS 系统、MS

之间的通信,以完成分组数据传送、移动性管理、会话管理方面的功能。该接口是 GPRS 组网的必选接口。

(3) Gi 接口。Gi 接口是 GPRS 与外部分组数据网之间的接口。GPRS 通过 Gi 接口和各种公众分组网如 Internet 或 ISDN 网实现互联,在 Gi 接口上需要进行协议的封装/解封装、地址转换、用户接入时的鉴权和认证等操作。

(4) Gn 接口。Gn 接口是 GRPS 支持节点间的接口,即同一个 PLMN 内部 SGSN 间、SGSN 和 GGSN 间的接口,该接口采用在 TCP/UDP 协议之上承载 GTP(GPRS 隧道协议)的方式进行通信。

(5) Gs 接口。Gs 接口是 SGSN 与 MSC/VLR 之间的接口,Gs 接口采用 7 号信令上承载 BSSAP+协议。SGSN 通过 Gs 接口和 MSC 配合完成对 MS 的移动性管理功能。SGSN 还将接收从 MSC 来的电路型寻呼信息,并通过 PCU 下发到 MS。如果不提供 Gs 接口,则无法进行寻呼协调。

(6) Gr 接口。Gr 接口是 SGSN 与 HLR 之间的接口,Gr 接口采用 7 号信令上承载 MAP+协议的方式。SGSN 通过 Gr 接口从 HLR 取得关于 MS 的数据,HLR 保存 GPRS 用户数据和路由信息。

(7) Gd 接口。Gd 接口是 SGSN 与 SMS-GMSC、SMS-IWMSC 之间的接口。通过该接口,SGSN 能接收短消息,并将它转发给 MS、SGSN 和 SMS-GMSC、SMS-IWMSC。短消息中心之间通过 Gd 接口配合完成在 GPRS 上的短消息业务。

(8) Gp 接口。Gp 接口是 GPRS 网络间接口,是不同 PLMN 网的 SGSN 之间采用的接口,在通信协议上与 Gn 接口相同,但是增加了边缘网关(Border Gateway,BG)和防火墙,通过 BG 来提供边缘网关路由协议,以完成归属于不同 PLMN 的 GPRS 支持节点之间的通信。

(9) Gc 接口。Gc 接口是 GGSN 与 HLR 之间的接口,当网络侧主动发起对手机的业务请求时,由 GGSN 通过 IMSI 向 HLR 请求用户当前的 SGSN 地址信息。

(10) Gf 接口。Gf 接口是 SGSN 与 EIR 之间的接口。

3.3.3 高层功能

GPRS 网络的高层功能包括以下几个方面。

1. 网络接入控制功能

网络接入控制功能控制 MS 对网络的接入,使 MS 能使用网络的相关资源完成数据的接收和发送。

(1) 注册功能。是指将用户的移动 ID 和用户的 PDP 上下文、在 PLMN 中的位置联系及对外部分组数据网络的接入点联系起来。

(2) 鉴权功能。是指向用户授予使用某种特定网络服务的权利和对特定用户的申请进行鉴权。鉴权的实现和移动性管理联系在一起。

(3) 许可控制功能。是指根据用户 QoS 所需要的无线资源,决定是否分配无线资源。许可控制功能的实现和无线资源管理功能联系在一起,用于估计小区对无线资源的需求。

(4) 消息屏蔽功能。是指通过包过滤功能将未被授权的和多余的消息滤除。

(5) 分组终端适配功能。是指将发往终端设备的分组数据包或终端设备发往网络的分组数据包适配成适合在 GPRS 网络传输的格式。

（6）计费数据收集功能。是指根据用户预约和业务量进行计费数据收集，并将收集到的计费数据通过 Ga 接口发往计费网关处理。

2. 分组路由和转发功能

分组路由和转发功能完成对分组数据的寻址和发送工作，保证分组数据按最优路径送往目的地。

（1）转发功能。是指 SGSN 或 GGSN 接收来自输入的数据包，然后转发给其他节点的过程。SGSN 和 GGSN 首先存储所有有效的 PDP PDU，直到将 PDP PDU 发送出去或超时，超时的 PDP PDU 将被丢弃。

（2）路由功能。是指利用数据包消息中提供的目的地址决定该数据包消息应该发往哪个节点，以及发送过程中应使用的下层服务的过程。

路由功能包括：同一 PLMN 中的移动终端和外部网络之间的路由功能，在不同 PLMN 中的移动终端和外部网络之间的路由功能。

（3）地址翻译和映射功能。地址翻译功能是指将一种地址转换为另外一种地址的功能。地址翻译可以将外部网络协议地址转换为内部网络协议地址，以便数据包在 GPRS PLMN 内部或 GPRS PLMN 之间路由和传输。

地址映射功能是指将一个网络地址映射为另一个同类型的网络地址。地址映射功能用于在 GPRS PLMN 内部或 GPRS PLMN 之间路由数据包。

（4）封装功能。封装是指为了在 PLMN 内部或 PLMN 之间路由数据包，而在数据包的头部增加地址信息和控制信息。解封装是指将地址信息和控制信息去除，从而解出数据包。

GPRS 提供一个 MS 和外部网络之间的透明通道，封装功能存在于 MS、SGSN 和 GGSN 之中。在 SGSN 和 GGSN 之间，GPRS 骨干网通过在 PDP PDU 上封装一个 GTP 协议头组成一个 GTP 帧，然后将 GTP 帧封装成 TCP 或 UDP 帧，最后再将该帧封装成 IP 帧。GPRS 骨干网通过包含在 IP 和 GTP 协议头中的 GSN 地址和隧道终点标识来唯一定位 GSN PDP 上下文。

（5）隧道功能。是指将封装后的数据包在 GPRS PLMN 内部或 GPRS PLMN 之间、从封装点传输到去封装点之间的功能。SGSN 与 GGSN 之间、GGSN 与外部数据网之间的数据包都通过隧道传输。

（6）压缩功能。通过压缩功能能够最大限度地利用无线传输能力。

（7）加密功能。用于提高在无线接口上传输的用户数据和信令的保密性。

（8）DNS 功能。DNS 功能将 SGSN/GGSN 的逻辑名字翻译成 IP 地址，当 PDP 激活的时候，解析 MS 接入外部 IP 网络所用的 APN，以确定本次激活所用的 GGSN 的 IP 地址；在 SGSN 间的路由区更新过程中，解析旧 SGSN 的地址。

3. 移动性管理功能

移动性管理功能用于在 PLMN 中保持对 MS 当前位置的跟踪。GPRS 系统的移动性管理功能与现有的 GSM 系统类似。

4. 逻辑链路管理功能

逻辑链路指 MS 到 GPRS 网络间所建立的、传送分组数据所需的逻辑链路。逻辑链路管理功能是指在 MS 与 PLMN 之间、在无线接口上维持一个通信渠道。当逻辑链路建立后，MS 与逻辑链路具有一一对应关系。逻辑链路管理功能包括：逻辑链路建立功能，逻辑链路维护功能和逻辑链路释放功能。

5.无线资源管理功能

无线资源管理功能是指对无线通信通道的分配和管理,GPRS 无线资源管理功能要实现 GPRS 和 GSM 共用无线信道。无线资源管理功能包括以下几个方面:

(1) Um 管理功能。是指管理每个小区中的的物理信道资源,并确定其中分配给 GPRS 业务的比例。

(2) 小区重选功能。使得 MS 能够选择一个最佳小区,小区重选功能涉及无线信号质量的测量和评估,同时要检测和避免各候选小区的拥塞。

(3) Um-tranx 功能。提供 MS 和 BSS 之间通过无线接口传输数据包的能力。

(4) 路径管理功能。管理 BSS 和 SGSN 之间的分组数据通信路径,这些路径的建立和释放可以动态地基于业务量,也可以静态地基于每个小区的最大期望业务负荷。

3.3.4　GPRS 协议栈

1. GPRS 数据平面协议栈

和 GSM 相比,GPRS 体现了分组交换和分组传输的特点,即数据和信令是基于统一的传输平面,在数据传输所经过的几个接口,传输层(LLC)以下的协议结构对于数据和信令是相同的。而在 GSM 中,数据和信令只在物理层上相同。GPRS 数据平面协议栈如图 3.14 所示。

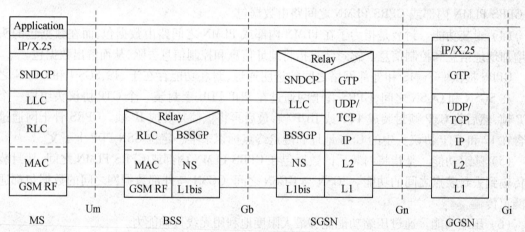

图 3.14　GPRS 数据平面协议栈

(1) GTP(GPRS Tunnel Protocol,GPRS 隧道协议):在 GPRS 骨干网络内部和 GPRS 支持节点之间采用隧道方式传输用户数据和信令。所有点对点的、采用 PDP 的分组数据单元都将通过 GPRS 隧道协议进行封装打包。

(2) UDP/TCP:传输层协议,建立端到端连接的可靠链路,TCP 具有保护和流量控制功能,确保数据传输的准确,是面向连接的协议;UDP 则是面向非连接的协议,不提供错误恢复能力,只充当数据报的发送者和接收者。

(3) IP:GPRS 骨干网络协议,用于用户数据和控制信令的路由选择。

(4) SNDCP(Sub-Network Dependent Convergence Protocol,子网会聚协议):该传输功能将网络层特性映射成低层网络特性。

(5) L2:数据链路层协议,可采用一般的以太网协议。

（6）L1：物理层。

（7）NS(Network Service,网络业务)：传输 BSSGP 协议数据单元。它建立在 BSS 和 SGSN 之间帧中继连接的基础之上,并且可以穿越帧中继交换节点网络。

（8）BSSGP：该层包含了网络层和一部分传输层功能,主要解释路由信息和服务质量信息。

（9）Relay(中继)：在 BSS 侧,中继转发 Um 接口与 Gb 接口之间的 LLC PDU 包。而在 SGSN,则中继转发 Gb 接口和 Gn 接口的 PDP PDU 包。

（10）LLC(Logical Link Control,逻辑链路控制)：传输层协议,提供端到端的可靠无差错的逻辑数据链路。

（11）MAC：介质控制接入层,属于链路层协议,控制无线信道的信令接入过程,以及将 LLC 帧映射成 GSM 物理信道。

（12）RLC：无线链路控制子层,属于链路层和网络层协议,提供与无线解决方案有关的可靠链路。

2. GPRS 信令平面协议栈

信令平面由控制和支持传输平面功能的协议组成：控制 GPRS 网络接入连接,控制一个已建立的网络接入连接的属性,控制网络资源的分配。

（1）MS 与 SGSN 间信令平面(图 3.15)。GPRS 移动性管理(GMM)和会话管理(SM)协议支持移动性管理功能。

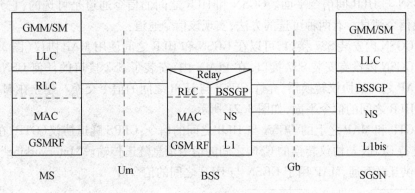

图 3.15 MS 与 SGSN 间信令平面

（2）SGSN 与 HLR 间信令平面(图 3.16)。移动应用部分(MAP)协议支持与 HLR 的信令交换,增强 GPRS 性能。TCAP、SCCP、MTP3 和 MTP2 支持 GPRS GSM PLMN 的移动应用部分。

（3）SGSN 与 MSC/VLR 间信令平面(图 3.17)。基站应用部分+(BSSAP+)支持 SGSN 与 MSC/VLR 之间的信令。

（4）SGSN 与 EIR 间信令平面(图 3.18)。MAP 协议支持 SGSN 与 EIR 之间的信令。

（5）SGSN 与 SMS-GMSC、SMS-IWMSC 间信令平面(图 3.19)。MAP 协议支持 SGSN 与 SMS-GMSC 之间或 SGSN 与 SMS-IWMSC 之间的信令。

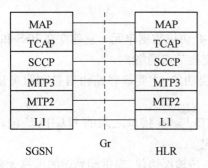

图 3.16 SGSN 和 HLR 间信令平面

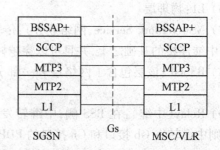

图 3.17 SGSN 与 MSC/VLR 间信令平面

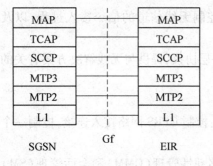

图 3.18 SGSN 与 EIR 间信令平面

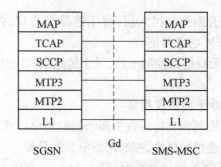

图 3.19 SGSN 与 SMS-GMSC、SMS-IWMSC 间信令平面

（6）GGSN 与 HLR 间信令平面。GGSN 和 HLR 之间的信令通道是可选的,它允许 GGSN 与 HLR 交换信令消息。有两种可选的方法,实现该信令通道:

如果在 GGSN 内安装 SS7 接口,可以在 GGSN 和 HLR 之间使用 MAP 协议(图 3.20);

如果在 GGSN 内没有安装 SS7 接口,在 PLMN 内,安装了 SS7 接口的任何 GSN 均可以用做 GTP 至 MAP 之间的协议转换器,允许 GGSN 与 HLR 之间的信令交换。建立在 MAP 基础上的 GGSN 与 HLR 之间的信令平面,如图 3.21 所示。

建立在 GTP 和 MAP 之上的 GGSN 与 HLR 之间的信令:GPRS 隧道协议(GTP)在 GPRS 骨干网络内,支持 GGSN 与协议转换的 GSN 之间的信令消息隧道传输。"Interworking"在 GTP 和 MAP 之间提供互联互通,MAP 用于 GGSN 与 HLR 之间的信令。

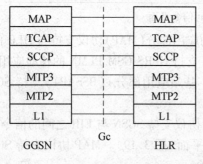

图 3.20 GGSN 与 HLR 采用 MAP 的信令平面

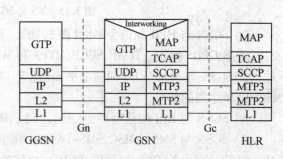

图 3.21 GGSN 与 HLR 之间采用 GTP 和 MAP 的信令平面

3.4 移动数据业务

3.4.1 移动数据业务概述

移动数据业务可划分为移动数据基本业务和移动数据增值业务两大类。移动数据基本业务是移动运营商仅提供底层的电路或分组数据承载通道供用户透明传送数据、话音、图像等用户的应用层信息。在提供基本业务时只涉及底层网络,不涉及应用层信息,故运营商只收取通信费用;移动数据增值业是移动运营商利用其移动数据承载通道(如 GPRS),为用户提供移动数据增值业务,移动数据增值业务是运营商在应用层面上为用户提供的服务,故运营商除了收取通信费用,还要收取移动数据增值业务的费用。

移动数据增值业务是移动运营商在移动基本话音业务的基础上,针对不同的用户群和市场需求开通的可供用户选择使用的业务。移动增值业务是市场细分的结果,它充分挖掘了移动网络的潜力,满足了用户的多种需求,因此在市场上取得了巨大的成功。

移动数据业务是从短消息业务(SMS)发展起来的,移动数据网支持 TCP/IP 和 WAP,极大地促进移动数据业务的使用,进一步提供多媒体信息业务(MMS)、移动流媒体业务、无线高速上网以及其他移动数据业务。

3.4.2 SMS

1. SMS 基本概念

SMS(Short Messaging Service)是一种通过移动网络用手机收发简短文本消息的通信机制。

SMS 采用存储转发模式:发送方把短消息发送出去之后,短消息不是直接发送给接收方,而是先存储在 SMC(Short Message Service Center,短消息中心),然后再由 SMC 将短消息转发给接收方。如果接收方当时因关机或不在服务区内等原因无法接收,SMC 就会自动保存该短消息,等到接收方在服务区出现的时候再发送给他。

与普通的寻呼机制不同,SMS 是一项有保证的双向服务。当发送方将短消息发送出去之后会得到一条确认通知,返回传递成功或失败的信息以及不可到达的原因。

SMS 是非对称业务,SMS 属于 GSM 第一阶段(Phase 1)标准,使用 SS7 信令信道传输数据分组。系统支持短消息与话音、数据、传真等业务的同步传输。目前 SMS 已经被集成到了很多网络标准中。一般的移动网络(如 GSM、CDMA、TDMA、PHS、PDC 等)都支持 SMS,这使 SMS 成为一项非常普及的移动数据业务。

2. SMS 体系结构

GSM 标准中定义的点到点短消息服务使短消息能够在移动台和短消息服务中心之间传递。SMS 体系结构如图 3.22 所示。

MS:移动站。

SME(短消息实体):接收和发送短消息。

MSC(移动交换中心):系统交换管理,控制来自或发往其他电话或数据系统的通信。

SMSC(短消息业务中心):在移动基站和 SME 之间中继、存储或转发短消息。

HLR(归属位置寄存器):存储管理用户的永久信息和服务记录,帮助把短消息传递给正

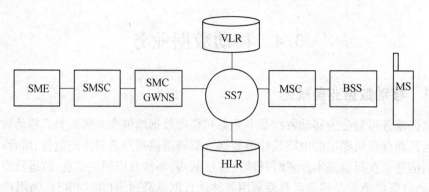

图 3.22　SMS 体系结构

确的 MSC，还能配合 MSC 与 HLR 之间的协议，在接收方因超出覆盖区而丢失报文、随后又可找到时加以提示。

SMC GWMS（短消息中心网关）：是与其他网络打交道的节点。一旦从 SMSC 接收到短消息，SMC GWMS 就向目的移动台的 HLR 处查询移动站当前的位置，并将短消息传送给接收者所在基站的交换中心。

VLR（访问定位寄存器）：该数据库含有一些用户临时信息，如手机鉴别、当前所处的小区（或小区组）等信息。通过 VLR 提供的信息，MSC 能够将短消息交换到相应的 BSS（基站系统，包括 BSC+BTS，向移动站发送或接收信息），BSS 再将短消息传递到接收方的手机。

3. SMS 开发

AT 命令原来仅被用于 modem 操作。SMS Block Mode 协议通过终端设备（TE）或电脑来完全控制 SMS。主要的移动电话生产厂商诺基亚、爱立信、摩托罗拉和 HP 共同为 GSM 研制了一整套 AT 命令，其中包含对 SMS 的控制。AT 命令在此基础上演化并被加入 GSM 07.05 标准，以及之后的 GSM 07.07 标准。

对 SMS 的控制共有三种实现途径：最初的 Block Mode；基于 AT 命令的 Text Mode；基于 AT 命令的 PDU Mode。PDU 已取代 Block Mode，PDU Mode 是发送或接收手机 SMS 消息的一种方法。消息正文经过十六进制编码后进行传送。基本的 PDU 命令是 AT+CMGR、AT+CMGL、AT+CMGS。如是用 AT+CMGL=0 读取电话上全部未读过的 SMS 消息，用 AT+CMGL=4 可读取全部 SMS 消息。

3.4.3　WAP

1. WAP 的概念

WAP（Wireless Application Protocol，无线应用协议）由一系列协议组成，用来标准化无线通信设备，它负责将 Internet 和移动通信网连接到一起，已成为移动终端上网的标准。WAP，提供与网络种类、承运商和终端设备无关的移动数据增值业务。移动用户可以像使用 PC 访问互联网信息一样，用移动设备（如 WAP 手机——支持 WAP 协议的手机）访问 Internet。

WAP 是公开的全球无线协议标准，并且是基于现有的 Internet 标准制订的。

2. WAP 体系结构

WAP 内容和应用由 WWW 内容格式来指定，WAP 内容采用基于 WWW 通信协议的一组标准通信协议进行传送。在无线终端内的微型浏览器作为普通的用户接口，这个微型浏览器与标准的 Web 浏览器很相似。

为了实现移动终端与网络服务器之间的通信，WAP 定义了一套标准组件,这套标准组件包括:

(1) 标准命名模型:使用 WWW 的标准 URL 标识服务器上的 WAP 内容,并用 WWW 标准的 URI 来标识设备上的本地资源。

(2) 内容分类:对于每个 WAP 内容,都定义了一个与 WWW 分类相一致的特定类型,Web 用户代理依据其类型对 WAP 内容进行正确的处理。

(3) 标准内容格式:WAP 内容格式是按照 WWW 定义的。

(4) 标准通信协议:WAP 通信协议将来自移动终端的浏览器请求传送到 Web 服务器。

WAP 内容类型和 WAP 协议都经过了专门的优化。WAP 通过用户代理技术把 WWW 和无线领域连接起来。

WAP 代理的功能包括:

(1) 协议网关(Protocol Gateway):协议网关把来自 WAP 协议栈(包括无线会话协议 WSP,无线事务协议 WTP,无线传输层安全 WTLS 和无线数据报协议 WDP)的请求转化成 WWW 协议栈(包括超文本传输协议 HTTP 和 TCP/IP)的请求。

(2) 内容编译码器(Content Encoders and Decoders):内容编码器把 WAP 内容转化成紧缩的编码格式,以减少在网络上传输的数据量。

这样的结构使移动终端用户可以浏览大量的 WAP 内容和应用程序,且便于建立运行在数量众多的移动终端上的服务内容以及应用程序。

WAP 代理允许把内容和应用程序放置在标准的 WWW 服务器上,并且还可以使用有效的 WWW 技术开发 WAP 内容和应用程序。WAP 应用至少包括 Web 服务器、WAP 代理和 WAP 客户端。

WAP 体系结构为移动通信设备提供了一个层次化的、可扩展的应用开发环境,通过整个协议栈的分层设计实现。WAP 体系结构的每一层都为上一层提供接入点,并且还可以接入其他服务和应用程序。WAP 体系结构如图 3.23 所示。

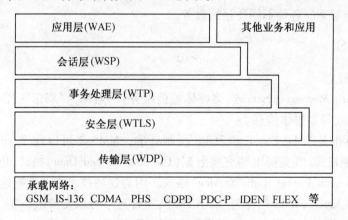

图 3.23　WAP 体系结构

WAP 的分层结构允许其他服务和应用程序通过一组已定义好的接口使用 WAP 协议栈,外部应用程序可以直接接入会话层、事务层、安全层和传输层。

无线应用环境(Wireless Application Enrironment,WAE)是一个融合了 WWW 和移动电话技术的通用的应用开发环境。WAE 的主要努力目标是建立一个兼容的环境,以便让运营商和服务的提供者能够在各式各样的无线平台上高效和实用地建立应用程序和服务。WAE 包括一个微浏览器环境,功能如下:

◆ 无线标记语言(Wireless Markup Language,WML)是一种与超文本标记语言 HTML 相似的轻量级的(Lightweight)标记语言。为了能在手持移动终端中使用,该语言经过了优化。

WML 脚本语言(WMLScript)是一种轻量级的脚本语言,与 JavaScript 相似。

◆ 无线电话应用(Wireless Telephony Application,WTA,WTAI) 是电话业务和编程接口。

◆ 内容格式(Content formats) 是一组已经定义好的数据格式,包括图像、电话簿记录(Phone Book Record)和日历信息。

无线会话协议(Wireless Session Protocol,WSP)为两种会话服务提供了一致的接口。第一种会话服务是面向连接的服务,它工作在事务层协议 WTP 之上;第二种会话服务是无连接的服务,它工作在安全或非安全的数据报服务(WDP)之上。

无线事务协议(Wireless Transaction Protocol,WTP)运行在数据报服务之上,是一种轻量级的面向事务的协议,适合在移动设备客户端中实现。

无线传输层安全(Wireless Transport Layer Security,WTLS)协议是一种基于工业标准的传输层安全(Transport Layer Security,TLS)协议。WTLS 协议专门设计与 WAP 传输协议配套使用,并针对窄带通信信道进行了优化。

WTLS 协议提供了数据完整性(Data Integrity)、私有性(Privacy)、鉴权(Authentication)、拒绝服务保护(Denial-of-service Protection)和用于终端之间的安全通信。

无线数据报协议(Wireless Datagram Protocol,WDP)是 WAP 体系结构中的传输层协议,它工作在有数据承载能力的各种类型的网络之上。WDP 向上层的 WAP 协议提供统一的服务,并对承载业务提供透明的通信能力。

WAP 协议能工作在各种不同的承载业务之上,包括短报文业务、基于电路交换的数据业务和分组数据业务。由于对吞吐量、误码率和延迟的要求不同,承载业务具有不同级别的服务质量。WAP 协议能够适应各种不同质量的服务。

3.4.4 MMS

1. MMS 基本概念

MMS(Multimedia Messaging Service,多媒体短信服务)一般称为"彩信",用于传送文字、图片、动画、音频和视频等多媒体信息。

MMS 的工业标准是 WAP Forum 和 3GPP 所制订的。MMS 是可以在 WAP 协议的上层运行,它不局限于传输格式,既支持电路交换数据(Circuit-Switched Data)格式,也支持通用分组无线服务 GPRS(General Packet Radio Service)格式。因为这种技术能使数据速率由目前的 9.6 kbit/s 提高到 384 kbit/s,MMS 被称为"GSM 384",这种速率可以支持语音、因特网浏览、电子邮件、会议电视等多种高速数据业务和 GPRS 的支持下,以 WAP(无线应用协议)为载体传送视频、图片、声音和文字。彩信的大小通常为 50 KB,这是由运营商和手机终端双方面决定的。

传统的短消息 SMS 中包含的信息最多不得超过 160 个字符(约 80 个汉字)。SMS 标准扩展到 EMS,即增强型信息服务,通过使用多 SMS 信息的串行传输扩大了数据流量,以传输简单的图形和乐曲;但是多媒体信息服务 MMS 中的传输功能不能通过信号通道的带宽实现,所以 MMS 使用面向包的传输媒体,它能提供适当的传输性能,尤其是在 2.5G 与 3G 技术中。

　　MMS 使用其自己的标准化显示协议,即同步多媒体集成语言(SMIL)。与 Web 上的 HTML 一样的功能,SMIL 是描述性的语言。SMIL 为在多媒体短信中集成多媒体元素,如文本、图像、音频和视频序列提供了一个正式的标准,使得它们可以从一种终端设备传输到另一终端上面。SMIL 还控制 MMS 的显示和设计,保证所使用的多媒体元素显示能与预定的序列和持续间隔同步。某一个特定多媒体短信的所有元素在传输之前被集中到 SMIL 容器(SMIL Container)里。这个容器和一个 WAP 文件连在一起,其作用很像普通邮政服务中的信封,也被称为 WAN MMS 包装。通过 WAP 协议,MMS 传到运营商特为 MMS 设立的服务中心。各个 MMSC(多媒体短信服务中心)执行不同的任务。该信息被放在缓存中,并通知收信人。通知收信人也是以 WAP 的形式提供的,包括收信人的姓名、内容摘要、文件大小以及用于访问该信息的网址(URL)。在收信人那里,通过按一下手机上面的一个按钮就能发送一条简单的访问命令,用以下载该信息。传输结束时,送信人收到来自 MMSC 的传输确认。如果 MMSC 认为收信人没有 MMS 配套的终端设备,收信人将会收到一条 SMS 形式的信息。

2. MMS 网络结构

　　MMS 涵盖了多种类型的网络,集成这些网络中现有的信息业务系统。移动终端在多媒体信息业务环境(MMSE)中进行操作。

　　在整个多媒体信息业务环境(MMSE)中,多媒体信息中心(MMSC)是系统的核心。由 MMS 服务器、MMS 中继、信息存储器和数据库组成。MMSC 是 MMS 网络结构的核心,它提供存储和操作支持,允许终端到终端和终端到电子邮件的即时多媒体信息传送,同时支持灵活的寻址能力。

　　MMSC 是将 MMS 信息从发送者传递到接收者的存储和转发网络元素。与 SMSC 相似,服务器只在查找接收者电话的期间存储信息。在找到接收电话以后,MMSC 立即将多媒体消息转发给接收者,并且从 MMSC 删除此消息。MMSC 是提供 MMS 服务所需的一个新的网络元素。

　　尽管 MMS 与 SMS 类似,但是 MMS 不能在 SMS 的传输信道进行传送,SMS 的传输信道对于传送多媒体内容来说太窄了。在协议层,MMS 使用 WAP 无线会话协议(WSP)作为传输协议。为了在 MMS 信息传输中使用 WAP 协议,需要一个 WAP 网关连接 MMSC 和无线 WAP 网络。

　　数据库使用户和运营商能够有效提供、控制和管理增值服务。增值服务(VAS)包括多媒体终端网关、多媒体电子邮件网关、信息传递网关和多媒体语音网关等。

　　MMS 系统中的网络设备包括 MMS 中继器、MMS 服务器、用户数据库和用户代理等(图 3.24)。MMS 服务器负责存储和处理双向的多媒体短消息。每个 MMSE 中可以有多个 MMS 服务器,MMS 服务器可以和外部网络的 e-mail 服务器、SMS 服务器等通过标准的接口协同工作,为用户提供丰富的服务类型。MMS 中继器负责在不同的消息系统之间传递消息,以整合处于不同网络中的各种类型的服务器。MMS 中继器在接收或者传递消息到其他的 MMS 用户代理或者另外的 MMSE 时,应该能够产生计费数据(CDR)。MMS 中继器和 MMS 服务器还具有地址翻译功能和临时存储多媒体短信的功能,以保证多媒体短信在成功地传送到另一个 MMSE 实体之前不会丢失。MMS 用户数据库记录和用户相关的业务信息,如用户的业务特性、对用户接入 MMS 服务的控制等。用户代理可以位于用户设备也可以位于和用户设备直接相连的外部设备中。用户代理是一个应用层的功能实体,为用户提供浏览、合成和处理多媒体短信的功能。对多媒体短信的处理包括发送、接收和删除等操作。MMS 用户代理还提供用户终端接收多媒体短信能力的协商;向用户发送多媒体短信通知;对用户的多媒体短信加密和解密;用户之间的多媒体短信签名;在用户的 SIM 卡支持 MMS 的情况下,处理 SIM 卡中和 MMS 相关的信息;用户特性的管理等功能。

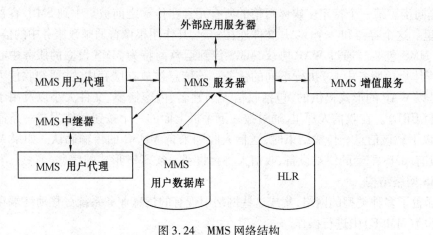

图 3.24　MMS 网络结构

3.5　第三代移动通信技术

3.5.1　第三代移动通信技术概述

CDMA 系统容量大,相当于模拟系统的 10～20 倍,与模拟系统的兼容性好。部分国家和地区已经开通了窄带 CDMA 系统。由于窄带 CDMA 技术比 GSM 成熟晚,使其在世界范围内的应用不及 GSM。由于自有的技术优势,CDMA 技术已经成为第三代移动通信的核心技术。

第一代移动通信应用模拟通信技术只能提供语言服务。

第二代移动通信以传输话音和低速数据业务为目的,目前移动通信主要提供的服务仍然是语音服务以及低速率数据服务。由于互联网络的发展,对移动数据和多媒体通信的要求越来越高,所以第三代移动通信的目标就是宽带多媒体通信。

第三代移动通信系统能提供多种类型、高质量的多媒体业务,能实现全球无缝覆盖,具有全球漫游能力,通过 IP 与因特网相兼容,以小型便携式终端在任何时候、任何地点进行任何种类的通信系统。

第三代移动通信系统的目标概括为:

(1) 实现全球漫游。用户可以在整个系统甚至全球范围内漫游,在不同的速率、不同的运动状态下获得服务。

(2) 提供多种业务模式。提供话音、可变速率的数据和活动视频等多媒体业务。

(3) 适应多种环境。可以连接现有的公众电话交换网、综合业务数字网、地面移动通信系统和卫星通信系统,提供无缝覆盖;提供足够的系统容量,多种用户管理能力,高保密性能和高服务质量。

对其无线传输技术提出的要求是：

（1）高速传输以支持多媒体业务。室内环境至少 2 Mbit/s；室内外步行环境至少 384 kbit/s；室外车辆运动中至少 144 kbit/s；卫星移动环境至少 9.6 kbit/s。

（2）传输速率能够按需分配。

（3）上下行链路能适应不对称需求。

第三代移动通信系统最早由国际电信联盟（ITU）于 1985 年提出，当时称为未来公众陆地移动通信系统（Future Public Land Mobile Telecommunication System，FPLMTS），1996 年更名为 IMT-2000（International Mobile Telecommunication-2000，国际移动通信-2000），该系统工作在 2 000 MHz 频段，最高业务速率可达 2 000 kbit/s。主要体制有 WCDMA、CDMA2000 和 UWC-136。1999 年 11 月，ITU-R TG8/1 第 18 次会议通过了"IMT-2000 无线接口技术规范"建议，其中我国提出的 TD-SCDMA 技术写在了第三代无线接口规范建议的 IMT-2000 CDMA TDD 部分中。"IMT-2000 无线接口技术规范"建议的通过表明 TG8/1 制订第三代移动通信系统无线接口技术规范方面的工作已经基本完成，第三代移动通信系统开发和应用进入实质阶段。

1. 2G 向 3G 的演进

IMT-2000 的网络采用了"家族概念"，ITU 因此受限而无法制订详细协议规范，3G 的标准化工作实际上是由 3GPP 和 3GPP2 两个标准化组织来推动和实施的。

3GPP 成立于 1998 年 12 月，由欧洲的 ETSI、日本 ARIB、韩国 TTA 和美国 T1 等组成。采用欧洲和日本的 WCDMA 技术，构筑新的无线接入网络，在核心交换侧则在现有的 GSM 移动交换网络基础上平滑演进，提供更加多样化的业务。UTRA（Universal Tetrestrial Radio Access）为无线接口的标准。

3GPP2 在 1999 年的 1 月正式成立，由美国 TIA、日本 ARIB、韩国 TTA 等组成。无线接入技术采用 CDMA2000 和 UWC-136 为标准，CDMA2000 在很大程度上采用了高通公司的专利。核心网采用 ANSI/IS-41。

2. 3G 演进策略

按照技术和市场的继承性，3G 大体沿着三条技术路径演进和发展：

（1）GSM 向 WCDMA 的演进。GSM→HSCSD→GPRS→IMT-2000 WCDMA。

①高速电路交换数据（High Speed Circuit Switched Data，HSCSD）。HSCSD 能将多个全速率话音信道共同分配给 HSCSD 结构。HSCSD 的目的是以单一的物理层结构提供不同空间接口用户速率的多种业务的混合。HSCSD 结构的有效容量是 TCH/F 容量的几倍，使得空间接口数据传输速率明显提高。HSCSD 以更高的数据速率 64 kbit/s 并仍使用现有 GSM 数据技术，现有 GSM 系统稍加改动就可使用。此技术中较高的数据速率是以多信道数据传输实现的。

②GPRS。GPRS 提供标准的无线分组交换 Internet/Intranet 接入，适用于所有 GSM 覆盖的地方；支持可变的数据速率，最高可达到 171.2 kbit/s；核心网使用分组交换技术，优化网络、资源共享；可延伸到未来无线协议的能力。

在现有 GSM 的基础上，以分组交换为基础的 GPRS 网络增加了新的网络功能实体：SGSN 和 GGSN。

③宽带码分多址 WCDMA。是支持以 UMTS/IMT-2000 为目标的技术。能够满足 ITU 所

列出的所有要求,提供高速数据,具有高质量的语音和图像业务。

(2)IS-95 向 CDMA2000 的演进。IS-95A→IS-95B→CDMA2000 1X。

CDMA2000 1X 提供更大容量和高速数据速率(144 kbit/s),支持突发模式并增加新的补充信道,MAC 提供改进的 QoS 保证。采用增强技术的 CDMA2000 1X EV 可以提供更高的性能。

IS-95B 与 IS-95A 的区别在于可以捆绑多个信道。当不使用辅助业务信道时,IS-95B 与 IS-95A 基本相同,可以共存于同一载波中。CDMA2000 1X 则有较大的改进,CDMA2000 与 IS-95 是通过不同的无线配置(RC)来区别的。CDMA2000 1X 系统设备可以通过设置 RC,同时支持 1X 终端和 IS-95A/B 终端。因此,IS-95A/B/1X 可以同时存在于同一载波中。对 CDMA2000 系统来说,从 2G 到 3G 过渡,可以采用逐步替换的方式。即压缩 2G 系统的 1 个载波,转换为 3G 载波,开始向用户提供中高速速率的业务。这个操作对用户来说是完全透明的,由于 IS-95 的用户仍然可以工作在 3G 载波中,所以 2G 载波中的用户数并没有增加,也不会因此增加呼损。随着 3G 系统中用户量增加,可以逐步减少 2G 系统使用的载波,增加 3G 系统的载波。网络运营商通过这种平滑升级,不仅可以提供各种新业务,而且保护了已有设备的投资。

(3)DAMPS 向 UWC-136 的演进。IS-136(DAMPS)→GPRS-136→UWC-136(Universal Wireless Communications)

EDGE 以 GPRS 网络结构来支持 136+的高速数据传输。GPRS-136 是 136+包交换数据业务,高层协议与 GPRS 完全相同。它提供了与 GSM 的 GPRS 同样的容量,用户可接入 IP 和 X.25 两种格式的数据网。它减少了 TIA/EIA-136 与 GSM GPRS 之间的技术差别,使用户在 GPRS-136 和 GSM GPRS 网络间漫游。GPRS-136 与 GPRS 相似,在现有的电路交换网节点上并联包交换网节点,同时这两个网间也有链路相连。

3.3G 标准的制订

IMT-2000 既包括地面移动通信业务(TMS),又包括卫星移动通信业务(MSS)。制订一个全球统一、融合得更好的第三代移动通信标准,对运营商、制造商、用户及政策规划管理部门都很有利,也为世界各国所欢迎。

目前,IMT-2000 的 RTT 标准的制订工作已进入最后的实质性阶段,就 16 个 RTT 候选方案来看,地面移动通信融合的最终结果对于 FDD 模式,以欧洲 ETSI 的 WCDMA(DS)与美国 TIA 的 CDMA2000 最具竞争力;而对于 TDD 模式,欧洲的 ETSI UTRA 提出的 TD-CDMA 与中国 CATT 提出的 TD-SCDMA 是进一步融合的主要对象。1999 年 3 月底,爱立信和高通公司就 IPR 达成的一系列协议,为推广全球 CDMA 标准扫除了知识产权方面的严重障碍。1999 年 5 月底,运营者协调集团 OHG(全球 31 个主要操作运营者与 11 个重要制造商)提出的涉及 IMT-2000 的融合提案对促进其主要参数(码片速率、导频结构及核心网协议以 GSM-MAP、ANSI-41 为基础)统一起了积极作用,参与者一致统一码片速率对 FDD-DS-CDMA 取 3.84 Mcps,对 FDD-MC-CDMA 即 FDD-CDMA2000-(MC)取 3.686 4 Mcps。1999 年 6 月于北京召开的 TG8/1 第 17 次会议就 IMT-2000 的无线接口技术规范建议 Rec、IMT、RSPC 达成了框架协议,并鼓励 3GPP、3GPP2 及各标准开发组织 SDOS 支持上述 OHG 提案,由工作组对 MSS 提案进行更细节化的工作。

1999 年 11 月,在芬兰赫尔辛基召开的第 18 次会议上,通过了"IMT-2000 无线接口技术规范"建议,该建议的通过表明 TG8/1 在制订第三代移动通信系统无线接口技术规范方面的工作已基本完成。第三代移动通信系统的开发和应用将进入实质阶段。

到目前,主要的技术体制有:UTRA FDD、UTRA TDD 和 CDMA2000,UTRA FDD 采用 WCDMA,UTRA TDD 采用 TD-CDMA,而将 TD-SCDMA 和 UTRA 进行融合,分别将 TD-CDMA 和 TD-SCDMA 称为 3.84 Mcps TDD 和 1.28 Mcps TDD。TD-SCDMA 和 WCDMA、CDMA2000 已经成为最主要的三种技术体制。

与现有的第二代移动通信系统相比,其主要特点可以概括为:

（1）全球普及和全球无缝漫游。

（2）具有支持多媒体业务的能力,特别是支持 Internet 的能力。

（3）便于过渡和演进。

（4）高频谱利用率。

（5）能够传送高达 2 Mbit/s 的高质量图像。

4. 三种主要技术比较

WCDMA 由欧洲标准化组织 3GPP 制订,受全球标准化组织、设备制造商、器件供应商、运营商的广泛支持,将成为 3G 的主流体制。

（1）WCDMA 技术。核心网基于 GSM/GPRS 网络的演进,保持与 GSM/GPRS 网络的兼容性。核心网络可以基于 TDM、ATM 和 IP 技术,并向全 IP 的网络结构演进。核心网络逻辑上分为电路域和分组域两部分,分别完成电路型业务和分组型业务。UTRAN 基于 ATM 技术,统一处理语音和分组业务,并向 IP 方向发展。MAP 技术和 GPRS 隧道技术是 WCDMA 体制移动性管理机制的核心。

空中接口采用 WCDMA:信号带宽 5 MHz,码片速率 3.84 Mcps,AMR 语音编码,支持同步/异步基站运营模式,上下行闭环加外环功率控制方式,开环（STTD、TSTD）和闭环（FBTD）发射分集方式,导频辅助的相干解调方式,卷积码和 Turbo 码的编码方式,上行 QPSK 和下行 QPSK 调制方式。

（2）CDMA2000 技术。CDMA2000 是基于 IS-95 标准基础上提出的 3G 标准,目前其标准化工作由 3GPP2 来完成。电路域继承 IS95 CDMA 网络,引入以 WIN 为基本架构的业务平台。分组域基于 Mobile IP 技术的分组网络。无线接入网以 ATM 交换机为平台,提供丰富的适配层接口。

空中接口采用 CDMA2000 兼容 IS95:信号带宽 $N \times 1.25$ MHz($N=1,3,6,9,12$);码片速率 $N \times 1.228\,8$ Mcps;8K/13K QCELP 或 8K EVRC 语音编码;基站需要 GPS/GLONESS 同步方式运行;上下行闭环加外环功率控制方式;前向可以采用 OTD 和 STS 发射分集方式,提高信道的抗衰落能力,改善了前向信道的信号质量;反向采用导频辅助的相干解调方式,提高了解调性能;采用卷积码和 Turbo 码的编码方式;上行 BPSK 和下行 QPSK 调制方式。

（3）TD-SCDMA 技术。TD-SCDMA 标准由中国无线通信标准组织 CWTS 提出,融合到 3GPP 关于 WCDMA-TDD 的相关规范中。

核心网基于 GSM/GPRS 网络的演进,保持与 GSM/GPRS 网络的兼容性。核心网络可以基于 TDM、ATM 和 IP 技术,并向全 IP 的网络结构演进。核心网络逻辑上分为电路域和分组域两部分,分别完成电路型业务和分组型业务。UTRAN 基于 ATM 技术,统一处理语音和分组业务,并向 IP 方向发展。MAP 技术和 GPRS 隧道技术是 WCDMA 体制移动性管理机制的核心。

空中接口采用 TD-SCDMA。

TD-SCDMA 具有"3S"特点,即智能天线(Smart Antenna)、同步 CDMA(Synchronous CDMA)和软件无线电(Software Radio)。

TD-SCDMA 采用的关键技术有:智能天线+联合检测、多时隙 CDMA+DS-CDMA、同步 CDMA、信道编译码和交织(与 3GPP 相同)、接力切换等。

3.5.2　WCDMA

1. 系统概述

UMTS(Universal Mobile Telecommunication Systems,通用移动通信系统)是采用 WCDMA 空中接口的第三代移动通信系统。通常也把 UMTS 称为 WCDMA(Wideband Code Division Multiple Access)通信系统。其系统带宽是 5 MHz,码片速率为 3.84 Mbit/s。

WCDMA 系统网络单元分为无线接入网络(Radio Access Network,RAN)和核心网(Core Network,CN)。无线接入网络用于处理与无线有关的功能,CN 处理 UMTS 系统内的话音呼叫和数据连接与外部网络的交换和路由。RAN 和 CN 与用户设备(User Equipment,UE)一起构成了整个 WCDMA 系统(图 3.25)。

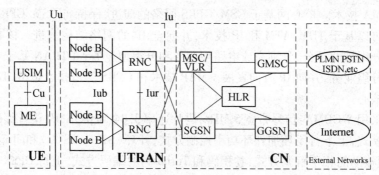

图 3.25　WCDMA 体系结构和接口

UE 和 UTRAN 使用全新的协议,它们基于 WCDMA 无线技术。CN 采用了 GSM/GPRS 的定义,这样可以实现网络的平滑过渡,在第三代网络建设的初期可以实现全球漫游。

UMTS 系统的网络单元包括如下部分:

(1) UE。UE 是用户终端设备,它主要包括射频处理单元、基带处理单元、协议栈模块以及应用层软件模块等;其中,ME(The Mobile Equipment)提供应用和服务;USIM(The UMTS Subsriber Module)提供用户身份识别。

(2) UTRAN(UMTS Terrestrial Radio Access Network,UMTS 陆地无线接入网)。UTRAN 分为基站(Node B)和无线网络控制器(RNC)两部分。

①Node B。Node B 是 WCDMA 系统的基站,包括无线收发信机和基带处理模块。通过标准的 Iub 接口和 RNC 互连,完成 Uu 接口物理层协议的处理。其主要功能是扩频、调制、信道编码及解扩、解调、信道解码,以及基带信号和射频信号的相互转换等功能。

Node B 包括 RF 收发放大,射频收发系统(TRX),基带部分(BB),传输接口单元,基站控制部分。

②RNC(Radio Network Controller)。RNC 是 WCDMA 系统中的无线网络控制器,主要完成

连接建立和断开、切换、宏分集合并、无线资源管理控制等功能。执行系统信息广播与系统接入控制功能;切换和 RNC 迁移等移动性管理功能;宏分集合并、功率控制、无线承载分配等无线资源管理和控制功能。

(3) CN(Core Network)。CN 负责与其他网络的连接和对 UE 的通信和管理。

其主要功能模块包括:

①MSC/VLR。MSC/VLR 是 WCDMA 核心网 CS 域功能节点,它通过 Iu CS 接口与 UTRAN 相连,通过 PSTN/ISDN 接口与外部网络相连,通过 C/D 接口与 HLR/AUC 相连,通过 E 接口与其他 MSC/VLR 或 SMC 相连,通过 CAP 接口与 SCP 相连,通过 Gs 接口与 SGSN 相连。MSC/VLR 的主要功能是提供 CS 域的呼叫接续、移动性管理、鉴权和加密等。

②GMSC。GMSC 是 WCDMA 移动网 CS 域与外部网络之间的网关节点,是可选功能节点,它通过 PSTN/ISDN 接口与外部网络相连,通过 C 接口与 HLR 相连,通过 CAP 接口与 SCP 相连。它的主要功能是完成 MSC 功能中的呼入呼叫的路由。

③SGSN。SGSN 是 WCDMA 核心网 PS 域功能节点,它通过 Iu-PS 接口与 UTRAN 相连,通过 Gn/Gp 接口与 GGSN 相连,通过 Gr 接口与 HLR/AUC 相连,通过 Gs 接口与 MSC/VLR,通过 CAP 接口与 SCP 相连,通过 Gd 接口与 SMC 相连,通过 Ga 接口与 CG 相连,通过 Gn/Gp 接口与 SGSN 相连。SGSN 的主要功能是提供 PS 域的路由转发、移动性管理、会话管理、鉴权和加密等。

④GGSN。GGSN 是网关 GPRS 支持节点,通过 Gn 接口与 SGSN 相连,通过 Gi 接口与外部数据网络相连。GGSN 提供数据包在 WCDMA 移动网和外部数据网之间的路由和封装。GGSN 的主要功能是同外部 IP 分组网络的接口,GGSN 需要提供 UE 接入外部分组网络的关口功能。GGSN 可看做是可寻址 WCDMA 移动网络中所有用户 IP 的路由器,同外部网络交换路由信息。

⑤HLR。HLR 是归属位置寄存器,它通过 C 接口与 MSC/VLR 或 GMSC 相连,通过 Gr 接口与 SGSN 相连,通过 Gc 接口与 GGSN 相连。HLR 的主要功能是提供用户的签约信息存放、新业务支持、增强的鉴权等。

(4) OMC。OMC 包括设备管理系统和网络管理系统。

设备管理系统完成对各独立网元的维护和管理,包括性能管理、配置管理、故障管理、计费管理和安全管理的业务功能。

网络管理系统实现对全网所有相关网元的统一维护和管理,实现综合集中的网络业务功能,具体同样包括网络业务的性能管理、配置管理、故障管理、计费管理和安全管理。

(5) The External Networks。

外部网络分为两类:

电路交换网络(CS Networks)提供电路交换的连接,像通话服务。ISDN 和 PSTN 均属于电路交换网络。

分组交换网络(PS Networks):提供数据包的连接服务,Internet 属于分组数据交换网络。

WCDMA 系统主要有如下接口:

①Cu 接口。Cu 接口是 USIM 卡和 ME 之间的电气接口,Cu 接口采用标准接口。

②Uu 接口。Uu 接口是 WCDMA 的无线接口。UE 通过 Uu 接口接入到 UMTS 系统的固定网络部分,可以说 Uu 接口是 UMTS 系统中最重要的开放接口。

③Iu 接口。Iu 是 UTRAN 和 CN 之间的接口。类似于 GSM 系统的 A 接口和 Gb 接口。Iu 接口是一个开放的标准接口。这也使得 UTRAN 与 CN 可以分别由不同的设备制造商提供。

④Iur 接口。Iur 是 RNC 之间的接口,它是 UMTS 系统特有的接口,用于对 RAN 中移动台的移动管理。比如,在不同的 RNC 之间进行软切换时,移动台所有数据都是通过 Iur 接口从正在工作的 RNC 传到候选 RNC。Iur 是开放的标准接口。

⑤Iub 接口。Iub 是 Node B 与 RNC 之间的接口,Iub 接口也是一个开放的标准接口。这也使得 RNC 与 Node B 可以分别由不同的设备制造商提供。

2. UTRAN 的基本结构

UTRAN 包含一个或几个无线网络子系统(RNS)。一个 RNS 由一个无线网络控制器(RNC)和一个或多个基站(Node B)组成。RNC 与 CN 之间的接口是 Iu 接口,Node B 和 RNC 通过 Iub 接口连接。在 UTRAN 内部,无线网络控制器(RNC)之间通过 Iur 互联,Iur 可以通过 RNC 之间的直接物理连接或通过传输网连接。RNC 用来分配和控制与之相连或相关的 Node B 的无线资源。Node B 则完成 Iub 接口和 Uu 接口之间的数据流的转换,同时也参与一部分无线资源管理。

(1) RNC。RNC 用于控制 UTRAN 的无线资源。它通常与一个移动交换中心(MSC)和一个 SGSN 以及广播域通过 Iu 接口相连,在移动台和 UTRAN 之间的无线资源控制(RRC)协议在此终止。它在逻辑上对应 GSM 网络中的基站控制器(BSC)。

控制 Node B 的 RNC 称为该 Node B 的控制 RNC(CRNC),CRNC 负责对其控制的小区的无线资源进行管理。

如果在一个移动台与 UTRAN 的连接中用到了超过一个 RNS 的无线资源,则 RNS 分为:

服务 RNS(SRNS):管理 UE 和 UTRAN 之间的无线连接。它是对应于该 UE 的 Iu 接口的终止点。无线接入承载的参数映射到传输信道的参数,越区切换,开环功率控制等基本的无线资源管理都是由 SRNS 中的 SRNC(服务 RNC)来完成的。一个与 UTRAN 相连的 UE 有且只能有一个 SRNC。

漂移 RNS(DRNS):除了 SRNS 以外,UE 所用到的 RNS 称为 DRNS。其对应的 RNC 是 DRNC。一个用户可以没有,也可以有一个或多个 DRNS。

在实际 WCDMA 系统中的 RNC 中包含了所有 CRNC、SRNC 和 DRNC 的功能。

(2) Node B。Node B 用于完成空中接口与物理层的相关的处理(信道编码、交织、速率匹配、扩频等),同时它还完成一些如内环功率控制等的无线资源管理功能。它在逻辑上对应于 GSM 网络中的基站(BTS)。

3. UTRAN 完成的功能

(1) 和总体系统接入控制有关的功能:准入控制,拥塞控制,系统信息广播。

(2) 和安全与私有性有关的功能:无线信道加密/解密,消息完整性保护。

(3) 和移动性有关的功能:切换,SRNS 迁移。

(4) 和无线资源管理和控制有关的功能:无线资源配置和操作,无线环境勘测,宏分集控制(FDD),无线承载连接建立和释放(RB 控制),无线承载的分配和回收,动态信道分配 DCA(TDD),无线协议功能,RF 功率控制,RF 功率设置。

(5) 时间提前量设置(TDD)。

(6) 无线信道编码。

（7）无线信道解码。

（8）信道编码控制。

（9）初始接入检测和处理。

3.5.3　WCDMA 关键技术

1. RAKE 接收机

CDMA 扩频系统的信道带宽远大于信道的平坦衰落带宽。传统的调制技术用均衡算法来消除相邻符号间的码间干扰，CDMA 要求扩频码有良好的自相关特性。在无线信道中出现的时延扩展，被看做只是被传信号的再次传送。如果多径信号相互间的延时超过了一个码片的长度，它们就被 CDMA 接收机看做是非相关的噪声而无需均衡。

CDMA 接收机通过合并多径信号来改善接收信号的信噪比。当传播时延超过一个码片周期时，多径信号可看做是互不相关的，RAKE 接收机通过多个相关检测器接收多径信号中的各路信号，并把它们合并在一起。

RAKE 接受机中延迟估计通过匹配滤波器获取不同时间延迟位置上的信号能量分布，识别具有较大能量的多径位置，并将它们的时间量分配到 RAKE 接收机的不同接收径上。匹配滤波器的测量精度可以达到 $\frac{1}{4} \sim \frac{1}{2}$ 码片，而 RAKE 接收机的不同接收径的间隔是一个码片。

由于信道中快速衰落和噪声的影响，实际接收的各径的相位与原来发射信号的相位有很大的变化，因此在合并以前，要按照信道估计的结果进行相位的旋转，实际的 CDMA 系统中的信道估计是根据发射信号中携带的导频符号完成的。根据发射信号中是否携带有连续导频，可以分别采用基于连续导频的相位预测和基于判决反馈技术的相位预测方法。

低通滤波器滤除信道估计结果中的噪声，其带宽一般要高于信道的衰落率。使用间断导频时，在导频的间隙要采用内插技术来进行信道估计。采用判决反馈技术时，先判决出信道中的数据符号，再以判决结果作为先验信息（类似导频）进行完整的信道估计，通过低通滤波得到比较好的信道估计结果。这种方法的缺点是，非线性和非因果预测技术，使噪声较大时，信道估计的准确度大大降低，而且还引入了较大的解码延迟。

延迟估计的主要部件是匹配滤波器，匹配滤波器的功能是用输入的数据、不同相位的本地码字进行相关，取得不同码字相位的相关能量。当串行输入的采样数据、本地的扩频码和扰码的相位一致时，其相关能力最大，在滤波器输出端有一个最大值。根据相关能量，延迟估计器就可以得到多径的到达时间量。

移动台和基站间的 RAKE 接收机的实现方法和功能有所不同，其原理是完全一样的。

对于多个接收天线分集接收而言，多个接收天线接收的多径可以用上面的方法同样处理，RAKE 接收机既可以接收来自同一天线的多径，也可以接收来自不同天线的多径，从 RAKE 接收的角度来看，两种分集并没有本质的不同。

2. 分集接收原理

无线信道是随机时变信道，其中的衰落特性会降低通信系统的性能。可以采用多种措施对抗衰落：信道编解码技术，抗衰落接收技术或者扩频技术。分集接收技术被认为是明显有效而且经济的抗衰落技术。

无线信道中接收的信号是到达接收机的多径分量的合成。如果将接收端同时获得的几个不同路径的信号适当合并成总的接收信号,就能大大减少衰落的影响。分集就是分散得到几个合成信号并集中(合并)信号。只要几个信号之间是统计独立的,那么经适当合并就能改善系统性能。

互相独立或者基本独立的一些接收信号,利用不同路径或者不同频率、不同角度、不同极化等接收手段来获取:

(1)空间分集。在接收或者发射端架设几个天线,各天线的位置间要有足够的间距,以保证各天线上发射或者获得的信号基本相互独立。通过双天线发射分集,增加了接收机获得的独立接收路径,取得了合并增益。

(2)频率分集。用多个不同的载频传送同样的信息,如果各载频的频差间隔比较远,超过信道相关带宽,则各载频传输的信号也相互不相关。

(3)角度分集。利用天线波束指向不同使信号不相关的原理构成的一种分集方法。

(4)极化分集。分别接收水平极化和垂直极化波形成的分集方法。

这些分集方法互不排斥,实际使用中可以组合,分集信号的合并可以采用不同的方法:

(1)最佳选取。从几个分散信号中选取信噪比最好的一个作为接收信号。

(2)等增益相加。将几个分散信号以相同的支路增益进行直接相加,相加后的信号作为接收信号。

(3)最大比值相加。控制各合并支路增益,使它们分别与本支路的信噪比成正比,然后再相加获得接收信号。

3. 多用户检测技术

多用户检测技术(Multi-User Detection,MUD)通过去除小区内干扰来改进系统性能,增加系统容量。多用户检测技术还能有效缓解直扩 CDMA 系统中的远/近效应。

由于信道的非正交性和不同用户的扩频码字的非正交性,导致用户间存在相互干扰,多用户检测的作用就是去除多用户之间的相互干扰。对于上行的多用户检测,只能去除小区内各用户之间的干扰,而小区间的干扰由于缺乏必要的信息而难以消除。对于下行的多用户检测,只能去除公共信道的干扰。

多用户检测的性能取决于相关器的同步扩频码字跟踪,各个用户信号的检测性能,相对能量的大小,信道估计的准确性等传统接收机的性能。

由于只能去除小区内干扰,假定小区间干扰的能量占据了小区内干扰能量的 f 倍,那么去除小区内用户干扰,容量的增加是 $(1+f)/f$。按照传播功率随距离 4 次幂线性衰减,小区间的干扰是小区内干扰的 55%。因此在理想情况下,多用户检测提高减少干扰 2.8 倍。但是实际情况下,多用户检测的有效性还不到 100%,多用户检测的有效性取决于检测方法,和一些传统接收机估计精度,同时还受小区内用户业务模型的影响。例如,小区内如果有一些高速数据用户,那么采用干扰消除的多用户检测方法去掉这些高速数据用户对其他用户的较大的干扰功率,显然能够比较有效的提高系统的容量。

多用户检测算法分类如图 3.26 所示。

线性检测器通过求出多用户信号互相关矩阵的逆,乘以解扩后的信号,得到去除其他用户相互干扰后的信号估计。

干扰消除估计不同用户和多径引入的干扰,从接收信号中减去干扰的估计。串行干扰消除(SIC)是逐步减去最大用户的干扰,并行干扰消除(PIC)是同时减去除自身外所有其他用户

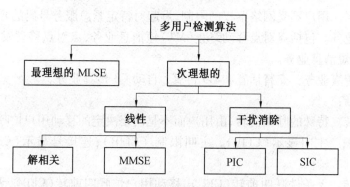

图 3.26　多用户检测算法分类

的干扰。

并行干扰消除是在每级干扰消除中,对每个用户减去其他用户的信号能量,并进行解调。重复进行这样的干扰消除 3～5 次,基本可以去除其他用户的干扰。为了避免传统接收检测中的误差被不断放大,在每一级干扰消除中,并不是完全消除其他用户的所有信号能量,而是乘以一个相对小的系数。PIC 比较简单地实现了多用户的干扰消除,优于 SIC 的延迟。

WCDMA 下行的多用户检测技术主要集中在消除下行公共导频、共享信道、广播信道和同频相邻基站的公共信道的干扰方面。

3.5.4　3G 业务

1.3G 业务概述

3G 业务包括如下类别:

(1) 基本电信业务。包括语音业务,紧急呼叫业务,短消息业务。

(2) 补充业务。与 GSM 定义的补充业务相同。

(3) 承载业务。包括电路型承载业务和分组型承载业务。

(4) 智能业务。从 GSM 系统继承的基于 CAMEL 机制的智能网业务。

(5) 位置业务。与位置信息相关的业务,如分区计费,移动黄页,紧急定位等。

(6) 多媒体业务。包括电路型实时多媒体业务,分组型实时多媒体业务,非实时存贮转发型多媒体消息业务等。

3G(WCDMA)的业务从 2G(GSM)继承而来,在新的体系结构下,又产生了一些新的业务能力,所以其支持的业务种类繁多,各业务特征差异较大。其特征包括:

(1) 对于语音等实时业务,普遍有 QoS 的要求。

(2) 向后兼容 GSM 上所有的业务。

(3) 引入多媒体业务。

3G 的业务完全包含 2G 的业务,对于 2G 上原有的电路交换型业务。初期主要在 CS 域实现,而 PS 域上主要实现数据业务。随着网络的演进,各种业务逐步在 PS 域上实现。

2.3G 业务的具体内容

基本电信业务包括:

(1) 语音业务。电路交换语音业务不需另外提供保障机制,分组交换语音业务需要提供专门的 QoS 保障机制。

(2) 紧急呼叫。用户不受网络鉴权的限制,发起对特定紧急服务号码的呼叫。

(3) 短消息业务。包括点对点移动终止(MT)短消息业务,点对点移动发起(MO)短消息业务,小区广播型短消息业务。

(4) 电路型传真业务。交替话音和 G3 传真,自动 G3 传真业务。

补充业务包括:

(1) 呼叫偏转。特殊的呼叫前转,由用户而不是网络决定的移动用户忙呼叫前转。

(2) 号码标识。主叫显示(CLIP),主叫限制 (CLIR),连接号显示(CoLP),连接限制(CoLR)。

(3) 呼叫前转。无条件呼叫前转(CFU),移动用户忙呼叫前转(CFB),无应答呼叫前转(CFNRy),移动用户不可及前转(CFNRc)。

(4) 呼叫完成。呼叫等待(CW),呼叫保持(HOLD)。

(5) 多方会话(MPTY)。

(6) 选择通信。紧密用户群(CUG)。

(7) 用户到用户会话。用户/用户信令(UUS)。

(8) 计费。计费信息建议(AoCI),计费建议(AoCC)。

(9) 呼叫限制。呼出限制(BAOC),国际呼出限制(BOIC),归属国外国际呼出限制(BOIC-exHC),呼入限制(BAIC),国外漫游呼入限制(BIC-Roam)。

(10) 呼叫转移。直接呼叫转移(ECT),同呼叫前转不同的是直接呼叫转移在呼叫中发生转移,而呼叫前转是在呼叫前发生转移;直接呼叫转移同呼叫等待/呼叫保持不同的是直接呼叫转移在呼叫转移后原有的呼叫结束,而呼叫等待/呼叫保持在呼叫转移后不结束原有呼叫,处于保持状态。

(11) 用户忙呼叫完成。用户忙呼叫完成(CCBS)。

(12) 名字标识。主叫名显示(CNAP)。

承载业务包括:

(1) 基本电路型数据承载业务。异步电路型数据承载业务、同步电路型数据承载业务。

(2) 网络数据承载业务。

智能业务包括:

(1) 基本电路交换呼叫的控制业务。

(2) GPRS 的控制业务。

(3) USSD 的控制业务。

(4) SMS 的控制业务。

(5) 移动性管理的控制业务。

(6) 位置信息的控制业务。

业务分类:

(1) 公共安全业务。美国从 2001 年 10 月 1 日开始提供增强紧急呼叫服务(Enhanced Emergency Services),FCC(联邦通信委员会)规定无线运营公司必须提供呼叫者位置经度和纬度的估算值,其精度在 125 m 以内或者低于用根均方值的方法所得的结果。该类业务主要由国家制订的法令驱动,属于运营商为公众利益服务而提供的一项业务。

（2）基于位置的计费。

特定用户计费：设定一些位置区为优惠区，在这些位置区内打/接电话能够获得优惠。

接近位置计费：主被叫双方位于相同或者相近的位置区时双方可获得优惠。

特定区域计费：通话的某一方或者双方位于某个特定位置时可以获得优惠，用以鼓励用户进入该区域。

（3）资产管理业务。对用户的资产的位置进行定位，实现动态的实时管理。

（4）增强呼叫路由（Enhanced Call Routing）。增强呼叫路由（ECR）根据用户的呼叫位置信息被路由到最近的服务提供点，用户通过特定的接入号码来完成相应的任务

（5）基于位置的信息业务（Location Based Information Services）。

（6）移动黄页。同 ECR 类似，按照用户的要求提供最近的服务提供点的联系方式。

（7）网络增强业务（Network Enhancing Services）。

业务的分类描述：

（1）电路型实时多媒体业务。在电路域上实现的多媒体业务，主要使用 H.324 协议实现。

（2）分组型实时多媒体业务。在分组域上实现的多媒体业务，主要使用 SIP 协议实现。

（3）非实时多媒体消息业务。MMS 属于短消息业务的自然发展，用户发送或接收由文字、图像、动画和音乐等组成的多媒体消息，为了保持互操作性，兼容现有的多媒体格式。

3.6　第四代移动通信协议

3.6.1　第四代移动通信技术概述

1. 什么是 4G

第四代移动电话行动通信标准，指的是第四代移动通信技术，外语缩写为 4G。该技术包括 TD-LTE 和 FDD-LTE 两种制式（严格意义上来讲，LTE 只是 3.9G，尽管被宣传为 4G 无线标准，但它其实并未被 3GPP 认可为国际电信联盟所描述的下一代无线通信标准 IMT-Advanced，因此在严格意义上其还未达到 4G 的标准。只有升级版的 LTE Advanced 才满足国际电信联盟对 4G 的要求）。4G 是集 3G 与 WLAN 于一体，并能够快速传输数据、高质量音频视频和图像等。4G 能够以 100 Mb/s 以上的速度下载，比目前的家用宽带 ADSL（4 兆）快 25 倍，并能够满足几乎所有用户对于无线服务的要求。此外，4G 可以在 DSL 和有线电视调制解调器没有覆盖的地方部署，然后再扩展到整个地区。很明显，4G 有着不可比拟的优越性。

4G 通信技术是继第三代以后的又一次无线通信技术的演进，其开发更加具有明确的目标性：提高移动装置无线访问互联网的速度。实际上，4G 在开始阶段也是由众多自主技术提供商和电信运营商合力推出的，技术和效果也参差不齐。后来，国际电信联盟（ITU）重新定义了 4G 的标准——符合 100 m 传输数据的速度。达到这个标准的通信技术，理论上都可以称之为 4G。

2. 移动通信网络的发展

移动通信网络经历了以 Kbit 级传输的 2G 及 Mbit 级传输的 3G 网络，未来将演进到以 100 M乃至 Gbit 级传输的 4G 网络，其典型代表技术是 LTE 和 802.16 m。大量的增强型技术

将得到应用,包括 OFDM、MIMO、CoMP、Relay 等,可以说在网络技术方面已经为将来的移动互联网做了大量准备。随着设备的不断成熟,网络的大量部署,用户将可以享受到不限地域、不限时间的高质量移动互联网服务。

4G 系统应具备以下的基本条件:

(1)具有很高的数据传输速率。对于大范围高速移动用户(250 km/h),数据速率为 2 Mb/s;对于中速移动用户(60 km/h),数据速率为 20 Mb/s;对于低速移动用户(室内或步行者),数据速率为 100 Mb/s。

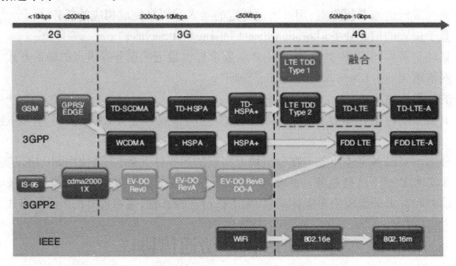

图 3.27　移动通信网络的发展

(2)实现真正的无缝漫游。4G 移动通信系统实现全球统一的标准,能使各类媒体、通信主机及网络之间进行"无缝连接",真正实现一部手机在全球的任何地点都能进行通信。

(3)高度智能化的网络。采用智能技术的 4G 通信系统将是一个高度自治、自适应的网络。采用智能信号处理技术对信道条件不同的各种复杂环境进行结合的正常发送与接收,有很强的智能性、适应性和灵活性。

(4)良好的覆盖性能。4G 通信系统应具有良好的覆盖并能提供高速可变速率传输。对于室内环境,由于要提供高速传输,小区的半径会更小。

(5)基于 IP 的网络。4G 通信系统将会采用 IPv6,能在 IP 网络上实现话音和多媒体业务。

(6)实现不同 QoS 的业务。4G 通信系统通过动态带宽分配和调节发射功率来提供不同质量的业务。

3.4G 的网络结构与核心技术

4G 移动系统网络结构可分为三层:物理网络层、中间环境层、应用网络层。物理网络层提供接入和路由选择功能,它们由无线和核心网的结合格式完成。中间环境层的功能有 QoS 映射、地址变换和完全性管理等。物理网络层与中间环境层及其应用环境之间的接口是开放的,它使发展和提供新的应用及服务变得更为容易,提供无缝高数据率的无线服务,并运行于多个频带。

无线服务能自适应多个无线标准及多模终端能力,跨越多个运营者和服务,提供大范围服务。第四代移动通信系统的关键技术包括信道传输;抗干扰性强的高速接入技术、调制和信息传输技术;高性能、小型化和低成本的自适应阵列智能天线;大容量、低成本的无线接口和光接口;系统管理资源;软件无线电、网络结构协议等。第四代移动通信系统主要是以正交频分复用(OFDM)为技术核心。

OFDM 技术的特点是网络结构高度可扩展,具有良好的抗噪声性能和抗多信道干扰能力,可以提供无线数据技术质量更高(速率高、时延小)的服务和更好的性能价格比,能为 4G 无线网提供更好的方案。例如无线区域环路(WLL)、数字音讯广播(DAB)等,预计都采用 OFDM技术。

4.4G 的国际标准

2012 年 1 月 18 日下午 5 时,国际电信联盟在 2012 年无线电通信全会全体会议上,正式审议通过将 LTE-Advanced 和 WirelessMAN-Advanced(802.16m)技术规范确立为 IMT-Advanced(俗称"4G")国际标准,中国主导制定的 TD-LTE-Advanced 和 FDD-LTE-Advance 同时并列成为 4G 国际标准

3.6.2　4G 的特点

第四代移动通信系统是多功能集成的宽带移动通信系统,在业务上、功能上、频带上都与第三代系统不同,会在不同的固定和无线平台及跨越不同频带的网络运行中提供无线服务,比第三代移动通信更接近于个人通信。第四代移动通信技术可把上网速度提高到超过第三代移动技术 50 倍,可实现三维图像高质量传输。

4G 移动通信技术的信息传输级数要比 3G 移动通信技术的信息传输级数高一个等级。对无线频率的使用效率比第二代和第三代系统都高得多,且抗信号衰落性能更好,其最大的传输速度会是"i-mode"服务的 10 000 倍。除了高速信息传输技术外,它还包括高速移动无线信息存取系统、移动平台的拉技术、安全密码技术及终端间通信技术等,具有极高的安全性,4G 终端还可用作诸如定位、告警等。

4G 手机系统下行链路速度为 100 mb/s,上行链路速度为 30 mb/s。其基站天线可以发送更窄的无线电波波束,在用户行动时也可进行跟踪,可处理数量更多的通话。

第四代移动电话不仅音质清晰,而且能进行高清晰度的图像传输,用途会十分广泛。在容量方面,可在 FDMA、TDMA、CDMA 的基础上引入空分多址 (SDMA),容量达到 3G 的 5～10倍。另外,可以在任何地址宽带接入互联网,包含卫星通信,能提供信息通信之外的定位定时、数据采集、远程控制等综合功能。它包括广带无线固定接入、广带无线局域网、移动广带系统和互操作的广播网络(基于地面和卫星系统)。

其广带无线局域网 (WLAN) 能与 B-ISDN 和 ATM 兼容,实现广带多媒体通信,形成综合广带通信网 (IBCN),通过 IP 进行通话。能为移动用户提供 150 Mb/s 的高质量的影像服务,实现三维图像的高质量传输,无线用户之间可以进行三维虚拟现实通信。

能自适应资源分配,处理变化的业务流、信道条件不同的环境,有很强的自组织性和灵活性。能根据网络的动态和自动变化的信道条件,使低码率与高码率的用户能够共存,综合固定移动广播网络或其他的一些规则,实现对这些功能体积分布的控制。

支持交互式多媒体业务,如视频会议、无线因特网等,提供更广泛的服务和应用。4G 系统可以自动管理、动态改变自己的结构以满足系统变化和发展的要求。用户可能使用各种各样的移动设备接入 4G 系统中,各种不同的接入系统共同形成一个公共的平台,它们互相补充、

互相协作以满足不同的业务的要求,移动网络服务趋于多样化,最终会演变为社会上多行业、多部门、多系统与人们沟通的桥梁。

1.4G 的优势

(1)通信速度快。由于人们研究 4G 通信的最初目的就是提高蜂窝电话和其他移动装置无线访问 Internet 的速率,因此 4G 通信给人印象最深刻的特征莫过于它具有更快的无线通信速度。

与移动通信系统数据传输速率作比较,第一代模拟式仅提供语音服务;第二代数位式移动通信系统传输速率也只有 9.6 kb/s,最高可达 32 kb/s,如 PHS;第三代移动通信系统数据传输速率可达到 2 Mb/s;而第四代移动通信系统传输速率可达到 20 Mb/s,甚至最高可以达到高达 100 Mb/s,这种速度会相当于 2009 年最新手机的传输速度的 1 万倍左右,第三代手机传输速度的 50 倍。

(2)网络频谱宽。要想使 4G 通信达到 100 Mb/s 的传输,通信营运商必须在 3G 通信网络的基础上进行大幅度的改造和研究,以便使 4G 网络在通信带宽上比 3G 网络的蜂窝系统的带宽高出许多。据研究 4G 通信的 AT&T 的执行官们说,估计每个 4G 信道会占有 100 MHz 的频谱,相当于 W-CDMA3G 网络的 20 倍。

(3)通信灵活。从严格意义上说,4G 手机的功能已不能简单划归"电话机"的范畴,毕竟语音资料的传输只是 4G 移动电话的功能之一而已,因此未来 4G 手机更应该算得上是一只小型电脑了,而且 4G 手机从外观和式样上,会有更惊人的突破,人们可以想象的是,眼镜、手表、化妆盒、旅游鞋,以方便和个性为前提,任何一件能看到的物品都有可能成为 4G 终端,只是人们还不知应该怎么称呼它。

未来的 4G 通信使人们不仅可以随时随地通信,更可以双向下载传递资料、图画、影像,当然更可以和从未谋面的陌生人网上联线对打游戏。也许有被网上定位系统永远锁定无处遁形的苦恼,但是与它据此提供的地图带来的便利和安全相比,这简直可以忽略不计。

(4)智能性能高。第四代移动通信的智能性更高,不仅表现于 4G 通信的终端设备的设计和操作具有智能化,例如对菜单和滚动操作的依赖程度会大大降低,更重要的 4G 手机可以实现许多难以想象的功能。

例如 4G 手机能根据环境、时间及其他设定的因素来适时地提醒手机的主人此时该做什么事,或者不该做什么事,4G 手机可以把电影院票房资料直接下载到 PDA 之上,这些资料能够把售票情况、座位情况显示得清清楚楚,大家可以根据这些信息来进行在线购买自己满意的电影票;4G 手机可以被看作是一台手提电视,用来看体育比赛之类的各种现场直播。

(5)兼容性好。要使 4G 通信尽快地被人们接受,不但考虑它的功能强大外,还应该考虑到现有通信的基础,以便让更多的现有通信用户在投资最少的情况下就能很轻易地过渡到 4G 通信。因此,从这个角度来看,未来的第四代移动通信系统应当具备全球漫游,接口开放,能跟多种网络互联,终端多样化以及能从第二代平稳过渡等特点。

(6)提供增值服务。4G 通信并不是从 3G 通信的基础上经过简单的升级而演变过来的,其核心建设技术根本就是不同的,3G 移动通信系统主要是以 CDMA 为核心技术,而 4G 移动通信系统技术则以正交多任务分频技术(OFDM)最受瞩目,利用这种技术人们可以实现例如无线区域环路(WLL)、数字音讯广播(DAB)等方面的无线通信增值服务;不过考虑到与 3G 通信的过渡性,第四代移动通信系统不会在未来仅仅只采用 OFDM 一种技术,CDMA 技术会在第四代移动通信系统中,与 OFDM 技术相互配合以便发挥出更大的作用,甚至未来的第四代移动通信系统也会有新的整合技术如 OFDM/CDMA 产生,前文所提到的数字音讯广播,其实它真正运用的技术是 OFDM/FDMA 的整合技术,同样是利用两种技术的结合。因此未来以 OFDM 为核心技术的第四代移动通信系统,也会结合两项技术的优点,一部分会是以 CDMA 技术的延伸。

(7)高质量通信。尽管第三代移动通信系统也能实现各种多媒体通信,第四代移动通信不仅仅是为了顺应用户数的增加,更重要的是,必须要顺应多媒体的传输需求,当然还包括通信品质的要求。总结来说,首先必须可以容纳市场庞大的用户数、改善现有通信品质不良,以及达到高速数据传输的要求。

(8)频率效率高。相比第三代移动通信技术来说,第四代移动通信技术在开发研制过程中使用和引入许多功能强大的突破性技术,例如一些光纤通信产品公司为了进一步提高无线因特网的主干带宽宽度,引入了交换层级技术,这种技术能同时涵盖不同类型的通信接口,也就是说第四代主要是运用路由技术(Routing)为主的网络架构。

由于利用了几项不同的技术,所以无线频率的使用比第二代和第三代系统有效得多。按照最乐观的情况估计,这种有效性可以让更多的人使用与以前相同数量的无线频谱做更多的事情,而且做这些事情的时候速度相当快。研究人员说,下载速率有可能达到 5 Mb/s 到 10 Mb/s。

2.4G 的缺点

(1)标准多。虽然从理论上讲,3G 手机用户在全球范围都可以进行移动通信,但由于没有统一的国际标准,各种移动通信系统彼此互不兼容,给手机用户带来诸多不便。因此,开发第四代移动通信系统必须首先解决通信制式等需要全球统一的标准化问题,而世界各大通信厂商会对此一直在争论不休。

(2)技术难。尽管未来的 4G 通信能够给人带来美好的明天,现已研究出来,但并未普及。据研究这项技术的开发人员而言,要实现 4G 通信的下载速度还面临着一系列技术问题。例如,如何保证楼区、山区,及其他有障碍物等易受影响地区的信号强度等问题。日本 DoCoMo 公司表示,为了解决这一问题,公司会对不同编码技术和传输技术进行测试。另外在移交方面存在的技术问题,使手机很容易在从一个基站的覆盖区域进入另一个基站的覆盖区域时和网络失去联系。由于第四代无线通信网络的架构相当复杂,这一问题显得格外突出。不过,行业专家们表示,他们相信这一问题可以得到解决,但需要一定的时间。

(3)容量受限。人们对未来的 4G 通信印象最深的莫过于它的通信传输速度会得到极大提升,从理论上说其所谓的每秒 100 Mb/s 的宽带速度(约为每秒 12.5MB),比 2009 年最新手机信息传输速度每秒 10 KB 要快 1 000 多倍,但手机的速度会受到通信系统容量的限制,如系统容量有限,手机用户越多,速度就越慢。据有关行家分析,4G 手机会很难达到其理论速度。如果速度上不去,4G 手机就要大打折扣。

(4)市场难以消化。有专家预测在 10 年以后,第三代移动通信的多媒体服务会进入第三个发展阶段,此时覆盖全球的 3G 网络已经基本建成,全球 25% 以上人口使用第三代移动通信系统,第三代技术仍然在缓慢地进入市场,到那时整个行业正在消化吸收第三代技术,对于第四代移动通信系统的接受还需要一个逐步过渡的过程。

另外,在过渡过程中,如果 4G 通信因为系统或终端的短缺而导致延迟的话,那么号称 5G

的技术随时都有可能威胁到 4G 的赢利计划,此时 4G 漫长的投资回收和赢利计划会变得异常的脆弱。

(5)设施更新慢。在部署 4G 通信网络系统之前,覆盖全球的大部分无线基础设施都是基于第三代移动通信系统建立的,如果要向第四代通信技术转移的话,那么全球的许多无线基础设施都需要经历大量的变化和更新,这种变化和更新势必减缓 4G 通信技术全面进入市场、占领市场的速度。而且到那时,还必须要求 3G 通信终端升级到能进行更高速数据传输及支持 4G 通信各项数据业务的 4G 终端,也就是说 4G 通信终端要能在 4G 通信网络建成后及时提供,不能让通信终端的生产滞后于网络建设。但根据某些事实来看,在 4G 通信技术全面进入商用之日算起的二三年后,消费者才有望用上性能稳定的 4G 通信手机。

(6)其他。因为手机的功能越来越强大,而无线通信网络也变得越来越复杂,同样 4G 通信在功能日益增多的同时,它的建设和开发也会遇到比以前系统建设更多的困难和麻烦。

3.6.3　4G 的关键技术

为了适应移动通信用户日益增长的高速多媒体数据业务需求,具体实现 4G 系统较 3G 的优越之处,4G 移动通信系统将主要采用以下关键技术。

1. 接入方式和多址方案

OFDM(正交频分复用)是一种无线环境下的高速传输技术,其主要思想就是在频域内将给定信道分成许多正交子信道,在每个子信道上使用一个子载波进行调制,各子载波并行传输。尽管总的信道是非平坦的,即具有频率选择性,但是每个子信道是相对平坦的,在每个子信道上进行的是窄带传输,信号带宽小于信道的相应带宽。OFDM 技术的优点是可以消除或减小信号波形间的干扰,对多径衰落和多普勒频移不敏感,提高了频谱利用率,可实现低成本的单波段接收机。OFDM 的主要缺点是功率效率不高。

2. 调制与编码技术

4G 移动通信系统采用新的调制技术,如多载波正交频分复用调制技术及单载波自适应均衡技术等调制方式,以保证频谱利用率和延长用户终端电池的寿命。4G 移动通信系统采用更高级的信道编码方案(如 Turbo 码、级连码和 LDPC 等)、自动重发请求(ARQ)技术和分集接收技术等,从而在低 E_b/N_0 条件下保证系统足够的性能。

3. 高性能的接收机

4G 移动通信系统对接收机提出了很高的要求。Shannon 定理给出了在带宽为 BW 的信道中实现容量为 C 的可靠传输所需要的最小 SNR。按照 Shannon 定理,可以计算出,对于 3G 系统如果信道带宽为 5 MHz,数据速率为 2 Mb/s,所需的 SNR 为 1.2 dB;而对于 4G 系统,要在 5 MHz 的带宽上传输 20 Mb/s 的数据,则所需要的 SNR 为 12dB。可见对于 4G 系统,由于速率很高,对接收机的性能要求也要高得多。

4. 智能天线技术

智能天线具有抑制信号干扰、自动跟踪及数字波束调节等智能功能,被认为是未来移动通信的关键技术。智能天线应用数字信号处理技术,产生空间定向波束,使天线主波束对准用户信号到达方向,旁瓣或零陷对准干扰信号到达方向,达到充分利用移动用户信号并消除或抑制干扰信号的目的。这种技术既能改善信号质量,又能增加传输容量。

5. MIMO 技术

MIMO（多输入多输出）技术是指利用多发射、多接收天线进行空间分集的技术，它采用的是分立式多天线，能够有效地将通信链路分解成为许多并行的子信道，从而大大提高容量。信息论已经证明，当不同的接收天线和不同的发射天线之间互不相关时，MIMO 系统能够很好地提高系统的抗衰落和噪声性能，从而获得巨大的容量。例如：当接收天线和发送天线数目都为 8 根，且平均信噪比为 20 dB 时，链路容量可以高达 42 bps/Hz，这是单天线系统所能达到容量的 40 多倍。因此，在功率带宽受限的无线信道中，MIMO 技术是实现高数据速率、提高系统容量、提高传输质量的空间分集技术。在无线频谱资源相对匮乏的今天，MIMO 系统已经体现出其优越性，也会在 4G 移动通信系统中继续应用。

6. 软件无线电技术

软件无线电是将标准化、模块化的硬件功能单元经过一个通用硬件平台，利用软件加载方式来实现各种类型的无线电通信系统的一种具有开放式结构的新技术。软件无线电的核心思想是在尽可能靠近天线的地方使用宽带 A/D 和 D/A 变换器，并尽可能多地用软件来定义无线功能，各种功能和信号处理都尽可能用软件实现。其软件系统包括各类无线信令规则与处理软件、信号流变换软件、信源编码软件、信道纠错编码软件、调制解调算法软件等。软件无线电使得系统具有灵活性和适应性，能够适应不同的网络和空中接口。软件无线电技术能支持采用不同空中接口的多模式手机和基站，能实现各种应用的可变 QoS。

7. 基于 IP 的核心网

4G 移动通信系统的核心网是一个基于全 IP 的网络，同已有的移动网络相比具有根本性的优点，即可以实现不同网络间的无缝互联。核心网独立于各种具体的无线接入方案，能提供端到端的 IP 业务，能同已有的核心网和 PSTN 兼容。核心网具有开放的结构，能允许各种空中接口接入核心网；同时核心网能把业务、控制和传输等分开。采用 IP 后，所采用的无线接入方式和协议与核心网络（CN）协议、链路层是分离独立的。IP 与多种无线接入协议相兼容，因此在设计核心网络时具有很大的灵活性，不需要考虑无线接入究竟采用何种方式和协议。

8. 多用户检测技术

多用户检测是宽带 CDMA 通信系统中抗干扰的关键技术。在实际的 CDMA 通信系统中，各个用户信号之间存在一定的相关性，这就是多址干扰存在的根源。由个别用户产生的多址干扰固然很小，可是随着用户数的增加或信号功率的增大，多址干扰就成为宽带 CDMA 通信系统的一个主要干扰。传统的检测技术完全按照经典直接序列扩频理论对每个用户的信号分别进行扩频码匹配处理，因而抗多址干扰能力较差；多用户检测技术在传统检测技术的基础上，充分利用造成多址干扰的所有用户信号信息对单个用户的信号进行检测，从而具有优良的抗干扰性能，解决了远近效应问题，降低了系统对功率控制精度的要求，因此可以更加有效地利用链路频谱资源，显著提高系统容量。随着多用户检测技术的不断发展，各种高性能又不是特别复杂的多用户检测器算法不断提出，在 4G 实际系统中采用多用户检测技术将是切实可行的。

小　结

本章以移动通信技术的发展历程为主线，详细介绍了 2G 的 GSM、过度技术 2.5G 的 GPRS

和 3G 的 WCDMA,3G 以及 4G 的各个关键技术,概要介绍了各个阶段的移动数据业务。

习 题

1. GSM 系统包括哪些子系统? 各个子系统的主要功能是什么?

2. GSM 的安全措施有哪些? 移动性管理包括什么内容?

3. GPRS 对 GSM 新增加了哪些功能实体?

4. GPRS 网络的高层功能包括哪几个方面?

5. GSM 向 WCDMA 演进的策略是什么?

6. UMTS 系统的网络单元包括哪几部分?

7. WCDMA 的分集技术原理是什么? 有什么优点?

8. 4G 的关键技术有哪些?

第4章 移动终端操作系统简介

目前,PC 机上的许多功能正逐渐被集成到移动终端上,例如电话簿、日程安排、定时提醒、日历、文本输入、语音识别等功能正在成为移动终端操作系统所提供的基本功能。操作系统是移动设备的一个重要的底层软件平台,提供良好的用户界面和文件系统,并具有处理器调度、多任务、多线程、内存管理等多种底层功能。本章对目前流行的主流移动智能终端操作系统的发展及体系结构等方面介绍。

智能操作系统的主要特点是对用户具有一定的开放性,可集中体现在手机操作系统允许用户自行安装可兼容的应用软件。目前主要的智能操作系统有 Apple 公司的 IOS,Google 公司的 Android 和 Microsoft 公司的 Windows。其他如 Nokia 公司的 Symbian,惠普公司的 Web OS,RIM 公司的 BlackBerry OS 以及其他一些 Linux 智能系统正逐渐或者已经退出市场。

4.1 Android 操作系统

4.1.1 Android 概述

Android 的英文本义是"机器人"。Android 之父是 Andy Rubin,如今 Google 的工程总裁,曾就职于苹果和微软。Android 是 Andy Rubin 在 2003 年创建的,目标是开发一个所有软件设计者开放的移动手机平台。2005 年,Google 的创始人 Larry Page 决定收购成立仅 22 个月的 Android。

2007 年,Google 正式发布了 Android 操作系统,并宣布成立了一个全球性的开放手机联盟(Open Handset Alliance,OHA),该组织包括手机制造商、软件开发商、手机芯片厂商和移动运营商等,其目标旨在开发多种技术,大幅削减移动设备和服务的开发推广成本。仅 3 年期间,因为 Android 合理的系统内核设计、Google 对互联网趋势的深刻见解及成熟的市场推广模式,Android 已经超过竞争对手。据 2012 年的调查,在手机操作系统领域,Android 已经占据全球市场 70% 以上的份额,在平板领域占据了 40%。

Android 是基于 Linux 内核开发,用于连接移动终端设备的软件栈。Android 提供了一个开源的 Java 虚拟机及同一的应用程序接口,Android 希望应用开发者只要写一次程序,就能在各种手机硬件平台上使用。Android 采用了 Linux 内核,并曾作为 Linux 的一个分支存在,但 2010 年 2 月,Android 被 Linux 除名。

2008 年 9 月 23 日,Android 1.0 发布。之后,版本的迭代速度极快,到 2013 年间,就已经发布了 10 个主要版本。分别是 Android 1.0、Android 1.5(Cupcake 纸杯蛋糕)、Android 1.6(Donut 甜甜圈)、Android 2.0/2.0.1/2.1(Eclair 松饼)、Android 2.2/2.2.1(Froyo 冻酸奶)、

Android 2. 3（Gingerbread 姜饼）、Android 3. 0/3. 1/3. 2（Honeycomb 蜂巢）、Android 4. 0
（IceCream Sandwich 冰激凌三明治）、Android 4.1/4.2（Jelly bean 果冻豆）、Android 4.4（KitKat
奇巧巧克力）。

4.1.2 Android 架构

Android 的系统框架从上到下包括应用程序层、中间层、操作系统层（Linux Kernel）。中间
层可细分为两层，分别是底层的函数库（Libraries）、Dalvik 虚拟机（Dalvik Virtual Machine，
DVM）以及上层的应用程序框架。架构如图 4.1 所示。应用、应用程序框架部分为 Java 程序，
Libraries 块为 C/C++语言编写的程序库，Linux 内核层为 C 开发。

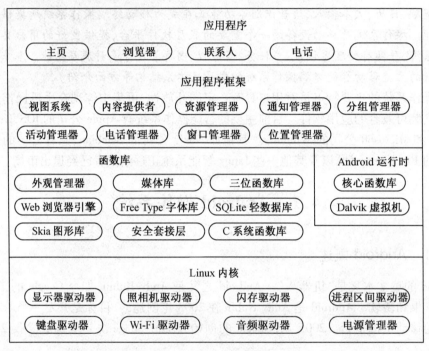

图 4.1　Android 体系架构

1. Application（应用程序）

Android 应用的软件扩展名是 APK（Android Package），Android SDK 采用 Java 语言，应用
是运行在虚拟机（移动设备）上的。Android 也提供了 Android NDK 来满足某些应用希望使用
系统原生码（如 C/C++）的需求。

Android 会同一系列核心应用程序包一起发布，该应用程序包包括 email 客户端。SMS 短
消息程序、日历、地图、浏览器、联系人管理程序等。所有的应用程序都是使用 JAVA 语言编写
的。

2. Application Framework（应用程序框架）

应用程序框架层的目标是实现方便的组件重用和替换，开发人员可以完全访问核心应用
程序所使用的 API 框架。该应用程序的架构设计简化了组件的重用，任何一个应用程序都可
以发布它的功能块，并且任何其他的应用程序都可以使用其所发布的功能块（不过得遵循框
架的安全性限制）。同样，该应用程序重用机制也使用户可以方便地替换程序组件。框架提

供的主要服务包括如下几方面：

（1）视图系统（View System）：可以用来构建应用程序，包括列表（lists），网格（grids），文本框（text boxes），按钮（buttons），甚至可嵌入的 web 浏览器。

（2）内容提供器（Content Provider）：应用程序可以访问另一个应用程序的数据，或者共享它们的数据。

（3）资源管理器（Resource Manager）：提供非代码资源的访问，如本地字符串、图形、布局文件。

（4）通知管理器（Notification Manager）：应用程序可以在状态栏中显示自定义的提示信息。

（5）活动管理器（Activity Manager）：应用程序生命周期管理，并提供导航回退功能。

（6）电话管理器（Telephony Manager）：用于访问与手机通信相关的状态和信息，如 SIM 卡、网络和手机的状态和信息。

（7）窗口管理器（Windows Manager）：用来管理窗口的状态和属性，如视图的增/删/改等。

（8）位置管理器（Location Manager）：用来获取地理位置相关信息。

（9）分组管理器（Package Manager）：系统内程序管理。

3. Libraries（函数库）

Android 有一个内部函数库，此函数库主要以 C/C++编写而成。Android 应用程序开发人员并非直接使用此函数库，而是通过更上层的应用程序框架（Application Framework）来使用此函数库功能，所以有人称此类函数库为原生函数库（Native Libraries）。此函数库依照功能又可细分成各种类型的函数库，以下列出比较重要的函数库。

（1）C 库：C 语言的标准库，这也是系统中一个最为底层的库，C 库通过 Linux 的系统调用来实现。

（2）多媒体框架（MediaFrameword）：这部分内容是 Android 多媒体的核心部分，基于 PacketVideo（即 PV）的 OpenCORE，从功能上本库一共分为两大部分，一部分是音频、视频的回放（PlayBack），另一部分则是音视频的纪录（Recorder）。

（3）SGL：2D 图像引擎。

（4）OpenGL ES 1.0：提供对 3D 的支持。

（5）界面管理工具（Surface Management）：提供对管理显示子系统等功能。

（6）SQLite（轻数据库引擎）：小型的关系型数据库引擎，所有应用程序都可以使用的强大而轻量级的关系数据库引擎。

（7）Free Type（字体库）：显示位图和矢量字。

（8）Lib Web Core：Web 浏览器引擎，同时支持 Android 浏览器和 Web View 组件。

4. Android Runtime（Android 运行时）

Android Runtime 可分成 Android Core Libraries（Android 核心函数库）与 Dalvik Virtual Machine（Dalvik VM，Dalvik 虚拟机）。核心库包括了 Java 核心库的大多数功能。DVM（Dalvik 虚拟机）负责运行 Android 程序。

DVM 机制与 JVM（Java 虚拟机）机制有一定的区别，主要表现在以下几方面。

（1）DVM 是基于寄存器的虚拟机，JVM 是基于栈的虚拟机。基于寄存器的虚拟机执行速度一般较快。

（2）使用特有的字节码格式.dex（即 Dalvik Executable），该格式是专为 Dalvik 设计的压缩格式,适合内存和处理器速度有限的系统。不同于 Java 虚拟机运行 Java 字符码(. class)。

(3)每个 Android 应用都有一个专有的进程和 DVM 实例,DVM 很小,使用的空间也小,在 Android 内存中可同时高效运行多个 DVM 实例。

(4)DVM 依赖于 Linux 内核的基本功能,如线程机制和低级别的内存管理等。

5. Linux Kernel(Linux 内核)

Android 以 Linux 2.6 版作为整个操作系统的核心,保留了 Linux 内核(Linux Kernel)的主体框架,同时根据移动终端的设备要求,对 Linux 内核驱动程序做出优化和改进。Linux 提供 Android 主要的系统服务,如安全性管理(Security)、内存管理(Memory Management)、进程管理(Process Management)、网络栈(Network Stack)、驱动模型(Driver Model)、电源管理(Power Management)等。

4.2 IOS 操作系统

4.2.1 IOS 概述

2007 年 1 月 Macworld 大会上,乔布斯向世界展示了全新的 iPhone 智能手机以及 iPhone OS 操作系统。在此之后的几年来,IOS 陆续被出色地运用到 iPod Touch、iPad 及 Apple TV 等苹果产品上,随之 iPhone、iPad 和 iTouch 风靡了整个移动世界,从手机到音乐再到视频媒体多个领域,苹果均掌握炙手可热的产品。移动终端市场如此之迅速,Windows Mobile、Palm OS、Symbian 和 BlackBerry 相继陨落,而 IOS 却发展成为市场上有着最丰富功能的平台。

1. IOS 1.0

IOS 最早于 2007 年 1 月 9 日在苹果 Macworld 展览会上公布,随后于同年的 6 月发布第一版 IOS 操作系统,当初的名称为 iPhone Runs OS X。iPhone OS 1.0 内置于 iPhone 一代手机里,拥有足够丰富的应用,支持 Email 收发邮件、自带网页浏览器 Safari 及照片浏览、日历、文本信息、便签、地址薄等日常应用软件。同年 10 月,苹果公司一改以往的封闭作风,宣布为开发者提供 iPhone 应用程序开发包(SDK),之前 iPhone 的所有应用程序都只能由苹果公司预装。在随后几年中,苹果专注于改进核心的操作系统功能,赋予开发者更多的权利和控制能力,以便打造更加出色的应用。

2. IOS 2.0

2008 年 7 月,苹果公司推出 IOS2.0,iPod Touch 的操作系统也换成 iPhone OS。IOS 2.0 设立了 App Store(苹果应用商店),App Store 为第三方应用开发者提供了销售平台,多样化的第三方应用满足了手机应用个性化的需求,App Store 使得 IOS 保持了竞争力,很大程度上减轻了苹果对于将额外服务、工具或者应用整合进行 IOS2.0 的需求。在 App Store 正式上线后 3 天,其可供下载的应用已达到 800 个,下载数量达到 1 000 万次。

3. IOS 3.0

2009 年 6 月,苹果公司推出 IOS3.0,应用于 iPhone、iPod Touch 1 和 iPod Touch 2。IOS 3.0 使 iPhone 功能得到了全面提升和完善,iPhone 开始支持 3G 网络,全面补足了以前不足的基本功能,新增了许多本地功能。

2010 年 2 月,苹果公司发布大屏幕 IOS 设备 iPad,iPad 的操作系统也是 iPhone OS。功能包括浏览互联网、收发电子邮件、操作表单文件、玩游戏、收听音乐或者观看视频。iPad 被《时代周刊》评为 2010 年 50 个最佳发明之一。

4. IOS 4.0

2010 年 6 月,苹果公司将 iPhone OS 改名为 IOS。IOS 原属于思科公司的注册商标,思科同意将 IOS 商标授权给苹果使用。同时推出 IOS 4.0,应用于 iPhone 3G、iPhone 3GS、iPhone 4及 iPod Touch 2、iPod Touch 3。IOS 4.0 新增了支持多任务处理、加入文件夹、Mail 更新、引入 iBook(电子书阅读器)、显示等内容。

5. IOS 5.0

2011 年 6 月,WWDC 2011 大会的第一日,苹果公司正式宣布 IOS 5.0 系统发布,并于 2011年 10 月提供正式版更新与下载。应用于 iPhone 3GS、iPhone 4、iPhone 4S、iPad1、iPad2、iPod Touch 3、iPod Touch 4。同期苹果公司宣布 IOS 平台的应用程序已经突破 50 万个。

IOS 5.0 系统带来 200 多个新功能和功能增强,最重要的一点是 iCloud 云服务,用户可以通过 iCloud 备份自己设备上的各类数据,并可以通过此功能查找自己的 IOS 设备及朋友的大概位置,主要的新增功能有改进通知中心功能、引入 iMessage 即时通信软件、提醒功能、Newsstand(报刊亭)功能、整合 Twitter 基本服务。

6. IOS 6.0

2012 年 6 月,苹果公司在 WWDC 2012 上宣布了 IOS 6.0,全新地图应用是其中较为引人注目的,IOS6.0 主要新增功能有全新中国定制功能、全新地图应用、更智能的 Siri、提供分享照片、Passbook、提升 FaceTime、提升设备查找功能、全新应用领域。2013 年 1 月,苹果推出 IOS6.1 正式版更新。更新仍然以完善 IOS 系统为主,对 Siri、Passbook 等进行了改善,修改了一些 IOS 6.0 上存在的 Bug。

4.2.2　IOS 架构

IOS 框架与 Mac OS 框架基本相似,应用程序不能直接访问硬件,需要 IOS 系统接口作为底层硬件与应用程序之间的桥梁进行交互。

IOS 框架分为 4 层,分别是可轻触层(Cocoa Touch)、媒体层(Media Layer)、核心服务层(Core Services Layer)、核心操作系统层(Core OS Layer),如图 4.2 所示。

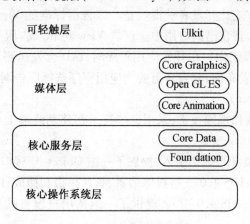

图 4.2　IOS 体系架构图

1. 可轻触层(Cocoa Touch)

可轻触层提供的软件开发 API,用于开发 iPhone/iPod/iPad 上的软件,定义了苹果应用的基本结构,支持如多任务、给予触摸的输入、通知推送等关键技术及很多上层系统服务。Cocoa Touch 层提供了以下主要框架和服务。

(1)UIKit 框架。UIKit 框架是 IOS 应用开发最常用和最重要的框架,所有的 IOS 应用程序都基于 UIKit 框架,它是一个轻量的 Javascript 的 UI 框架。

该框架提供了一系列类来管理和创建应用程序对象、用户视图、事件处理、绘制图形、窗口、视图等,提供的 UI 组件包括对话框、确认、颜色选择、翻转卡、上下文菜单及提醒框等。

(2)Map Kit 框架。IOS 3.0 开始引入 Map Kit 框架,它是一组基于 Google 地图的库。利用该框架,可以实现在应用程序中添加地图、用户定位、在地图上添加注释、通过查找纬度和经度获取地址信息,这些能力为开发者提供了对地图服务定制的灵活性。

(3)Message UI 框架。IOS 3.0 开始引入了 Message(消息)UI 框架,提供了邮件编写和查询发件箱的视图控制器,IOS 4.0 开始增加对短信的支持。Message UI 框架简化了开发者在应用程序中传递邮件和短息的流程,并且不用离开应用。

(4)Address Book UI 框架。Address Book(地址本)UI 框架提供了显示、选择、创建或编辑联系人的标准系统界面,该框架简化了在应用程序中显示联系人信息所需要的工作,确保应用程序使用本地址本界面的一致性。

(5)Event Kit UI 框架。IOS 4.0 开始引入 Event Kit(日历)UI 框架,提供了用来建立、显示及编辑日历事件的视图控制器,简化了应用程序中编辑日历事件的开发量,确保应用程序使用日历界面的一致性。

(6)Game Kit 框架。IOS 3.0 开始引入 Game Kit 框架支持在应用中进行点对点的网络通信,例如在多人对战游戏网络中实现点对点的连接、语音通话功能等。这个框架提供的网络功能通过封装在几个简单类中实现。这些类抽象了很多网络细节,让没有网络编程经验的开发者也可以轻松地在程序中加入网络功能。IOS 4.0 开始在框架基础上增加游戏中心,具有了别名、排行榜、创建多人游戏、向其他玩家挑战等特征。IOS 5.0 开始支持回合制的游戏比赛,并能将比赛状态长期存储在 iCloud。

(7)iAD 框架。IOS 4.0 开始引入 iAD(广告)框架,支持开发者在其应用中嵌入苹果公司的横幅广告,并通过分成方式让开发者获得收益。广告由标准的 View 构成,开发者可以按自己的想法将广告 View 插入到自己的应用中。广告 View 将和广告服务端通信,处理广告内容的加载、展现及响应点击等工作。在开发应用程序时,iAD 会发送测试广告,帮助验证应用实现是否正确。在应用程序发布前,开发者需要为应用程序选择广告网络选项。

2. 媒体层(Media Layer)

媒体层包括图像、音频和视频技术,采用这些技术在移动终端上创建最好的多媒体体验。媒体层包括以下框架。

(1)AVFoundation 框架:IOS 2.2 引入,提供了一组 Object-C 接口,实现音频播放;IOS 3.0 支持录音和音频会话管理;IOS 4.0 支持媒体编辑、影片拍摄和播放;IOS 5.0 支持 AirPlay。

(2)AssetsLibrary 框架:IOS 4.0 引入,提供了一组从用户设备的系统相册中查询、存储相片和录像的接口。

(3)CoreAudio 框架:通过该框架可以在应用程序中实现音频的录制、混音、播放、格式转换和文件流解析,还可以在应用程序中内置均衡器和混频器,访问音频输入和输出硬件在不影响音频质量的情况下优化电池寿命。

(4) CoreGraphics 框架:提供了 Quartz 2D 绘图接口。可以使用此框架处理路线的绘制/转换、色彩管理、离屏渲染、图片渐变和阴影、图像数据管理、影像创建和 PDF 文档的创建、显示和分析。

(5) CoreImage 框架:IOS 5.0 引入,提供了内置过滤器用于创建处理视图和静态图像,过滤器能够实现照片润色和修正、人脸和特征检测。过滤器的优点在于不改变原始图像。

(6) CoreText 框架:IOS 3.0 引入,提供了一个完整的文本布局引擎,可以通过它管理文本在屏幕上的摆放,所管理的文本也可以使用不同的字体和渲染属性。CoreText 框架是专为复杂的文字处理应用设置的,如果应用程序只需要简单的文本输入和显示,则可以使用 UIKit 框架。

(7) CoreVideo 框架:IOS 4.0 引入,为 Core Service 层的 CoreMedia 框架提供缓冲和缓冲池功能。应用程序不会直接使用该框架。

(8) GLKi 框架:IOS 5.0 引入,它简化创建 OpenGL ES2.0 应用程序所需要的工作。

(9) ImageI/O 框架:IOS 4.0 引入,它可用于导入或导出图像数据及图像元数据,利用 Core Graphics 数据类型和函数,能够支持 IOS 上所有的标准图像类型。

(10) MediaPlayer 框架:提供了用于播放视频的标准接口。IOS 3.0 引入,支持应用程序访问 ITune 音乐库。IOS 3.2 支持在一个可调整大小的 View 上播放视频,电影回放。IOS 5.0 增加在锁屏上显示"Now Playing"(正在播放)信息和多任务管理,检测在 AirPlay 上是否有视频流。

(11) OpenAL 框架:OpenAL 是跨平台的音效标准,通过该框架可以在应用程序中实现高性能、高质量的音频,方便地将代码模块移植到其他平台运行。

(12) OpenGL ES 框架:使用 OpenGL ES 支持在移动设备上的 2D 和 3D 绘图。苹果公司的 OpenGL ES 标准,与设备硬件紧密协作,为全屏游戏类应用程序提供很高的帧频。

(13) Quartz Core 框架:该框架包含了 Core Animation 接口,可提供先进的动画和合成技术,实现复杂的动画和视觉效果。

3. 核心服务层(Core Services Layer)

核心服务层为所有的应用程序提供基础系统服务,应用程序可能并不直接使用这些服务,而是通过高层封装的接口间接使用,但它们是系统赖以构建的基础。核心服务层提供以下框架。

(1) Accounts 框架:IOS 5.0 引入,为应用特定用户提供单点登录功能,如 Twitter 用户。

(2) AdSupport 框架:IOS 6.0 引入,它是访问广告的一个标识符和标志,指示用户是否已经选择了限制广告跟踪。

(3) AddressBook 框架:被称为"地址薄",支持应用访问存储于用户设备中的联系人信息,IOS 6.0 后,访问用户的地址薄必须得到用户的许可。

(4) CFNetwork 框架:使用 CFNetwork 框架可以容易地实现与 HTTP/HTTPS 服务器通信、与 FTP 服务器通信、解析 DNS 主机名、使用 BSDT Socket(套接字),实现对通信协议栈的控制。

(5) Core Data 框架:IOS 3.0 引入。Core Data 框架技术适合管理采用 MVC 模式的数据模型,同时该数据模型已经高度结构化,不需要通过编程方式定义。开发者听歌 Xcode 图形工具构造数据模型后,在程序运行的时候,可以利用 Core Data 框架创建和管理数据模型的实例,同时还对外提供数据模型访问接口。通过 Core Data 框架管理应用程序的数据模型,可以极大地减少编写的代码数量。

(6) Core Foundation 框架:Core Foundation 框架为 IOS 应用程序提供基本数据管理和服务功能,具体包括:集合数据类型(数组、集合等)、程序包、字符串管理、日期和时间管理、原始数据模块管理、偏好管理、URL 及数据流操作、线程和运行回路、端口和 Socket 通信。

(7) Core Location 框架:提供定位和导航功能,通过终端内置的 GPS、蜂窝基站或者 WiFi 信号等信号计算用户方位。开发者可以通过该技术,在应用程序中实现定位功能,例如应用程序可根据用户当前位置搜索附近饭店、商店或者其他设施。IOS 3.0 引入通过磁力计获得设备方位信息。IOS 4.0 引入利用蜂窝塔来实现低功耗位置检测服务。

(8) Core Media 框架:IOS 4.0 引入。它为 AVFoundation 框架提供底层的媒体类型,大多数应用开发者是不需要使用该框架的,除了需要对音频和视频内容提供更加精确控制的开发商。

(9) Core Motion 框架:提供了访问硬件设备上与运动相关的原始数据及实现对数据的后处理,相关的硬件设备包括加速计、磁力计和陀螺仪等。例如内置陀螺仪的设备,可以通过该框架获得原始的数据,经过后处理得到旋转速度和姿态信息。

(10) Core Telephony 框架:提供了蜂窝无线设备相关的电话信息,例如运营商信息、电话状态信息(拨号、来电、连接或断开连接)。

(11) EventKit 框架:提供了用于访问、操作的日历事件和提醒的类。在访问日历和提醒信息前必须获得用户的同意。

(12) Foundation 框架:为 Core Foundation 框架的许多功能提供 Object-C 封装。

(13) MobileCoreService 框架:定义统一类型标识符(UTI)使用的底层类型。

(14) NewsstandKit 框架:IOS 5.0 引入。用户可以通过 Newsstand(报刊亭)订阅报刊杂志,实现在 Newsstand(报刊亭)发布自己的杂志和报纸。

(15) PassKit 框架:IOS 6.0 引入。Pass(通行证)是一些电子票据,通过包含图片和条形码,通过该功能实现了将各种票、登机牌、购物卡、优惠券存储在 IOS 设备里。使用 PassKit 框架可以创建、发布和更新通行证。

(16) QuickLook 框架:IOS 4.0 引入。该框架提供了文件预览功能,包括了 iWork 或者微软的文件格式。

(17) Social 框架:IOS 6.0 引入。它提供了访问用户社交网络账户的接口,实现了对 Twitter、Facebook、新浪微博的支持,通过该框架可以实现向社交网络发布状态和更新图片,支持单点登录模式。

(18) StoreKit 框架:IOS 3.0 引入。它提供了在应用程序中购买服务和内容的功能。该框架专注于金融交易的安全性、正确性,因此应用程序可以把重点放在交易过程的用户体验方面。

(19) System Configuration 框架:实现了对系统的网络参数的配置,如无线网络的可用性、连接的主机设备是否可达。

4. 核心 OS 层(Core OS Layer)

核心 OS 层包含操作系统的内核环境、驱动和基本接口。内核基于 Mac 操作系统,负责操作系统的各方面。它管理虚拟内存系统、线程、文件系统、网络和内部通信。

(1)Accelerate 框架:IOS 4.0 引入。该框架的接口可用于执行线性代数、图像处理以及 DSP 运算。和开发者个人编写的库相比,该框架的优点在于所有设备的各种 IOS 设备的硬件配置进行过优化,因此开发人员只需要一次编码就可以确保它在所有设备高效运行。

(2)Core Bluetooth 框架:提供了访问蓝牙 4.0 低功耗设备的功能。

(3)External Accessory 框架:IOS 3.0 引入。通过此框架实现与连接到 IOS 设备的外设通信,外设可以通过 30 针的基座连接器、蓝牙连接。通过 External Accessory 框架启动与外设建立通信会话后,可以使用设备支持的命令直接对其进行操作。

(4)Generic Security Service 框架:IOS 5.0 引入。它又被称为通过安全服务框架,提供了一套标准的安全相关的服务,接口遵循 IETF RFC2743 和 RFC4401 标准,此外还有一些非标准的安全管理凭证。

(5)Security 框架:确保了应用数据管理的安全性,提供管理证书、公共和私人密钥及信任策略接口,支持生成加密的伪随机码,支持将证书和加密密钥等私密信息在 KeyChain 中存储。IOS 3.0 后,支持在多个应用程序中共享 KeyChain。

(6)System 框架:提供了大量的 BSD 和 POSIX 功能,包括内核环境、驱动及操作系统底层 UNIX 接口。内核以 Mach 为基础,它负责操作系统的各个方面,包括管理系统的虚拟内存、线程、文件系统、网络及进程间通信。这一层的驱动提供了系统硬件和系统框架的接口。出于安全方面的考虑,只允许少数框架和应用程序访问内核和驱动。

从最初的 iPhone OS 1,演变至今,IOS 成为了苹果最强大的操作系统,横跨 iPod Touch、iPhone、iPad 等产品,甚至 Mac OS X Lion 操作系统也借鉴了 IOS 系统的一些设计,可以说,IOS 是苹果的一个成功的操作系统。

对于用户来说,IOS 平台能为其带来极佳的使用体验。

首先,IOS 操作系统具有非常简洁和酷炫的 UI 设计,拥有高速的性能表现以及坚如磐石的稳定性,图形化的交互界面使操作十分简单,而且 IOS 系统与苹果高质量的硬件设备紧密集成,一切都可以智能、流畅地协作。而且 IOS 平台为 IOS 设备用户提供了功能强大的管理软件——iTunes,使用户可以方便地搜索和下载音乐、视频以及应用程序等,并通过简单的操作对 IOS 设备和电脑之间的资料进行管理和同步,为用户带来了轻松的使用体验。

其次,IOS 平台的封闭式开发环境对开发者来说形成了许多限制,但对消费者来说就有很大的好处,他们可以完全信任 App Store 中的应用,不用担心购买到劣质、具有欺骗性性质的应用,因为商店中每个应用都是经过了苹果的审查,精品软件较多,因此可以更放心地去购买并使用这些应用。

另外,IOS 平台中 App Store 成熟的运营商机制、良好的开发环境能吸引更多优秀的游戏开发商开发 IOS 应用,促进开发者们开发出更多功能强大的应用。而且由于苹果产品在工艺方面讲究精益求精,开发者们在开发 IOS 应用的时候会在视觉效果及用户体验等方面下很大功夫。苹果 App Store 中健全的分类、推荐及搜索机制让用户能更便捷地找到自己感兴趣的应用,因此,用户在 IOS 平台上能够享受更多的优质应用服务。

对于开发者来说,IOS 平台也有着其他平台不可比拟的优势。

首先,IOS 平台的表现十分理想,IOS 系统与设备均由苹果公司制造,因此可以充分利用苹果产品较高端的硬件配置及强度技术,例如 Retina 显示屏、Multi-Touch 界面、加速感应器、三轴陀螺仪、图形加速功能等。很多应用在苹果 IOS 上面能够获得非常理想的效果,呈现的效果绚丽、逼真、操作顺畅,但是在其他平台的表现和操作就会大打折扣。

其次,苹果 IOS 无需考虑版本分裂的问题,而诸如 Android 等其他平台,都存在屏幕尺寸不用、手机厂商不同、系统版本众多等问题,开发商在开发产品的时候还需要考虑到软件兼容性问题,如果其中任意一个环节没处理好,就会在很大程度上影响到用户的下载和使用,以游戏 Doodle Jump 为例,该游戏的发行上 GameHouse 表示,IOS 版的 Doodle Jump 带来的营收是 Android 版收入的 3~4 倍,但 Android 版的开发时间却要比 IOS 版的开发时间长两个月。

再次,开发者为 IOS 平台开发应用的收入会更高。根据 Flurry 发表的报告,对于同时在 IOS、Android 平台销售软件的开发商来说,IOS 版每创造 1 美元的营收,Android 版仅有 0.24 美元对应的收入。苹果公司的几款 IOS 设备与其他同类产品相比均属于较高的档次,这意味着 IOS 设备用户更多是苹果产品忠实的粉丝,大多适应付费下载应用这种模式,因此同一个应用在 IOS 平台的销售量可能高于其他平台的销售量。

另外,苹果 IOS 平台拥有较为完善的应用审核、支付、分成机制,同时还有大量的用户群,以及多样的推广渠道。App Store 中的应用虽然数量巨大,但是管理非常有序,而且软件排名也是以下载量等真实数据为基础,为开发者塑造了一个良好的竞争体制和环境,能提高开发者的积极性,使其程序开发工人进入良性循环。因此,开发者做手机应用程序一般是采取 IOS 平台优先策略,即一个程序先写 iPhone 版,然后才考虑 Android 或其他平台。

4.3 Windows 操作系统

4.3.1 Windows 概述

1. Windows Phone

Windows CE 是微软公司在 1996 年发布的供手持设备使用的第一个操作系统,是一个开放的、可升级的 32bit 嵌入式操作系统,专门用于手持设备和信息家电。CE 中的 C 是 Compact(袖珍)、Consumer(消费)、Connectivity(通信能力)和 Companion(伴侣)的代表,E 是 Electronics(电子产品)的代表。

Windows CE 的操作界面来源于 Windows 95/98,但是它是基于 Win32 API 重新开发的、新型的信息设备平台。Windows CE 平台上可以使用 Windows 95/98 上的编译工具、同样的函数、同样的界面风格,使绝大多数 Windows 95/98 的应用软件只需要简单的修改和移植就可以在 Windows CE 平台上继续使用。

Windows CE 版本主要有 1.0、2.0、3.0、4.0、4.2、5.0 和 6.0。Windows CE 功能强大,尤其是在多媒体方面,Windows CE 不是为单一装置设计的,其使用范围更广泛,微软旗下采用 Windows CE 作业系统的产品可分为 3 条产品线:Pocket PC(掌上电脑)、Handheld PC(手持设备)及 Auto PC。Windows CE 的缺点是略显臃肿,对硬件要求太高,消耗资源多,如耗电。

2. Windows Mobile

Windows Mobile 采用的系统内核是 Windows CE,但 Windows Mobile 比 Windows CE 集成了更多的内容,是一个完整的手机软件解决方案。2003 微软公司发布基于 Windows CE 4.2 内核的 Pocket PC 2003,又称为 Windows Mobile 2003,从此开始以 Windows Mobile 为代号的版本发

展历程。历经十余载，Windows Mobile 系统由简陋发展到华丽，其手机操作系统更倾向于手机和个人电脑的融合，将用户熟悉的桌面 Windows 体验扩展到了移动设备上，由于 Windows Mobile 沿用了微软 Windows 操作系统的界面，大部分用户都能很快上手。

3. Windows Phone 7

2010 年 2 月，微软在 Mobile World Congress 上首次展出了 Windows Phone 7 这款全新的操作系统，从此开始了 Windows Phone 的时代。Windows Phone 7 相比之前的 Windows Mobile 在系统基础之上有了改变，它的核心是 Windows CE 7 内核，而 Windows Mobile 系统则是建立在 Windows CE 5 内核之上的。

在 2010 年 6 月的台北 COMPUTEX 展会上，微软正式公布了其嵌入式产品线最新的一员 Windows Embedded Compact 7（简称 WinCE）系统，随着版本号的升级，其正式改名为 Windows Embedded Compact 7。微软的 Windows Phone 7 所采用的内核正是使用了类似的 WinCE7 内核。WinCE 在内核部分有很大的进步，所有系统元件都由 EXE 改为 DLL，并移到内核空间，同时采用全新设计的虚拟内存框架、全新的设备驱动程序架构，同时支持 User Mode 与 Kernel Mode 两种驱动，突破只能运行 32 个进程的限制，可以运行 32 768 个进程；每一个进程的虚拟内存限制也由 32MB 增加到全系统虚拟内存。

另外，Windows Phone 7 还将融合微软旗下的 Zune、XBOX 核心组件。在用户界面上 Windows Phone 7 和 Windows Mobile 系统也完全不同，无论 Windows Mobile 6.5 的蜂窝状菜单还是此前的下拉式菜单都彻底抛弃，取而代之的是类似 Zune HD 的界面 Media Center UI。

Windows Phone 7 移动终端的内容将分为 6 大类，分别是 People（人际）、Picture（图片）、Games（游戏）、Music+Video（影音）、Marketplace（商店）、Office（办公）。

微软对 Windows Phone 7 操作系统做了一系列的改进，主要如下：

（1）主界面。Windows Phone 7 的界面完全脱胎换骨，整个界面就是一个巨大的信息的集合，体现了 Windows Phone 7 系统以内容为主题的理念。

Metro UI 界面展示：Metro 界面强调的是信息本身，例如用户可在主界面获得最新的网络内容、照片、联系人信息等。这与苹果 iOS、谷歌的 Android 界面都以应用程序图标为呈现对象有所区别。

动态磁贴（Live Tile）：是出现在 Windows Phone 的一个新概念，可以将喜爱和常用的功能贴在主题界面，采用实时更新的机制将最新的内容动态展示给用户。

Title 的表现方式：区别于 Android 系统，WP7 主导功能的图标逐步被更有内容的"Title"所取代。

界面风格：超大的字体、溢出屏幕范围的内容。

（2）应用中心。以"Hub"的模式实现各类应用信息的关联管理，各类 Hub 具体如下：

联系人（People Hub）：将电话簿的联系人与社交网（SNS）的更新内容、照片等整合在一起，在联系人页面即可看到联系人照片和相关社交网站的更新内容，如 Facebook、Windows Live 等。

相册（Picture Hub）：实现了对手机、电脑存储照片及网络存储照片的支持。用户可以上传照片至社交网站上分享自己的照片。

办公中心（Office Hub）：提供 Office SharePoint、Office Mobile、Office OneNote 的本地安装和快速访问功能。

音乐与视频(Music+Video Hub):将 Zune 的音乐与视频服务整合进 Windows Phone 7 手机中,手机媒体播放中心包含了本地音乐、流媒体、广播以及视频。

游戏站(Game Hub):将 XBOX360 的在线游戏体验整合入手机的游戏中心,开始支持 3D 以及跨平台游戏。

(3)云端系统。用户可以更为方便地通过互联网同步手机中的数据,随时将手机中的资源上传到网络之中与朋友进行及时的分享。

4. Windows Phone 7.5

2011 年 9 月,微软发布了 Windows Phone 系统的重大更新版本"Windows Phone 7.5"(Mango)版。Windows Phone 7.5 是微软在 Windows Phone 7 的基础上大幅度优化改进后的升级版,弥补了 WP7 的许多不足并在运行速度上有大幅度提升。2012 年 3 月,微软发布了 Windows Phone 的更新版本"Refresh(Tango)",版本号依旧沿用 Windows Phone 7.5,Tango 只是 Mango 更新的一部分,地位同廉价低端设备,所以搭载 Tango 系统的手机硬件配置并不会要求过高,诸如采用入门级处理器、低分辨屏幕等。Mango 系统或 Tango 系统,统称 Windows Phone 7.5 系统。

Windows Phone 7.5 系统界面上与 Windows Phone 7 系统相比变化不大,但此版本中有许多功能加入和改进,主要更新如下:

(1)更新修复具有欺骗性质的第三方证书,有效确保用户使用证书的安全性。

(2)将 Twitter, LinkedIn 联系人添加到地址薄中,用户可以通过统一的界面查看来自 Twitter 和 LinkedIn 的消息。

(3)Bing Vision 应用支持用户扫描二维码和微软"标签",并实时获取在线信息。

(4)SkyDrive 云服务功能,实现联系人、日程、电子邮件等内容的云端同步。

(5)支持可视语音邮件、移动热点功能。

(6)支持中文、多任务处理、后台播放音乐等。

5. Windows Phone 7.8

2012 年 6 月,微软正式提出 Windows Phone 7.8 手机操作系统,Windows Phone 7.8 将直接推送给所有 Windows Phone 用户,绕过运营商。微软正式发布 Windows Phone 8,微软表示由于内核变更,目前所有的 WP7.5 系统手机无法升级为 WP8 系统,而现在的 WP7.5 手机能升级到 WP7.8 系统。

Windows Phone 7.8 的主要更新内容如下:

(1)Start Screen(开始屏幕):与 Windows Phone 8 看起来一样。

(2)定制化磁贴:同 Windows Phone 8 一样,Windows Phone 7.8 支持 3 种磁贴尺寸。

(3)Bing 动态图片:可因自己想获得的资讯而改变 Live Tiles 的形状、面积。

(4)主题:有 20 种颜色主题。

6. Windows Phone 8

2012 年微软开发者大会于美国时间 6 月 20 日在美国旧金山举行,微软在此次大会上发布 Windows Phone 8 操作系统。它与 Windows 8 使用同样的内核,支持双核处理器及多种屏幕分辨率等。Windows Phone 8 的主要更新内容如下:

(1)采用 Windows NT 内核:Windows Phone 8 采用与 Windows 8 相同的内核,所以 Windows Phone 8 将可能兼容 Windows 8 应用。

（2）支持多核：以前 Windows Phone 版本的内核不能驾驭更高规格的硬件和软件平台，而 Windows Phone 8 则支持多核处理器，支持 64bit 核心处理，硬件制造商可以提供更丰富配置的 Windows Phone 8 设备。

（3）支持 3 种分辨率：除已有的 WVGA（800 dpi ＊ 480 dpi）屏幕分辨率外，还增加了对 WVGA（1280 dpi ＊ 768 dpi）和 720P（1280 dpi ＊ 720 dpi）的支持，Windows Phone 8 应用可以不经任何改变就在上述 3 种分辨率中正常运行。

（4）支持 Micro SD 扩展卡：新增了对 Micro SD 扩展卡的支持。Micro SD 卡支持包括图片、音乐、视频及应用的安装。

（5）内置 IE10 移动浏览器：内置 IE10 移动浏览器，相比 Windows Phone 7.5 Javascript 性能提升 4 倍，相比 HTML5 性能提升 2 倍。

（6）应用向下兼容 WP7"所有 Windows Phone 7.5 的应用将全部兼容 Windows Phone 8。

（7）移动电子钱包：提供付款、信用卡、优惠券、会员卡等电子钱包功能，支持 NFC，微软支持与移动运营商合作，推出支持移动支付的改进 SIM 卡。

（8）内置诺基亚更新：诺基亚为 Windows Phone 8 更新地图、Cinemagraph 和音乐应用。

（9）企业功能：支持加密、安全引导、LOB 应用部署以及类别管理，可以用同一套工具管理 PC 和手机，因为 WP8 与 Windows 内核一致。

4.3.2　Windows 架构

Windows Phone 基于 . NET Compact Framework，. NET Compact Framework 是一种独立于硬件的环境，用于在资源受限制的计算设备上运行程序。其框架如图 4.3 所示。

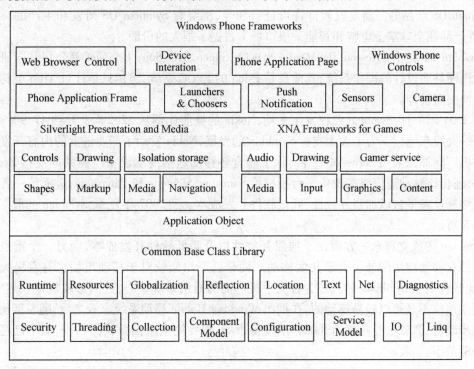

图 4.3　Windows Phone 框架结构

1. Common Base Class Library

位于框架的底层,是. NET 平台的基础。基础类库(Common Base Class Library,CBCL)是微软提出的一组标准函数库,可提供. NET 平台所有的语言使用。

2. Application Object

位于框架的中间层,基于. NET Compact Framework,Windows Phone 7 在这一层提供了 Silverlight 框架、XNA 框架两种应用程序开发框架。Silverlight 框架开发以 XMAL 文件为基础的事件驱动应用程序,以 Silverlight 框架为基础的应用程序是由一堆页面组成的,每一个页面是扩展名为 XAML 的文件;XNA 框架主要用于开发以循环为基础的游戏程序,提供 2D/3D 的动画、音效及各种游戏相关的功能。

3. Windows Phone Framework

提供了 Windows Phone 特有的一些功能,如相机、Windows Phone 控件、感应器、多点触控屏幕等,作为移动手机平台特殊的一部分功能。

4.4 Symbian 概述

Symbian 最初应用在不占有太多资源的小型工作机上,例如,发报机、小型电话机等。随着掌上电脑的发展和无线电话技术的涌现,全球各大手机制造商、网络运营商和软件开发者开始将精力投入到手机操作系统开发上。1998 年 6 月,由爱立信、诺基亚、摩托罗拉和 Psion 等共同出资,筹建了 Symbian 公司,其合作伙伴如图 4.4 所示。Symbian 公司的目标是开发和供应先进、开放、标准的手机操作系统——Symbian OS。同时,Symbian 公司还向那些希望开发基于 Symbian OS 产品的厂商发放软件许可证。如今,围绕着 Symbian OS 研发和生产的一系列软、硬件产品在全球掌上电脑和智能手机市场上占据了很大的份额。

Symbian OS 是由 Ericsson、Panasonic、NOKIA、Simens AG、Sony Ericsson 等公司共同研发的专为手机硬件而设计的操作系统,其前身是 Psion 的 EPOC 系统,当初只是针对 ARM 架构处理器独占使用而设计。

在 2004 年 7 月,Symbian 股权发生变动,Nokia 的持股比例从 32.2% 上升到 47.9%,维持它的第一大股东地位。为了大力支持 Symbian 的发展,Nokia 发动了产业链上的内容开发商来促使手机厂商加强采用 Series 60 平台,除了联合各移动通信终端设备厂商共同支持 Symbian 系统外,还将该移动通信终端设备平台授权给 Samsung、Siemens 和 Panasonic,进而统一各家移动通信终端设备平台以加强开放性、降低软件开发成本。到 2007 年夏季,Symbian 的股东情况如图 4.5 所示。

Symbian 的成立理念一方面在于加强开放性以及降低软件开发成本,而另一个重点是要将微软挡在移动应用门外。由于几大移动厂商早已看出微软对于移动市场也有着极大的兴趣,因此联合成立 Symbian,使其成为各大手机厂商的通用系统核心,进而形成规模。然而,微软的霸主地位不是可以轻易撼动的,在推出 Windows Mobile 移动系统家族之后,随着架构与性能的逐步改善,微软已经在逐渐开辟移动设备市场,想要完全阻挡微软的入侵,似乎已经是一件不可能的事。

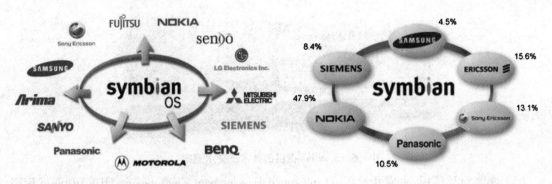

图 4.4　Symbian OS 的合作伙伴　　　　图 4.5　Symbian 股东情况示意图

4.4.1　Symbian 的设计特性

基于 Symbian 系统的智能型手机,使用者界面设计是以套件形式提供厂商多种不同的选择。例如,Sony Ericsson 手机的 UIQ 界面,Nokia 手机的 Series 60、Series 80、Series 90 界面等。此外还有封闭式平台,如由 Fujitsu、Mitsubishi、Sony Ericsson 和 Sharp 合作研发并应用于 NTT DoCoMo 所采用的 FOMA(Freedom of Mobile Multimedia Access,世界上第一个 WCDMA 网路)等。提供形态各异的界面与输入方式以及程度不等的扩展性。

Symbian 本身是一款支援抢占式多任务、多线程,并具备内存保护功能的系统。由于最初专为移动设备设计,一般的移动设备(如手机)在硬件资源上都相当有限,无法像桌面平台系统一样不受硬件需求的限制。为了能尽量在维持系统的可操作性以及稳定性的前提下,延长采用 Symbian 系统的移动装置的使用时间,Symbian 在资源控制上进行得非常严格。除了利用各种方式来降低存储器的需求以外,程序的编写基于事件驱动方式,当存储器中没有应用程序发出事件处理请求时,中央处理器被关闭,以节省电源消耗。

由于可采用的程序开发工具相当多,相关的官方资源与支持也比较完备,尽管 Symbian 的原生开发语言是 C++,一般是采用 VC++、Visual Studio 以及 Carbide 等,但是开发者也可以采用 OPL、Python、Visual BASIC、Simkin 以及 Perl 等结合 J2ME 以及自行开发的 JAVA 来使用,具有相当大的弹性空间。

此外,Symbian 操作系统提供了灵活的应用界面(UI)框架,不但使开发者能快速掌握必要的技术,而且还使手机制造商能够推出与众不同的产品。

利用 Symbian 操作系统,手机制造商以及第三方开发者就可以为上述各类手机开发出独具特色的应用界面,例如,采用数字键盘的手机、采用触摸式屏幕的手机、采用完整键盘和超大彩色屏幕的手机,等等。

考虑到不同的手机用户会有不同的需求,Symbian 操作系统支持由许可证持有者对其进行创新和定制。为了实现这些功能,Symbian 操作系统在交付时提供了相应的技术支持,如图 4.6所示。

(1) Symbian OS Customization Kit™(Symbian 操作系统定制工具包):Symbian 许可证持有者生产先进的手机提供支持。为服务和应用开发者定制新设备和软件开发工具包(SDK)。

(2) Symbian OS Development Kit™(Symbian 操作系统开发工具包):为 Symbian 操作系统开发组件的前期开发者适用。其中包括 C++开发工具(含 JAVA 和汇编程序)、测试用仿真程序、文档、范例和原始资料。

图 4.6　Symbian 提供的技术支持示意图

（3）参考设计模板、集成开发环境（Integrated Development Environments，IDE）和调试程序均由 Symbian 的合作伙伴提供。

（4）TechView 应用界面和公用操作系统应用程序，用以支持手机和关键技术的发展。

Symbian 操作系统的研发和维护得到了全行业的支持。部分 Symbian 操作系统技术是由主要的技术合作伙伴开发的，同时如果许可证持有者的创新能在更大范围内促进无线通信同盟的发展，则这些创新也会及时地被集成到 Symbian 操作系统中。

Symbian 的合作伙伴和许可证持有者共享新技术的源代码，以拓展 Symbian 操作系统的应用范围。这样确保该操作系统不但始终符合开发标准，而且代表了行业内的最新发展方向。

针对基于 Symbian 操作系统的手机而进行的开发活动都是以开放的源代码为基础，以达到加快开发速度和促进创新的目标。因此，Symbian 操作系统定制工具包和 Symbian 操作系统开发工具包都包含源代码。Symbian 操作系统许可证持有者将为其平台和产品提供应用软件开发工具包（SDK）

Symbian 操作系统不但因设计紧凑而能完全适应手机的存储空间，而且从开发之初就被定位为一个功能齐备的操作系统。它包括一个性能稳定的多任务处理内核，集成了电话技术支持、通信协议、数据管理、先进的图形处理功能、低层应用界面框架和多种应用程序引擎。

提供无线通信服务：开放标准可使全球网络具备互操作性，从而使手机用户能够随时随地与他人沟通。

开发无线通信服务：软件开发者第一次能够为这种拥有全球市场的、先进的、开放的、可编程的手机开发各种应用和服务。适用于所有采用 Symbian 操作系统的手机的 API，以及 Symbian 操作系统先进的计算和通信性能，都促进了更多高级服务的开发。

4.4.2　Symbian 子系统

Symbian 是一个很大的系统，包含了数百个类和数千个成员函数。与大部分复杂的系统一样，接触 Symbain 时可以把它分成几个大的领域去了解，然后去关注在具体任务中最重要的部分。比较好的分割方式是子系统（subsystems）。例如，应用程序引擎子系统包括了标准应用程序（如联系人）所需的处理数据的所有 API。

第三方开发者可以把任何领域和相关的功能组合看做一个子系统。它们不是类似 DLL 的二进制文件，也不是头文件那样的源文件。子系统是可以配置的，可以以多种方式存在，当子系统的一部分是必要的时，其他部分就是可选的。

Symbian 操作系统融合了许多成熟稳定、功能强大的技术，如图 4.7 所示，其中包括：丰富的应用引擎、移动电话技术、浏览、国际语言支持、信息服务、数据同步、多媒体、安全性、JAVA、支持多种应用界面、通信协议、软件开发(JAVA 和 C++)。

图 4.7　Symbian 子系统示意图

1. 应用程序引擎

通讯录、日程表、信息服务、浏览、办公软件、使用程序和系统控制;用于交换对象(如电子名片)的对象交换协议(Object Exchange, OBEX);用于数据管理,文字剪贴板和图形处理的 API。

2. 集成多模式移动电话技术

Symbian 操作系统将计算技术与移动电话技术融合在一起,能够为市场提供先进的数据通信服务,是 2.5G、3G 手机的理想操作系统。

3. 浏览

支持所有 Web 浏览器功能和 WAP 协议栈的浏览引擎。

4. 信息服务

Symbian 操作系统可全面支持短信息服务、增强型短信息服务、多媒体信息服务;支持通过 POP3、IMAP4、SMTP、MHTML 收发互联网电子邮件、标准附件和传真。尤其是端到端的多媒体信息服务是 2.5G、3G 移动通信网络的主要收益增长点。

5. 多媒体

屏幕、键盘、字体和位图等资源共享;音频文件的录制与播放;图像处理功能(支持所有常见的音频和图像格式),包括用于图形加速、流媒体和屏幕加速处理的 API。

6. 开放式应用环境

基于 Symbian 操作系统的手机可以成为运行采用多种语言(JAVA 和 C++)和内容格式开发的应用和服务(程序和内容)的平台。

7. 标准化和互操作性

由于采用了灵活的模块式设计,Symbian 操作系统提供了一组核心的 API 以及适用于所有 Symbian 操作系统手机的技术。同时还支持一些主要的行业标准:广域网协议栈,如 TCP、IPv4、IPv6(包含 IPSes);个人局域网协议栈,如蓝牙、红外和 USB;JAVA;WAP;SYNCML。

8. 多任务处理

由于采用了完全面向对象和基于组件的设计,Symbian 操作系统包括多任务处理内核、通信中间件、数据管理、图形处理功能、低层图形化应用界面框架和应用程序引擎。

9. 稳定性

Symbian 操作系统可保证用户能够随时访问所需数据。即使在通信网络不可靠、存储器存储空间和电池电量等资源有限的情况下也能保证数据的完整性。

10. 安全性

完善的加密和证书管理功能,安全通信协议(包括 HTTP、WTLS 和 SSL)WIM 框架和基于证书校验的应用程序安装。

11. 灵活的应用界面设计

Symbian 通过在 Symbian 操作系统中采用灵活的图形化应用界面设计,以此鼓励人们创新,并为手机制造商、运营商、企业和最终用户提供更多的选择。在不同的设计中采用相同的操作系统内核也为第三方软件开发者移植应用软件提供了方便。它支持各类输入方式,包括全键盘输入、手写笔触摸屏输入以及手机数字键盘输入等。

4.4.3 Symbian 系统体系结构

不同的产品通常有不同的用户界面。Symbian OS 为不同的产品类型提供了不同的版本,如 S60、S80、UIQ 等。但是这些版本都使用了 Symbian 通用技术 GT(Generic Technology)。Symbian 系统的结构设计如图 4.8 所示。

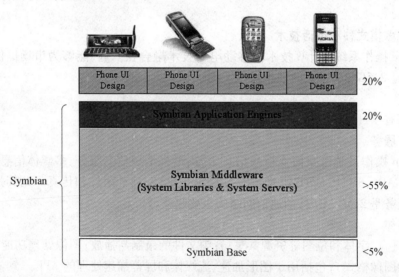

图 4.8　Symbian 结构设计示意图

Symbian 系统体系结构的具体构成如图 4.9 所示,下面详细介绍一下各个构成模块。

1. Kernel & Hardware Integration

系统核心负责管理系统资源,如记忆棒、系统工作和应用程序的工时分配;设备驱动程序(Device Drivers),提供操作硬件如键盘、红外线等设备所需的程序。

2. Base Services

Low level libraries——提供作业系统和第三方所需的基本函数库和公用类库;File server——提供文档管理系统共享资源存取。

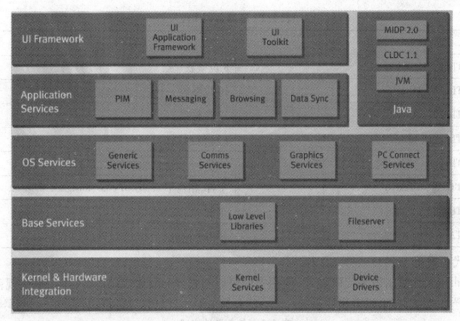

图 4.9　Symbian 系统体系结构

3. Application Services

无论任何手机,其最重要的任务都是处理使用者各式各样的需求,如最基本的通讯、网络连接等。Symbian OS 在该层提供了这些应用程序的核心模块,以缩短开发应用程序的周期。

4. OS Services

此层提供重要的中介软件,如资料管理、通讯、多媒体、安全性、个人资料管理(PIM)引擎、蓝牙和浏览器引擎,并提供资料同步等处理。

5. JAVA

此层着眼于提供 JAVA 手机应用程序在 Symbian OS 上的兼容性,并提供如 Bluetooth、messaging 和 3D 等扩展应用。

6. UI Framework

不同的使用者有不同的需求,因此给应用程序开发者提供具有弹性的空间,根据不同的需求来开发人性化的界面。

4.4.4　Symbian OS 类型与声明

1. 基本数据类型

Symbian OS 采用的是面向对象的 C++,但和标准的 C++ 又有所区别。比如,Symbian OS 没有标准的异常处理(Exception),因为设计 Symbian OS 的时候 C++ 还没有把异常处理标准化。因此,Symbian 设计了自己的异常处理机制:TRAP、leave 以及它的基本数据类型(表 4.2)。Symbian 基本上不使用任何标准的 C++ 基本类型。众所周知,不同的 C++ 编辑器对 int、unsigned int 的长度理解不同,因此 Symbian OS 中使用 TInt8、TInt16、TInt32。但是,如果没有特殊原因需要使用某一特定的长度时,应该使用 TInt。其他很多类型也遵守这个原则,比如,TBuf8、TBuf16,但最好使用 TBuf。

表 4.2 基本数据类型

类　型	描　述
TInt8, TUint8	8 位整数
TInt16, TUint16	16 位整数
TInt32, TUint32	32 位整数
TInt, TUint	(32 位)整数
TReal32, TReal64	实数
TText8, TText16	字符,相当于 unsigned char, unsigned short int
TBool	布尔
TAny	相当于 void

2. 代码规范

Symbian OS 使用很多代码规范,使用它们可以增强 Symbain 代码的可读性,有些规范甚至是需要严格遵守的,比如类和变量的命名(表 4.3,4.4)。

表 4.3　各个类的描述

种　类	例　子	描　述
T classes	TDesC, TPoint	使用方法类似基本类型。由于通常比较小,而且不使用 heap,因此没有析构函数
C classes	CConsoleBase, CActive	是 Symbian 使用最多的类。C 代表从 CBase 类继承而来,必须有析构函数,因为它们的对象创建在 heap 中
R classes	RFile, RTimer	R 代表资源(Resource),只是一个系统资源的句柄,它们本身创建在 Stack 上,但是它们所使用的资源创建在 heap 上,使用完毕需要 Close( )
M classes	MEikMenuObserver	是一个空的接口,使用的时候需要从它继承。
static classes	User, Math	该类只有静态函数,一般都是库函数
Structs	SEikControlInfo	c-struct

表 4.4　变量命名规范

种　类	例　子	描　述
枚举	EMonday, ETuesday	E 代表枚举
定量	KMaxFileName	K 代表定量
成员变量	iDevice, iX	i 代表成员变量
参数	aDevice, aX	a 代表参数
局部变量	device, x	局部变量没有固定的规范

3. 类型说明

(1)T 类。

① 大多数 T 类都比较简单不需要构造函数。即使需要,其功用也只是初始化成员数据。

② 对于 T 类来说,拷贝构造函数或是赋值操作都是很少见的,这是因为 T 类的拷贝很简

单,一般只是成员之间的互相拷贝,而这正好是由编译器自动生成的构造函数和赋值操作的功能。这些函数有时候是必须的——如果 T class 是一个模板类,则其模板参数是整数。如此的话,在一个 TX<32>和 TX<40>之间的拷贝或赋值需要更多工作,需要认真对一个拷贝或赋值操作来进行明确编码。

③ T 类没有析构函数,因为没有外部资源需要清除。

④ T 类可以在堆栈中安全释放,不需要调用析构函数,因为它没有外部资源需要额外处理。

⑤ T 类在作为函数参数时可以通过值或引用来进行传递。

⑥ 所有的内建类型都符合 T 类的标准,因此有 T 前缀,如 TInt。

(2)C 类。

大部分类都是 C 类,它们直接或间接从 CBase 类派生而来。从 CBase 类派生的类拥有如下的特性:

① 都是在堆上分配的,并且不是其他类的成员。

② 在 C 类对象的分配中,所有的数据成员都被初始化成 binary zero。

③ 通过指针或引用被传递,除非有明确意图,否则不需要一个明确的拷贝构造函数或赋值操作。

④ 都拥有很特别的构造函数,因为异常随时可能发生,所以都采用双重构造,一般的C++构造函数不适合有异常出现的情况,但是 ConstructL( )函数可以处理异常情况。

⑤有一个虚析构函数,用于实现标准的清除工作。

(3)R 类。

R 类对象拥有如下的特征:

① 真正的对象是一个 server 所拥有的,在不同的线程或地址空间里。

② 真正的对象处理对 client 而言是隐藏的。

③ 如果一个 R 类对象打开后就必须进行关闭(用 open 和 close 函数)。一般来说,如果负责打开对象的那个线程被中断了,那么和该对象联系在一起的资源就会被自动关闭。

④ 没有明确的构造、析构或拷贝构造函数以及赋值操作。

⑤ 没有一个统一的基类。

⑥ 初始化函数可能有不同的名字,如 Open( )、Create( )或 Allocate( )等。

⑦ 终止函数可能拥有不同的名字,如 Close( )、Destroy( )或 Free( )等。

⑧ 因为 R 类拥有外部资源,在清除时就有一些要求,这些要求根据不同的类有不同的处理方法。

(4)M 类。

M 类定义了抽象的协议或接口,其具体的实现由派生类来完成。M 类具有以下限制:

① 不可以包括任何数据成员。

② 不可以包括析构或构造函数,或者重载的操作符,如" = "等。

M 类是 Symbian OS 中唯一使用多重继承的方法。通常包括一系列定义抽象接口的纯虚函数。尽管有上面的限制,但有些 M 类可能提供成员函数的处理。

(5)算术类型。

在大多数机器里,int 是位字节,老的机器里可能是 16 位,新的机器则可能达到 64 位。在

Symbian OS 中,TInt 和 TUint 被定义为内建的 int 和无符号 int 类型,并且至少是 32 位。当需要具体数据大小时,可在下列几种类型中选用。

① TInt32/TUint32:32 位 signed 和 unsigned 整型。

② TInt8/TUint8/TText8:8-bit 的 signed 和 unsigned 整型,以及 8-bit character。

③ TInt16/TUint16/TText16:16-bit signed 和 unsigned 整型以及 16-bit character。

④ TTint64:64-bit unsigned integer。当 ARM 没有支持内建的 64-bit 运算时,TInt64 是使用 C++类的完成。

⑤ TReal/TReal64:双倍精度的浮点数,是常常使用的一般浮点数类型。ARM 架构并没有提供浮点的支持,应该尽量使用整形运算(例如,大多数 GUI 计算),只有当程序真的需要时,如电子表格程序,才使用浮点数类型。

⑥ TReal32:32-bit 浮点数,这个更小也更快,不过精度不是很高。

(6)复合类型。

```
Struct TEg
{
    Tint iTnt;  //offset 0, 4 bytes
    TText8 iText;  //offset 4, 1 byte
    //3 wasted bytes
    TReal iReal;  //offset 8, 8 bytes
}//total length=16 bytes
//都是以 4 bytes=32 bits 为一个单位的
```

通常需要一个指针,它可以指向包含任何可能内容的内存。在 C++中通常用 void * 指针来表示,但在 Symbian 平台中则采用 TAny * 来代替。

在 Symbian 中处理字符串的方法是 descriptors。

在参数中传递过多的数据是不可取的。事实上,任何超过 2 个机器字的数据都是不提倡的,因为这将引起过多的拷贝动作,而采用一个指针或引用来处理这些数据的地址要比传递数据本身强很多。

Symbian 平台中堆栈上的对象的生命周期与标准 C++中的非常相似,不过相应的控制有所不同,如下:

```
Void Fool()
{
    CS * s = new (ELeave) CS;  //allocate and check
    CleanupStack::PushL(s);  //push, just in case
    s->ConstructL(p1, p2);  //finish constructing - might leave
    s->UseL(p3, p4);  //use - might leave
    CleanupStack::PopAndDestroy();  //destruct, de-allocate
}
```

这个例子体现出以下四点:

① 所有的堆分配类都是以 C 开头的,它们都是从 CBase 继承而来。

② 使用了清除栈,以便在异常发生后,对象能被及时清除。

③ 任何可能引起异常的函数都以一个 L 作后缀。

④ 使用 new(ELeave)以防止分配空间时出现异常。

（7）Descriptors（描述符）。

由于手机系统的资源有别于 PC，为了更好地在内存受限的设备上处理内存缓冲，Symbian 提供了独特的描述符，用来存储和操作字符串以及管理二进制数据和其他串行化的复杂对象。

Symbian OS 的很多 API 调用的参数都是描述符，同时 Symbian 也为描述符提供了很多的操作函数。但是描述符本身就是一个内存块类，封装了数据及其长度。作为字符串处理类，它与标准 C++的以 '\0' 作为结束符的字符串有区别，即它没有结束符。描述符在处理字符串和二进制数据时又有所不同：首先，Symbian 使用 Unicode，所以字符串通常存储于 16 位描述符中，而二进制数据存储于 8 位描述符中（通常在底层通信中用的都是 8 位的描述符）；其次，如果描述符中包括二进制数据，则描述符的字符串操作方法不可用。

描述符主要有四类，但是文字常量通常也被当做描述符的一类，所以就有五类，以下是常见分类：

① 抽象类（Abstract）：（TDes、TDesC、Tdes8、TdesC8），是其他描述符的基类，仅提供接口和基本功能，不能被实例化，一般只用做函数的参数。

② 文字常量（Literal）：（TlitC、_LIT( )），用于存储文字字符串（literal string），即 C 中字符串常量，通常使用_LIT( )这种方式，而不提倡使用_L( )和_L8( )这两种描述方式。

③ 栈类（Buffer）：（Tbuf、TbufC、Tbuf8、TbufC8），数据存储于栈上，是最基本的描述符变量类型，其大小在编译时确定，包含描述符本身数据，使用最为普遍。

④ 堆类（Heap）：（HbufC、HbufC8），数据存储于堆上，其大小在运行时确定，也就是用来处理动态申请的描述符类。堆描述符类的使用与 C/C++中的动态内存相似。由于堆描述符没有构造函数，所以只能声明为指针类型，通过堆描述符类的内部静态函数 NewL 方法申请内存，具体方法如下：

HBufC * errorTitleCode = HBufC::NewLC(50);

HbufC * unUseCode = NULL;

⑤ 指针类（Pointer）：（TPtr、TPtrC、TPtr8、TPtrC8），本身不包含描述符数据，但是包含长度数据，而且还包含一个指针，指向位于描述符之外的数据。

从以上分类可知，描述符有 8 位和 16 位宽度之分，还有可修改和不可修改的区别，具体的差别从内存的角度出发，见表 4.5。

表 4.5 描述符类型说明

具体类型	类型(4b)	当前长度(28b)	最大长度(32b)	Buffer
TDesC8	—	Yes	无	无
TDesC	—	Yes	无	无
TDes8	—	Yes	Yes	无
TDes	—	Yes	Yes	无
TBufC8	0	Yes	无	ByteBuffer
TBufC	0	Yes	无	WordBuffer
TBuf8	3	Yes	Yes	ByteBuffer
TBuf	3	Yes	Yes	WordBuffer
TPtrC8	1	Yes	无	32 位指针

续表4.5

具体类型	类型(4b)	当前长度(28b)	最大长度(32b)	Buffer
TPtrC	1	Yes	无	32 位指针
TPtr8	2	Yes	Yes	32 位指针
TPtr	2	Yes	Yes	32 位指针
HBufC8	0	Yes	无	ByteBuffer
HBufC	0	Yes	无	WordBuffer

注:① 表中的 b 指 bit;

② 在实际操作中,定义的描述符长度和内存实际使用长度会出现不一致的问题,原因在于描述符也是按 4 字节进行边界对齐。

如表 4.5 所示的内存关系不太直观,将每个类用 UML 类图来表示更容易理解,UML 类图包括详尽的成员变量和成员函数,类的头文件在 e32des16. h 和 e32des8. h 中。例如,Symbian 官方网站公布的一张类简图,如图 4.10 所示。

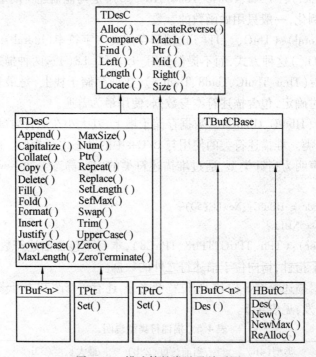

图 4.10 描述符的类继承关系图

下面具体介绍每一个描述类的使用。

① 文字描述符常量。

a. _ LIT( )可以生成一个常量名,以便以后重复使用,例如:

_ LIT(KMyFile, ″c:\System\Apps\MyApp\MyFile. jpg″);

_ LIT( )宏的结果(就是上面的 KMyFile)实际上是个文字描述符(literal descriptor)TLitC,可以在任何使用 TDesC& 的地方使用。需要注意的是已经不推荐使用 TLitC 了。

b. _ L( )可以生成一个指向字符值的地址(TPtrC),它经常被用于传递字符串到函数中,包括描述符的构造函数和格式化函数;类似地, _ L8( )可以生成一个指向二进制数据的地址

（TPtrC8）举例如下：

```
//常用的通知函数
NEikonEnvironment::MessageBox( _ L("Error: init file not found!"));
//数字转字符串
TBuf16<20> buf;//
TInt iNum = 20;
buf. Format( _ L( "% d") , iNum );
```

　　② 栈描述符。栈描述符声明时必须指定描述符的最大长度，否则无法声明和定义，举例如下：

　　【例 4.1】　构造。

```
// 直接从字符串中构造
_ LIT( Ktext, "TestText");
TBufC<10> Buf ( Ktext);
// 或从字符串赋值
TBufC<10> Buf2;
Buf2 = Ktext;
// 从已有的对象中生成新的 TBufC
TBufC<10> Buf3( Buf2);
```

　　TBufC<n>一般用于存储文本数据，而 TBufC8<n>则用来存储二进制数据。尽管这里的对象表示数据是不能被修改的，因为有个后缀 C 代表了常量的意思，但仍然有两种方式可以用来修改数据内容：可以用赋值的方式将数据替换掉，或者使用 Des( )函数构造出一个 TPtr 对象来修改数据。

　　【例 4.2】　修改数据。

```
_ LIT( Ktext , "Test Text");
_ LIT( Ktext1 , "Test1 Text");
_ LIT( KXtraText , "New:");
_ LIT( NewText , "New1");
_ LIT( NewText1 , "New2");
TBufC<10> Buf1 ( Ktext );//Buf1 长度为 9 内容 "Test Text"
TBufC<10> Buf2 ( Ktext1 );//Buf2 长度为 10 内容 "Test1 Text"

// 通过赋值的方式改变数据
Buf2 = Buf1; //Buf2 长度变为 9 内容 "Test Text"

//通过使用 Des( )生成指针改变 TBufC 的数据
TPtr Pointer = Buf1. Des( );
//删除后四个字符
Pointer. Delete( Pointer. Length( )-4 , 4 ); //Buf1 长度变为 5 内容 "Test "
                                       //但是内存应该没变
//增加新的数据
Pointer. Append( KXtraText );//Buf1 长度为 9 内容为 "Test New:"
```

```
//也可以使用下列方式改变数据
TBufC<10> Buf3(NewText);
Pointer. Copy(Buf3);//Buf1 长度为 4,内容为 New1
//或直接从字符串里获得数据
Pointer. Copy(NewText1);//Buf1 长度为 4,内容为 New2
```

以上介绍的是不可修改的栈描述符,而可修改的描述符则可以直接用 Copy、Delete 等方法轻易实现修改。但是,不管是可修改的还是不可修改的,最大的数据长度一旦指定就不能进行修改。可修改的只是数据内容,而数据内容修改的限制条件是不能超过声明或定义时的最大长度。

③ 堆描述符。堆描述符虽然都属于不可修改类型,但是它仍然具有构造和修改。与栈描述符不同的是:首先,对内存需要释放;其次,堆描述符没有最大长度的限制,任何时候都可以用 ReAlloc( )函数重新申请分配。具体见示例。

【例 4.3】 构造。

```
//有两种方式来生成一个 Heap Descriptor
//第一种方式用 New( ),NewL( ),或 NewLC( )
//如下操作便可以构建一个存放数据的空间,空间为 15,不过目前大小为 0
HBufC * Buf = HBufC::NewL(15);


//第二种方式是采用 Alloc( ),AllocL( )或 AllcLC( )来处理
//不过这是已经存在的数据的管理方式。新的 Heap Descriptor
//可以自动的根据这个内容来构造
_LIT(KText, "Test Text");
TBufC<10> CBuf = KText;
HBufC * Buf1 = CBuf. AllocL( );
CleanupStack::PushL(Buf1);
```

【例 4.4】 修改。

```
//下面是通过赋值方式改变其数据的方法
_LIT(KText1, "Text1");
* Buf1 = KText1;


// 通过可修改指针来改变数据的方式
TPtr Pointer = Buf1->Des( );
//添加数据
Pointer. Delete(Pointer. Length( ) - 2, 2);
//删除数据
_LIT(KNew, "New:");
Pointer. Append(KNew);
```

【例 4.5】 重新申请内存。

```
Buf1 = Buf1->ReAllocL(KText( ). Length( ) + KNew( ). Length( ));
CleanupStack::PushL(Buf1);
```

【例 4.6】 释放内存。

```
//直接用 delete
```

```
delete Buf;
Buf = NULL;
//如果在使用 NewL、ReAllocL 等异常函数后使用清除栈压入的话
//那么也可以用清除栈来释放内存
CleanupStack::PopAndDestroy();
Buf1 = NULL;
```

④ 指针描述符。关于指针描述符,在上面已经涉及了可修改的指针 TPtr,下面从 TPtrC 的构造开始介绍其使用。

【例 4.7】　用 TBuf 和 TBufC 构造出 TPtrC 对象。

```
_ LIT( KText , "Test Code");
TBufC<10> Buf ( KText );
//或者为 TBuf<10> Buf ( KText );
// Creation of TPtrC using Constructor
TPtrC Ptr ( Buf );
// Creation of TPtrC using Member Function
TPtrC Ptr1;
Ptr1. Set( Buf );
```

【例 4.8】　用 TText ∗ 构造 TPtrC。

```
const TText ∗ text = _ S("HelloWorld\n");
TPtrC ptr(text);
// 或者
TPtrC Ptr2;
Ptr2. Set(text);
//如果要存储 TText 的一部分数据,使用下列方法
TPtrC ptr4(text, 5);
```

【例 4.9】　从另一个 TPtrC 中构造 TPtrC。

```
const TText ∗ text1 = _ S("HelloWorld\n");
TPtrC Ptr3(text1);
// 从一个 TPtrC 中获得另一个 TPtrC
TPtrC p1(Ptr3);
// 或
TPtrC p2;
p2. Set(Ptr3);
```

以上是不可修改的 TPtrC 的构造,相对应地,也有可修改的 TPtr 的构造,不过下面的例子中省略了用 Set()函数的构造方法。

【例 4.10】　通过 TBufC,HBufC 的 Des()方法获取。

```
_ LIT( KText, "Test Data");
TBufC<10> NBuf ( KText );
TPtr Pointer = NBuf. Des();
```

【例 4.11】　通过指定内存区域和大小来生成。

```
const TText ∗ Text = _ S("Test Second");
TPtr Pointer1(( TText ∗ )Text, 11, 12);
```

【例 4.12】 通过另一个 TPtr 对象来生成。

TPtr Pointer2（Pointer）；

对于可修改的 TPtr 在前面已经用过,下面给出两个例子,着重说明指针修改的始终是它指向的描述符。

【例 4.13】 改变已有 TPtr 数据的方式:赋值和 Copy( )方法。

_ LIT(KText，"Test Data")；

_ LIT(K1，"Text1")；

_ LIT(K2，"Text2")；

TBufC<10> NBuf（KText）；//NBuf 内容为"Test Data"

TPtr Pointer = NBuf. Des( )；//Pointer 指向 NBuf 的内容

Pointer = K1；// NBuf 内容为"Text1"

Pointer. Copy(K2)；// NBuf 内容为"Text2"

【例 4.14】 直接通过修改长度改变数据内容。

Pointer. SetLength(2)；// NBuf 内容为"Te" 注:实际内存的内容应该没变

⑤ 抽象描述符。抽象描述符只用在函数的形参中。需要强调的是:若参数是不可修改的,用 const TDesC& 表示;若参数是可修改的,则用 TDesC& 表示。

4.5 其他操作系统

4.5.1 PalmOS 操作系统

PalmOS 能够为手持设备提供简单而强大的信息管理功能。此外,PalmOS 得到了许多开发商的支持,提供了各种各样的软件包和应用程序,并且还为企业提供了 PalmOS 与 Microsoft Exchange、Louts Notes、Sybase SQL、Oracle 等应用程序或数据库平台进行集成的解决方案。

PalmOS 支持 8 bit 彩色图形显示、系统管理、通信、输入输出、Internet 接入等应用程序接口和用户界面。PalmOS 采用模块化结构,具有丰富的 APIs 和库函数,开发者可以使用 C++、JAVA 和 BASIC 编写应用程序。基于 PalmOS 的移动终端可以利用手持设备标记语言(HDML)、WAP 协议中的 WML 等协议在无线互联网中进行信息浏览。

目前,PalmOS 运行于摩托罗拉的龙珠处理器芯片之上,不同版本的 PalmOS 可以使用的内存范围为 2~8 MB。这个操作系统针对 Palm 公司提供的参考硬件平台进行了紧密结合和优化,因此,不同厂家推出的 Palm 设备基本上没有差别;但是如果要在其他硬件平台上使用 PalmOS,就需要对 PalmOS 进行较大的修改。

虽然龙珠处理器可以支持高达 4 GB 的内存,PalmOS 仍然只支持 12 MB 以下的内存,而 PocketPC 则可以支持 32 MB 内存,甚至可以扩展到 128 MB。另外,PalmOS 不向开发者提供与多任务有关的 APIs。由于这些缺点的存在,使得它不利于编写像 Internet 和无线应用等可以在后台运行或需要更多内存的应用程序。

目前,使用 PalmOS 的手持设备主要是 Palm 系列的 PDA 产品。另外,日本京瓷公司最近展示了一款内置 8 MB 内存、配备 PalmOS 的手机。

4.5.2 BlackBerry 操作系统

目前,使用 BlackBerry 操作系统的手持设备是 Research In Motion(RIM)公司刚刚发布的一种 PDA 产品 BlackBerry 957。BlackBerry 957 与 Palm 掌上电脑的外观很相似,但体积更小,使用 32 位 Intel386 处理器。该产品具有无线互联网浏览、电子邮件收发、个人信息管理等功能,它的主要特点有:大屏幕,存储容量大,有微型键盘,可与 Lotus Notes 同步传递信息。RIM 的手持设备使用基于分组交换的短信息服务 SMS,为用户提供一直在线的无线网络连接。

BlackBerry 操作系统及其软件包集成了微软的 Outlook、Lotus Notes、Netscape 等流行的应用软件。此外,BlackBerry 的软件开发包还为开发者提供了完整的仿真工具和系统应用程序接口,其中包括文件系统、键盘、显示器、无线通信功能等 APIs。

BlackBerry 最大的特点就是"一直在线",利用短消息服务为用户提供 Web 浏览和电子邮件服务,并即将推出内置的 WAP 微浏览器。随着信息技术的不断发展,由第三方提供的 HTTP、FTP、TCP/IP 等 Internet 协议 APIs 也将渐渐得到采用。

4.5.3　MeeGo 操作系统

MeeGo 来源于诺基亚自己的 Maemo 和英特尔 Moblin 的两个项目。早在 2005 年,搭载 Maemo 的 Internet Tablet N770 就在欧洲上市了,当时 N770 的设计目标就是一个"有完整 Internet 体验"的手持设备——桌面级别的全功能浏览器,支持 Flash、RSS 读卡器、IM、互联网收音机等。

MeeGo 是一个基于 Linux 的计算设备软件平台。MeeGo 将全球两个强大的开源社区和应用生态系统 Moblin 和 Maemo 融合在一起。MeeGo 适用于各类计算设备——下一代智能移动终端、上网本、平板、电视、媒体电话以及车载信息娱乐系统等,MeeGo 支持 ARM 和 Atom 两种处理器。MeeGo 基于 Moblin 核心操作系统和相关用户体验而构建,并且融入了 MeeGo 的技术精华。

MeeGo 的第一个版本基于 Linux 桌面的 Gtk+库开发。在 Gtk+的基础上,MeeGo 重新封装了一些使用手持设备的 UI 空间库,称之为 Hildon 绝大多数标准 Gtk+程序只需要修改少量代码,通过交叉编译成 ARM 的二进制程序即可运行在 Maemo 上。

小　结

本章介绍了各种移动终端主流操作系统所具有的特点,进行了比较和分析,并对相应的移动开发平台进行了详细介绍。

习　题

1. 简述 Android 的特点及架构。
2. 简述 IOS 的特点和架构。
3. 简述你对 Symbian OS 的理解。
4. 结合所查找的资料,举出一些比较流行的 UI 和 SDK 各有什么特点。
5. 本章中介绍了 Symbian OS 的概念和相关知识,试将其与占市场份额较大的几种移动操作系统平台进行比较,总结它们的优劣。
6. 试将本章中几种移动操作系统平台进行比较与总结。

第5章

Android 编程

这一章将重点介绍 Android 移动开发平台程序设计的基础知识,主要介绍平台的体系结构、开发环境配置、应用程序开发流程、Android 中基本控件的应用开发方法,并详细介绍了文件存储、多媒体、数据库、图形图像、Socket、地图等领域开发的基本步骤与方法,以及详细的开发实例等。

5.1 Android 简介

Android 是 Google 公司主导开发的基于 Linux 开源智能移动终端操作系统,Android 开发环境是用来设计应用于移动设备的系统和软件,开发语言可以使用 Java 也可以使用 C/C++语言,前者 Android 开发称作 JDK(Java Development Kit)开发,后者开发称之为 NDK(Native Development Kit)开发。因此 Android 本身就是 C、C-Java 和 Java 的混合体。因为 Android 相关开发工具的跨平台特性,Android 开发环境可以搭建在目前主流系统(Mac、Windows、Linux)的任何一种上,Android 系统架构如图 5.1 所示。

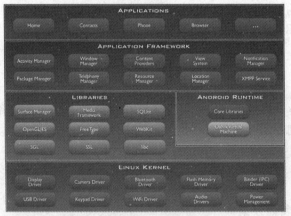

图 5.1　Android 架构图

5.1.1　Android 开发工具介绍

1. Java Development Kit(JDK)

Java Development(JDK)是用于开发、编译和测试,使用 Java 语言编写的应用程序、applet 和组件,JDK 包含以下几个部分:

（1）开发工具——指实用程序，可帮助用户开发、执行、调试和保存以 Java 编程语言编写的程序。

（2）运行时环境——由 JDK 使用的 Java Runtime Environment（JRE）的实现。JRE 包括 Java 虚拟机（JVM）、类库以及其他支持执行以 Java 编程语言编写的程序的文件。

（3）附加库——开发工具所需的其他类库和支持文件。

（4）演示 applet 和应用程序——Java 平台的编程示例源码。

（5）样例代码——某些 Java API 的编程样例源码。

（6）C 头文件——支持使用 Java 本机界面、JVM 工具界面以及 JavaTM 平台的其他功能进行本机代码编程的头文件。

（7）源代码——组成 Java 核心 API 的所有类的 Java 源文件。

2. Eclipse

Eclipse 最初是由 IBM 开发的跨平台集成开发环境（IDE），后来贡献给 Apache 开源软件基金会。最初主要用于 Java 语言开发，目前可通过 C++、Python、PHP 等语言插件支持对应语言开发，Eclipse 看起来更像一个框架，更多工作都是交给插件或上文的 JDK 来完成，模块化的设计，让 Eclipse 的定位更清晰，Eclipse 集成开发环境如图 5.2 所示。

3. Android Development Tools(ADT)

Android 开发工具（ADT），作为 Eclipse 工具插件，使其支持 Android 快速入门和便捷开发，ADT 包括 Android Dalvik Debug Moniter Server(Android DDMS)，DDMS 可以提供调试设备时为设备截屏，查看线程及内存信息、Logcat、广播信息、模拟呼叫、接收短消息、文件查看器等功能。

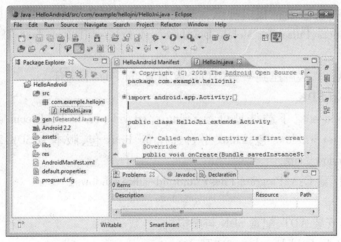

图 5.2　Eclipse 集成开发环境

4. Android Software Development Kit(SDK)

一般提到 SDK 就会涉及到 API 接口库、帮助文档和示例源码，Android SDK 也不例外，它为开发者提供相关封装 API 接口库文件、文档资源及一些工具包集合。

5. Android Native Development Kit(NDK)

Android Native Development Kit(NDK)是 Android 原生开发套件，Android 平台基于 Linux 内核，所以语言原生就是指 C、C++语言，这对于很多喜欢 C/C++的程序员来说或许是个好消息,使用 NDK 一样可以进行 Android 开发。由于 NDK 开发编译需要 GCC 编译环境,如果是 windows 环境,还应该安装 Cygwin 模拟环境,NDK 包含的内容有:

(1)用于创建基于 C/C++源文件的原生代码库。

(2)提供一种将原生库集成到应用程序包,并部署到 Android 设备的方法。

(3)一系列未来 Android 平台均会支持的原生系统头文件和库文件。

(4)文档、示例和教程。

5.1.2 Android 开发环境配置

1. 安装 JDK(Java Development Kit)

(1)安装 JDK 版本 1.6/1.7 均可"

(2)下载地址可参考 http://www. oracle. com/technetwork/java/javase/downloads/index. html。打开该页面后,关于 Java 软件版本较多,选择所需版本的 JDK,点击后进入下载页面,注意选择对应版本链接(本文选择 Windows 环境包,类似 jdk-6u22-windows-i586. exe)。

(3)下载后,默认路径安装。

(4)设置好环境变量后,单击"开始"→"运行"→输入:cmd 命令,在 CMD 窗口中输入:javac,看是否有帮助信息输出。

(5)上一步如果该命令未执行成功,可能是 PATH 路径问题,可在"系统属性"→环境变量"的 PATH 里增加如:;C:\Program Files\Java\\jdk1.6.0_22\bin 后再次尝试。

2. 安装 Eclipse

(1)下载地址可参考 http://www. eclipse. org/downloads/Eclipse。由于设计架构的开放性,丰富的插件支持,已经支持很多种语言开发。本书将要使用 Java 开发,所以选择 Eclipse IDE for Java Developers、Pulsar for Mobile Developers 或 Eclipse IDE for Java EE Developers 都可以。

(2)下载完成后,直接解压到 C 盘根目录或 Program Files 目录下。

3. 安装 Android SDK

(1)下载 android sdk,下载地址可参考 http://developer. android. com/sdk/ index. html,Windows 平台选择 for windows 包,Linux 平台选择 for linux 包,版本为 SDK 2.1,压缩包类似 android-sdk_r9-windows. zip。

(2)下载后解压到 C:\\Program Files\\android-sdk-windows。

4. 配置环境

配置环境涉及安装 ADT、配置 SDK 与虚拟机。

(1)安装 ADT(Android Development Tools)。

①启动 Eclipse 后,选择菜单 Help->Install New Software,如图 5.3 所示。

②在弹出窗口中,点击 Add 按钮,Name 随意填写(比如 Android),Location 一栏填写 ADT plus-in 网址(http://dl-ssl. google. com/android/eclipse/),点击 OK。

③等待在线更新可用列表,然后在列表框 Developer Tools 中选择并安装 Android DDMS (Android Dalvik Debug Moniter Server)和 Android Development Tools(ADT)。

④选择 Next 后,接受安装协议,点击 Finish,并等待安装完成。

⑤完成后会提示重启 Eclipse(点击 Restart Now)。

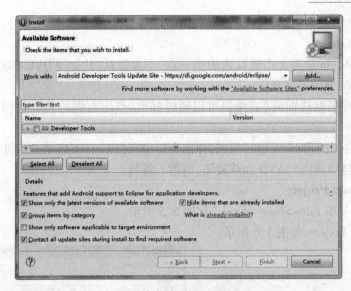

图 5.3　ADT 配置环境图

（2）配置 SDK。

①点击 Eclipse 菜单，Windows→Preferences，然后点击左侧的 Android 设置项。

②在右侧的 SDK Location 里填入上文解压的 SDK 目录 C：\\Program Files\\android-sdk-windows，点击确定（或在 SDK Location 上单击"Browse…"，选择刚才解压完的 Android SDK 文件夹所在目录）。

③点击菜单 Window->Android SDK and AVD Manager，如图 5.4 所示。

④在弹出窗口中，点击 Update All 按钮（或点击左侧的 Available package），会弹出可选的程序包版本。

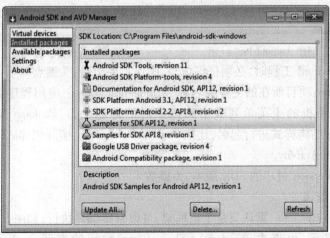

图 5.4　程序包选择图

（3）配置虚拟机。

①点击菜单 Window→Android SDK and AVD Manager。

②点击左侧的 Virtual Devices，新建 AVD（Android Virtual Devices ，Android 虚拟设备）。

③点击"New…"按钮，弹出"Create new Android Virtual Device（AVD）"对话框。

④在 Name 中输入 Android-AVD,Target 中选择(这个 API 版本要选对,跟上文对应):Android 2.2-API Level 8。

⑤Skin 里 Build-in 屏幕大小建议选的小一点,不要默认,比如 WQVGA400,否则太大了,笔记本可能会满屏,导致不好操作。

⑥其他选项按照默认即可(后续仍可以随时修改,点击右侧的 Edit 按钮),点击"Create AVD"按钮即可。

⑦可以点击右侧的 Start... 进行测试,弹出窗口中点击 Launch 启动虚拟机(后续运行是使用 eclipse 里设置自动调用),AVD 加载较慢,请耐心等待。

5. 创建 Android Project

点击 Eclipse 菜单 File->New->Other,如图 5.5 所示。

选择 Android Project,如图 5.6 所示。

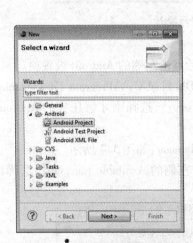
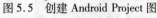

图 5.5　创建 Android Project 图　　　　图 5.6　选择工程图

图 5.6 创建 Android 工程时,必须仔细填写,确保不要出错,关键点如下:

(1)Project name:项目所在的文件夹名称,Application Name:应用程序名(如果是放在主菜单下,会显示在手机的主菜单列表中和选中时的标题上),Package Name 要最好按照 Android 上程序目录结构样式进行起名,比如 com. android. hello,实际创建效果如图 5.7 所示。

(2)勾选 Create Activity。

(3)Min SDK Version 最小的 SDK 版本,为整数。

6. 编写程序并编译

实际上创建完成的工程,默认只是个空框架,可以直接编译执行,如图 5.7 所示。

工程的视图显示,可点击 Window->Show View,常用的有两个:Navigator 和 Package Explorer(参照 Package 组织方式显示)。

7. AVD 虚拟机测试

(1)点击工具栏中的 Run As... 运行箭头按钮,弹出对话框,如图 5.8 所示。如果已经创建过一个 AVD 设备,那么这里直接双击 Android Application 运行,Eclipse 会自动创建一个 Andriod 运行配置。

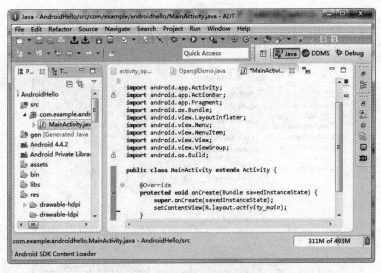

图 5.7　编写并编译程序图

图 5.8　运行配置图

当然按照标准操作步骤,建议先点击 Run As 右侧的向下箭头,打开配置窗口,进行手动配置,如图 5.9,5.10 所示。

第一次执行配置,可双击左侧 Android Application 项,会自动创建一个配置,然后进行手动配置,配置内容包括:

(1)Android 选项卡里选择对应的工程。

(2)Target 选项卡里设置将要下载运行目标,默认就是使用上文创建的 android-AVD。

(2)运行结果如图 5.11。

图 5.9　配置窗口图

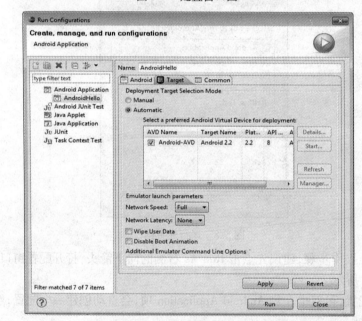

图 5.10　选择配置项

图 5.11　虚拟机界面

拉开左侧的解锁条,运行效果见图 5.12。

Android 开发时可以先使用模拟器进行模拟仿真,程序开发调试成熟时再下载到真机进行测试。

图 5.12　欢迎界面

5.2　Android 编程基础知识

5.2.1　项目文件系统分析

如上文建立一个新的 Android 项目后,会自动生成一系列文件和文件夹。下面介绍项目中的文件系统结构及功能(图 5.13)。

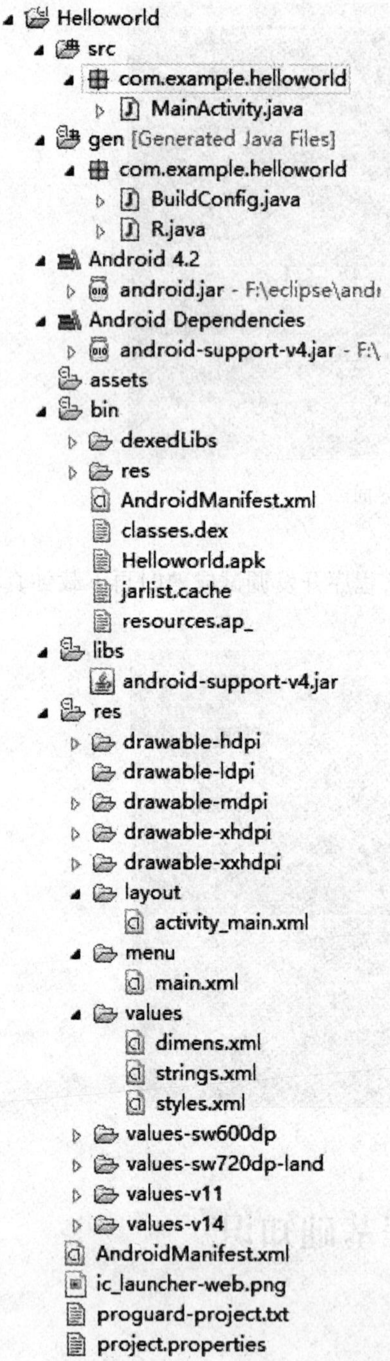

Helloworld
  src
    com.example.helloworld
      MainActivity.java
  gen [Generated Java Files]
    com.example.helloworld
      BuildConfig.java
      R.java
  Android 4.2
    android.jar - F:\eclipse\andr
  Android Dependencies
    android-support-v4.jar - F:\
  assets
  bin
    dexedLibs
    res
    AndroidManifest.xml
    classes.dex
    Helloworld.apk
    jarlist.cache
    resources.ap_
  libs
    android-support-v4.jar
  res
    drawable-hdpi
    drawable-ldpi
    drawable-mdpi
    drawable-xhdpi
    drawable-xxhdpi
    layout
      activity_main.xml
    menu
      main.xml
    values
      dimens.xml
      strings.xml
      styles.xml
    values-sw600dp
    values-sw720dp-land
    values-v11
    values-v14
  AndroidManifest.xml
  ic_launcher-web.png
  proguard-project.txt
  project.properties

src 文件夹:源代码文件夹。

MainActivity. java——主程序;还可以存放其他程序类。

gen 文件夹:系统自动生成的代码文件夹。

BuildConfig. java:项目配置文件。

R. java:项目公共数据存放文件。

Android 4.2:项目使用的 Android 系统类库。

android. jar:Android 系统类库文件。

Android Dependencies:环境支持库。

bin:最终生成的应用程序文件夹。

libs:库文件夹。

android-support-v4. jar:Android 环境支持库文件

res:项目资源文件夹。

res/layout:最重要的布局配置。

Activity_main. xml:程序主布局配置文件。

res/menu:菜单布局文件。

main. xml:菜单布局。

res/values:常数文件。

dimens. xml:对齐方式配置。

strings. xml:字符串。

styles. xml:外观样式。AndroidMainfest. xml——项目设置文件,里面包含应用程序中 Activity、Service 或者 Receiver 设置等。

图 5.13　Android 项目文件系统结构及功能

5.2.2　重要代码分析

1. MainActivity. java—— 项目主程序类

```
package com. example. helloworld;
import android. os. Bundle;
```

```
import android. app. Activity;
import android. view. Menu;

public class MainActivity extends Activity {
  @ Override
  protected void onCreate( Bundle savedInstanceState) {
    super. onCreate( savedInstanceState);
    setContentView( R. layout. activity_main);
  }

  @ Override
  public boolean onCreateOptionsMenu( Menu menu) {
  // Inflate the menu; this adds items to the action bar if it is present.
    getMenuInflater( ). inflate( R. menu. main, menu);
    return true;
  }
}
```

主程序类 MainActivity（主活动程序类）,派生自 Activity 类。主要用来设置当前程序的活动界面,该类重写了两个方法:

（1）onCreate（Bundle savedInstanceState）:初始化 Activity,其中通过调用 setContentView 方法来读取资源文件夹中设置好的 UI 布局;

（2）onCreateOptionsMenu（Menu menu）:此方法用于初始化菜单,其中 menu 参数就是即将要显示的 Menu 实例。

2. AndroidMainfest. xml——— 项目配置文件

```
<? xml version = "1. 0"encoding = "utf-8"? >
<manifest xmlns:android = "http://schemas. android. com/apk/res/android"
    package = "com. example. helloworld"
    android:versionCode = "1"
    android:versionName = "1. 0">
      <uses-sdk
        android:minSdkVersion = "8"
        android:targetSdkVersion = "17"/>
    <application
      android:allowBackup = "true"
      android:icon = "@ drawable/ic_launcher"
      android:label = "@ string/app_name"
      android:theme = "@ style/AppTheme">
      <activity
        android:name = "com. example. helloworld. MainActivity"
        android:label = "@ string/app_name">
        <intent-filter>
          <action android:name = "android. intent. action. MAIN"/>
```

```
            <category android:name="android.intent.category.LAUNCHER"/>
        </intent-filter>
    </activity>
</application>
```

```
</manifest>
```

项目配置文件在 application 节中,指定当前程序包含哪些 Activity、Service 或 Receiver。android.intent.category.LAUNCHER 指定了项目的启动 Activity。

5.2.3 Activity 介绍

Android 中一个应用程序(application)对应一个独立进程(process),其中可以包含多个 Activity,其中每一个可见的界面都是一个 Activity,一个 Activity 可以看作一个显示的页面,是应用程序和用户交互的接口,也是放置控件的容器。创建一个 Activity 需要注意以下几个步骤:

(1)需要继承 Activity 类。

(2)需要重写 onCreate()方法。当此 Activity 第一次创建的时候会调用该方法。

(3)每一个 Activity 类都需要在 androidManifest.xml 中配置。

(4)为 Activity 添加必要的组件。

Activity 在整个生命周期(entire lifetime)中可以分为三个周期:初始生命周期、可视生命周期和前端生命周期。

1. 初始生命周期

初始生命周期开始于 onCreate(),结束于 onDestroy(),直到执行过 onDestroy()之后,才会真正关闭,释放所有资源;

2. 可视生命周期

这个过程虽然叫"visible lifetime",并不代表一直能被看到。从 onStart()开始,到 onStop()结束。尽管在这个过程中可能并未获取前端焦点(in the foreground)和用户交互(interacting with the user);但在这两方法间可以使用 Activity 显示所需资源。这个过程可以重复多次。

3. 前端生命周期

这个过程是可见的并可以和用户交互,在所有其他 Activities 之前。从 onResume()开始,到 onPause()结束。这个过程也是可以重复多次,相互转换(请参看图 5.14),在整个生命周期中,Activity 通过响应下列 6 个事件切换状态。

(1) onCreate():第一次被创建时调用该方法。

(2) onStart():当此 Activity 能被用户看到时调用。

(3) onResume():当此 Activity 能获得用户的焦点时调用。

(4) onPause():当此 Activity 失去用户的焦点时调用。

(5) onStop():当用户看不见此 Activity 时调用。

(6) onDestroy():Activity 被销毁掉。通常两种情况下会调用该方法:调用 finish()方法和当系统资源不足时。

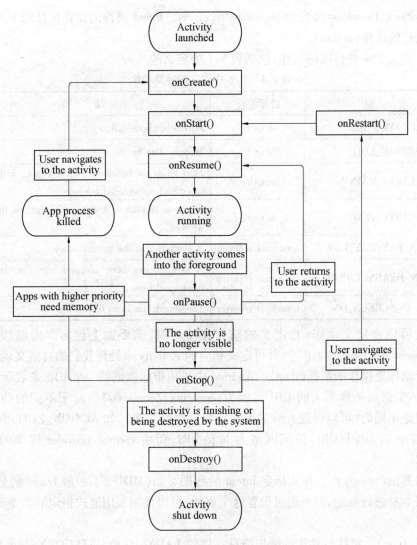

图 5.14　Activity 的生命周期

5.2.4　Intent 介绍

　　Android 系统中提供了 Intent 机制来协助应用间的交互与通信，Intent 负责对应用程序中一次操作的动作、附加数据进行描述，根据此 Intent 的描述，负责找到对应的组件，将 Intent 传递给调用的组件，并完成组件的调用。Intent 不仅可用于应用程序之间，也可用于应用程序内部的 Activity/Service 之间的交互。因此，Intent 在这里起着一个媒体中介的作用，专门提供组件互相调用的相关信息，实现调用者与被调用者之间的联系。在 SDK 中给出了 Intent 作用的表现形式：

　　（1）通过 Context. startActivity() orActivity. startActivityForResult() 启动一个 Activity；

　　（2）通过 Context. startService() 启动一个服务，或者通过 Context. bindService() 和后台服务交互；

　　（3）通过广播方法，比如 Context. sendBroadcast()，Context. sendOrderedBroadcast()，

Context.sendStickyBroadcast( )发给 broadcast receivers。Intent 属性的设置包括以下几种：

①要执行的动作(action)。

SDK 中定义了一些标准的动作,包括表 5.1 中定义的几种。

表 5.1　SDK 中定义的标准动作

常　量	目标组件	动　作
ACTION_CALL	activity	Initiate a phone call.
ACTION_EDIT	activity	Display data for the user to edit.
ACTION_MAIN	activity	Start up as the initial activity of a task, with no data input and no returned output.
ACTION_SYNC	activity	Synchronize data on a server with data on the mobile device.
ACTION_BATTERY_LOW	broadcast receiver	A warning that the battery is low.
ACTION_HEADSET_PLUG	broadcast receiver	A headset has been plugged into the device, or unplugged from it.
ACTION_SCREEN_ON	broadcast receiver	The screen has been turned on.

当然也可以自定义动作(自定义的动作在使用时,需要加上包名作为前缀,如"com. example. project. SHOW_COLOR"),并可定义相应的 Activity 来处理我们的自定义动作。

②执行动作要操作的数据(data)。Android 中采用指向数据的一个 URI 来表示,如在联系人应用中,一个指向某联系人的 URI 可能为:content://contacts/1。对于不同的动作,其 URI 数据的类型是不同的(可以设置 type 属性指定特定类型数据),如 ACTION_EDIT 指定 Data 为文件 URI,打电话为 tel：URI,访问网络为 http：URI,而由 content provider 提供的数据则为 content：URI。

③数据类型(category)。显式指定 Intent 的数据类型(MIME)。一般 Intent 的数据类型能够根据数据本身进行判定,但是通过设置这个属性,可以强制采用显式指定的类型而不再进行推导。

④类别(type)。被执行动作的附加信息。例如 LAUNCHER_CATEGORY 表示 Intent 的接受者应该在 Launcher 中作为顶级应用出现;而 ALTERNATIVE_CATEGORY 表示当前的 Intent 是一系列的可选动作中的一个,这些动作可以在同一块数据上执行。当然还有很多如表 5.2 所示:

表 5.2　类别(category)的定义

常　量	意　义
CATEGORY_BROWSABLE	The target activity can be safely invoked by the browser to display data referenced by a link — for example, an image or an e-mail message.
CATEGORY_GADGET	The activity can be embedded inside of another activity that hosts gadgets.
CATEGORY_HOME	The activity displays the home screen, the first screen the user sees when the device is turned on or when the HOME key is pressed.
CATEGORY_LAUNCHER	The activity can be the initial activity of a task and is listed in the top-level application launcher.
CATEGORY_PREFERENCE	The target activity is a preference panel.

（5）组件（component）。

指定 Intent 的目标组件的类名称。通常 Android 会根据 Intent 中包含的其他属性信息,比如 action,data/type,category 进行查找,最终找到一个与之匹配的目标组件。但是如果 component 这个属性已经指定的话,将直接使用它指定的组件,而不再执行上述查找过程。指定了这个属性以后,Intent 的其他所有属性都是可选的。

（6）附加信息。

附加信息是其他所有附加信息的集合。使用附加信息（extras）可以为组件提供扩展信息,比如,要执行"发送电子邮件"这个动作,可以将电子邮件的标题、正文等保存在 extras 里,传给电子邮件发送组件。理解 Intent 的关键之一是理解清楚 Intent 的两种基本用法:一种是显式的 Intent,即在构造 Intent 对象时就指定接收者;另一种是隐式的 Intent,即 Intent 的发送者在构造 Intent 对象时,并不知道也不关心接收者是谁,有利于降低发送者和接收者之间的耦合。对于显式 Intent,Android 不需要去做解析,因为目标组件已经很明确,Android 需要解析的是那些隐式 Intent。通过解析,将 Intent 映射给可以处理此 Intent 的 Activity,IntentReceiver 或 Service。

Intent 解析机制主要是通过查找已注册在 AndroidManifest. xml 中的所有 IntentFilter 及其中定义的 Intent,最终找到匹配的 Intent。在这个解析过程中,Android 是通过 Intent 的 action,type,category 这三个属性来进行判断的。

5.2.5 Android 布局介绍

Android 的界面是由布局和组件协同完成的,布局好比是建筑里的框架,而组件则相当于建筑里的砖瓦。组件按照布局的要求依次排列,就组成了用户所看见的界面。Android 的五大布局分别是 LinearLayout（线性布局）、FrameLayout（单帧布局）、RelativeLayout（相对布局）、AbsoluteLayout（绝对布局）和 TableLayout（表格布局）。

1. LinearLayout 布局

LinearLayout 按照垂直或者水平的顺序依次排列子元素,每一个子元素都位于前一个元素之后。如果是垂直排列,那么将是一个 N 行单列的结构,每一行只会有一个元素,而不论这个元素的宽度为多少;如果是水平排列,那么将是一个单行 N 列的结构。如果搭建两行两列的结构,通常的方式是先垂直排列两个元素,每一个元素里再包含一个 LinearLayout 进行水平排列。

LinearLayout 中的子元素属性 android:layout_weight 用于描述该子元素在剩余空间中占有的大小比例。如果一行只有一个文本框,那么它的默认值就为 0,如果一行中有两个等长的文本框,那么他们的 android:layout_weight 值可以是同为1。如果一行中有两个不等长的文本框,那么他们的 android:layout_weight 值分别为 1 和 2,即第一个文本框将占据剩余空间的三分之二,第二个文本框将占据剩余空间中的三分之一。android:layout_weight 遵循数值越小,重要度越高的原则。显示效果如图 5.15 所示。

代码如下:

```
<? xml version="1.0"encoding="utf-8"? >
<LinearLayout xmlns:android="http://schemas. android. com/apk/res/android"android:orientation="vertical"
android:layout_width="fill_parent"android:layout_height="fill_parent"android:background="#000000">
  <TextView   android:layout_width="fill_parent"android:layout_height="wrap_content"android:background="#
```

000000″android：text＝″Hello World！″android：textColor＝″#ffffff″/>

　　＜LinearLayout android：orientation＝″horizontal″android：layout_width＝″fill_parent″android：layout_height＝″fill_parent″>

　　＜TextView　android：layout_width＝″fill_parent″android：layout_height＝″wrap_content″android：background＝″#ff654321″android：layout_weight＝″1″android：text＝″1″/>

　　＜TextView　android：layout_width＝″fill_parent″android：layout_height＝″wrap_content″android：background＝″#fffedcba″android：layout_weight＝″2″　android：text＝″2″/>

　　＜/LinearLayout>

　　＜/LinearLayout>

2. FrameLayout 布局

　　FrameLayout 是五大布局中最简单的一个布局，在这个布局中，整个界面被当成一块空白备用区域，所有的子元素都不能被指定放置的位置，它们统统放于这块区域的左上角，并且后面的子元素直接覆盖在前面的子元素之上，将前面的子元素部分和全部遮挡。效果如图 5.16 所示，第一个 TextView 被第二个 TextView 完全遮挡，第三个 TextView 部分遮挡了第二个 TextView。

图 5.15　LinearLayout 效果　　　　图 5.16　FrameLayout 效果

代码如下：

＜？ xml version＝″1.0″encoding＝″utf-8″？ >

＜FrameLayout xmlns：android＝″http://schemas. android. com/apk/res/android″android：orientation＝″vertical″android：layout_width＝″fill_parent″android：layout_height＝″fill_parent″>

　　＜TextView android：layout_width＝″fill_parent″android：layout_height＝″fill_parent″android：background＝″#ff000000″android：gravity＝″center″android：text＝″1″/>

　　＜TextView android：layout_width＝″fill_parent″android：layout_height＝″fill_parent″android：background＝″#ff654321″android：gravity＝″center″android：text＝″2″/>

　　＜TextView　android：layout_width＝″50dp″android：layout_height＝″50dp″android：background＝″#fffedcba″android：gravity＝″center″android：text＝″3″/>

＜/FrameLayout>

3. AbsoluteLayout 布局

　　AbsoluteLayout 是绝对位置布局。在此布局中的子元素的 android：layout_x 和 android：

layout_y 属性将用于描述该子元素的坐标位置。屏幕左上角为坐标原点(0,0),第一个 0 代表横坐标,向右移动此值增大,第二个 0 代表纵坐标,向下移动,此值增大。在此布局中的子元素可以相互重叠。在实际开发中,通常不采用此布局格式,因为它的界面代码过于死板,有可能不能很好的适应各种终端。显示效果如图 5.17 所示。

代码如下:

```
<? xml version = "1.0"encoding = "utf-8"? >
< AbsoluteLayout xmlns: android = " http://schemas. android. com/apk/res/android" android: orientation = "vertical"android: layout_width = "fill_parent"android: layout_height = "fill_parent"android: background = "#000000">
<TextView android: layout_width = "50dp"android: layout_height = "50dp"android: background = "#ffffffff"android: gravity = "center"android: layout_x = "50dp"android: layout_y = "50dp"android: text = "1"/>
<TextView android: layout_width = "50dp"android: layout_height = "50dp"android: background = "#ff654321"android: gravity = "center"android: layout_x = "25dp"android: layout_y = "25dp"android: text = "2"/>
<TextView android: layout_width = "50dp"android: layout_height = "50dp"android: background = "#fffedcba"android: gravity = "center"android: layout_x = "125dp"android: layout_y = "125dp"android: text = "3"/>
</AbsoluteLayout>
```

4. RelativeLayout 布局

RelativeLayout 按照各子元素之间的位置关系完成布局。在此布局中的子元素里与位置相关的属性将生效。例如 android:layout_below, android:layout_above 等。子元素就通过这些属性和各自的 ID 配合指定位置关系。注意在指定位置关系时,引用的 ID 必须在引用之前被定义,否则将出现异常。

RelativeLayout 里常用的位置属性如下:

android:layout_toLeftOf—— 该组件位于引用组件的左方。

android:layout_toRightOf—— 该组件位于引用组件的右方。

android:layout_above—— 该组件位于引用组件的上方。

android:layout_below—— 该组件位于引用组件的下方。

android:layout_alignParentLeft—— 该组件是否对齐其父组件的左端。

android:layout_alignParentRight—— 该组件是否对齐其父组件的右端。

android:layout_alignParentTop—— 该组件是否对齐父组件的顶部。

android:layout_alignParentBottom—— 该组件是否对齐父组件的底部。

RelativeLayout 是 Android 五大布局结构中最灵活的一种布局结构,比较适合一些复杂界面的布局。下面示例展示:第一个文本框与父组件的底部对齐,第二个文本框位于第一个文本框的上方,并且第三个文本框位于第二个文本框的左方。显示效果如图 5.18 所示。

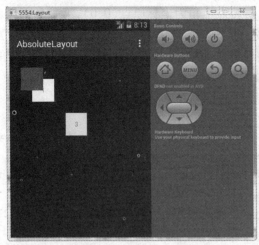

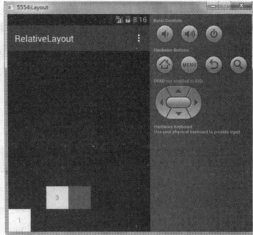

图 5.17　AbsoluteLayout 效果　　　　　　　　　图 5.18　RelativeLayout 效果图

代码如下：

```
<? xml version="1.0"encoding="utf-8"? >
<RelativeLayout xmlns:android="http://schemas. android. com/apk/res/android"android:orientation="vertical"
android:layout_width="fill_parent"android:layout_height="fill_parent"android:background="#000000">
    <TextView android:id="@ +id/text_01"android:layout_width="50dp"android:layout_height="50dp"android:
background="#ffffffff"android:gravity="center"android:layout_alignParentBottom="true"android:text="1"/>
    <TextView android:id="@ +id/text_02"android:layout_width="50dp"android:layout_height="50dp"android:
background=" # ff654321" android: gravity =" center" android: layout _ above =" @ id/text _ 01" android: layout _
centerHorizontal="true"android:text="2"/>
    <TextView android:id="@ +id/text_03"android:layout_width="50dp"android:layout_height="50dp"android:
background="#fffedcba"android:gravity="center"android:layout_toLeftOf="@ id/text_02"android:layout_above="@
id/text_01"android:text="3"/>
</RelativeLayout>
```

5. TableLayout 布局

TableLayout 布局指的是表格布局,适用于 N 行 N 列的布局格式。一个 TableLayout 由许多 TableRow 组成,一个 TableRow 就代表 TableLayout 中的一行。TableRow 是 LinearLayout 的子类,它的 android:orientation 属性值恒为 horizontal,并且它的 android:layout_width 和 android:layout_height 属性值恒为 MATCH_PARENT 和 WRAP_CONTENT。所以它的子元素都是横向排列,并且宽高一致的。这样的设计使得每个 TableRow 里的子元素都相当于表格中的单元格一样。在 TableRow 中,单元格可以为空,但是不能跨列。

图 5.19 示例演示了一个 TableLayout 的布局结构,其中第二行只有两个单元格,而其余行都是

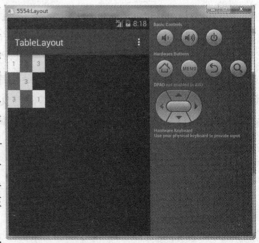

图 5.19　TableLayout 效果

三个单元格。

　代码如下：

```
<? xml version = "1.0" encoding = "utf-8"? >
<TableLayout xmlns:android = "http://schemas.android.com/apk/res/android" android:orientation = "vertical"
android:layout_width = "fill_parent" android:layout_height = "fill_parent" android:background = "#000000">
<TableRow android:layout_width = "fill_parent" android:layout_height = "wrap_content">
<TextView    android:background = "#ffffffff" android:gravity = "center" android:padding = "10dp" android:text = "1"/
>
<TextView android:background = "#ff654321" android:gravity = "center" android:padding = "10dp" android:text = "
2"/>
<TextView    android:background = "#fffedcba" android:gravity = "center" android:padding = "10dp" android:text = "
3"/>
</TableRow>
<TableRow android:layout_width = "fill_parent" android:layout_height = "wrap_content">
<TextView    android:background = "#ff654321" android:gravity = "center" android:padding = "10dp" android:text = "
2"/>
<TextView android:background = "#fffedcba" android:gravity = "center" android:padding = "10dp" android:text = "
3"/>
</TableRow>
<TableRow android:layout_width = "fill_parent" android:layout_height = "wrap_content">
<TextView android:background = "#fffedcba" android:gravity = "center" android:padding = "10dp" android:text = "
3"/>
<TextView    android:background = "#ff654321" android:gravity = "center" android:padding = "10dp" android:text = "
2"/>
<TextView    android:background = "#ffffffff" android:gravity = "center" android:padding = "10dp" android:text = "1"/
>
</TableRow>
</TableLayout>
```

5.3　Android 基本控件编程

Android 提供的所有基本控件，像 Button，TextView，EditText 等都存放于 widget 包中，因此可以说基本控件都是 Android 中的 widget，下面开始介绍 Android 中基本控件的结构与开发方法。

5.3.1　控件介绍

1. 控件类扩展结构

在 Android 中，android.view.View 类(视图类)是最基本的 UI 构造单元。一个视图占据屏幕上的一个方形区域，并且负责绘制和事件处理。View 有众多的子类，它们大部分位于 android.widget 包中，这些子类实际上就是 Android 系统中的"控件"。View 就是各个控件的基类，是创建交互式的图形用户界面的基础。View 的直接子类包括按钮(Button)、文本视图

（TextView）、图像视图（ImageView）、进度条（ProgressBar）等。Android 中控件类的扩展结构如图 5.20 所示。

每个控件除了继承基类功能之外，一般还具有自己的公有方法、保护方法、XML 属性等。在 Android 中使用各种控件的一般情况是在布局文件中可以实现 UI 的外观，然后在 Java 文件中实现对各种控件的控制动作。控件类的名称也是它们在布局文件 XML 中使用的标签名称。

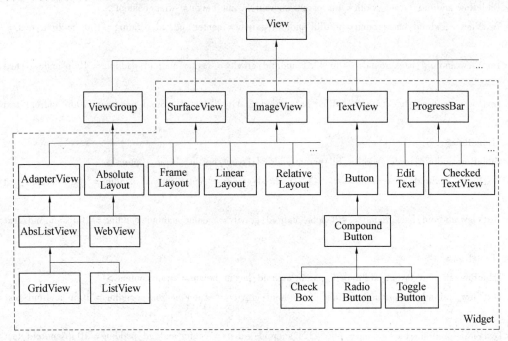

图 5.20　控件类的扩展结构

2. 控件通用行为和属性

View 是 Android 中所有控件类的基类，因此 View 中一些内容是所有控件类都具有的通用行为和属性。控件类可以使用 XML 属性（XML Attributes），经常和 Java 代码具有对应关系。View 作为各种控件的基类，其 XML 属性为所有控件通用，几个重要的 XML 属性如表 5.3 所示。

表 5.3　View 中重要 XML 属性及其对应的方法

XML 属性	Java 中的方法	描　　述
android:id	setId(int)	控件的标识
android:visibility	setVisibility(int)	控件的可见性
android:background	setBackgroundResource(int)	控件的背景

其中，android:id 表示控件的标识，通常需要在布局文件中指定这个属性。View 中与控件标识相关的几个方法如下所示：

```
public int    getId()                    //获得控件的 id(返回 int 类型)
public void setId(int id)               //设置控件的 id(参数是 int 类型)
public Object   getTag()                 //获得控件的 tag(返回 Object 类型)
public void    setTag(Object tag)        //设置控件的 tag(参数是 Object 类型)
```

对于一个控件，也就是 View 的继承者，整数类型 id 是其主要的标识。其中，getId() 可以获得控件的 id,而 setId( )可以将一个整数设置为控件的 id。Object 类型的标识 tag 是控件的一个扩展标识,由于使用了 Object 类型,它可以接受大部分的 Java 类型。

在一个 View 中根据 id 或者 tag 查找其孩子的方法如下所示:

public final View　findViewById(int id)

public final View　findViewWithTag(Object tag)

findViewById( )和 findViewWithTag( )的目的是返回这个 View 树中 id 和 tag 为某个数值的 View 的句柄。View 树的含义是 View 及其所有的孩子。

值得注意的是,id 不是控件的唯一标识,例如布局文件中 id 是可以重复的,在这种重复的情况下,findViewById( )的结果不能确保找到唯一的控件。作为控件标识的 id 和 tag 可以配合使用:当 id 有重复的时候,可以通过给控件设置不同的 tag,对其进行区分。

5.3.2　按钮控件 Button

按钮是一个常用的系统小组件,在开发中最常用到。一般通过与监听器使用,从而触发一些特定事件。下面为一个 Andriod 项目"ButtonProject",执行效果见图 5.21 和图 5.22,对应的代码如下。

项目功能:点击按钮触发事件。

代码分别为:

main. xml

string. xml

ButtonProject. java

代码清单:

main. xml

```
<? xml version="1.0"encoding="utf-8"? >
<LinearLayout xmlns:android="http://schemas. android. com/apk/res/android"
    android:layout_width="fill_parent"
    android:layout_height="fill_parent"
    android:orientation="vertical">
    <TextView
        android:id="@ +id/tv"
        android:layout_width="fill_parent"
        android:layout_height="wrap_content"
        android:text="@ string/hello"/>
    <Button
        android:id="@ +id/btn_ok"
        android:layout_width="fill_parent"
        android:layout_height="wrap_content"
        android:text="@ string/btn_ok"
        />
    <Button
        android:id="@ +id/btn_cancel"
        android:layout_width="fill_parent"
```

```
                android:layout_height="wrap_content"
                android:text="@string/btn_cancel"
                />
</LinearLayout>
```

string. xml

```
<? xml version="1.0"encoding="utf-8"? >
<resources>
    <string name="hello">Hello World, ButtonProject! </string>
    <string name="app_name">ButtonProject</string>
    <string name="btn_ok">确定</string>
    <string name="btn_cancel">取消</string>
</resources>
```

ButtonProject. java

```java
package com. buttonProject;
import android. app. Activity;
import android. os. Bundle;
import android. view. View;
import android. view. View. OnClickListener;
import android. widget. Button;
import android. widget. TextView;
public class ButtonProject extends Activity implements OnClickListener{
    private Button btn_ok,btn_cancel;        //声明两个按钮对象
    private TextView tv;          //声明文本视图对象
    /* * Called when the activity is first created. */
    @ Override
    public void onCreate( Bundle savedInstanceState) {
        super. onCreate( savedInstanceState);
        setContentView( R. layout. main);
        //对 btn_ok 对象进行实例化
        btn_ok = (Button) findViewById( R. id. btn_ok);
        //对 btn_cancel 对象进行实例化
        btn_cancel = (Button) findViewById( R. id. btn_cancel);
        //对 tv 对象进行实例化
        tv =(TextView) findViewById( R. id. tv);
        //将 btn_ok 按钮绑定在点击监听器上
        btn_ok. setOnClickListener( this);
        //将 btn_cancel 按钮绑定在点击监听器上
        btn_cancel. setOnClickListener( this);
    }
    //使用点击监听器必须重写其抽象函数,
    public void onClick( View v) {
                // TODO Auto-generated method stub
            if( v = = btn_ok){
```

```
            tv. setText("确定按钮触发事件!");
        } else if( v = = btn_cancel) {
            tv. setText("取消按钮触发事件!");
        }
    }
}
```

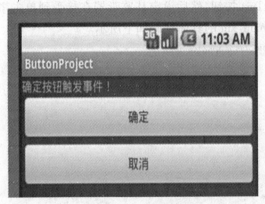

图 5.21　执行效果

图 5.22　执行效果

5.3.3　文本框控件 TextView

文本框控件 TextView 是使用最频繁的控件之一,在前面的几节中,已经多次使用了 TextView。下面将详细地讲解 TextView 控件的使用过程。

基本设置 TextView 需要通过如下 6 个步骤。

第 1 步:导入 TextView 包,代码如下。

Import Android. widget. TextView;

第 2 步:在 mainActivity. java 中声明一个 TextView,代码如下。

Private TextView mTextView01

第 3 步:在 activity_main. xml 中定义一个 TextView,代码如下。

```
<TextView
        android:id="@ +id/textView01"
        android:layout_width="wrap_content"
        android:layout_height="wrap_content"
        android:layout_alignParentLeft="true"
        android:layout_alignParentTop="true"
        android:layout_marginLeft="98dp"
        android:layout_marginTop="26dp"
        android:text="TextView"/>
```

第 4 步:利用 findViewById( )方法获取 main. xml 中的 TextView,代码如下。

mTextView01 = (Textview) findViewById(R. id. textView01);

第 5 步:设置 TextView 标签内容,代码如下。

String str_2 = "欢迎使用 Android 的 TextView 控件";

mTextView01. setText(str_2);

上述步骤介绍了使用 TextView 的基本方法，TextView 相关内容在后续章节将继续介绍。

5.3.4 编辑框控件 EditText

编辑框控件 EditText 的用法和 TextView 类似，它能生成一个可编辑的文本框。使用编辑框控件 EditText 的基本流程如下。

第 1 步：在程序的主窗口界面添加一个 EditText 按钮，然后设定其监听器在接受到单击事件时，程序打开 EditText 的界面。文件 activity_main. xm 的具体代码如下所示。

```
<LinearLayout xmlns:android="http://schemas. android. com/apk/res/android"
    android:layout_width="fill_parent"
    android:layout_height="fill_parent"
    android:orientation="vertical">
    <EditText
        android:id="@+id/edit_text"
        android:layout_width="fill_parent"
        android:layout_height="wrap_content"
        android:text="这里可以输入文字"/>
    <Button
        android:id="@+id/get_edit_view_button"
        android:layout_width="wrap_content"
        android:layout_height="wrap_content"
        android:text="获取 EditView 的值"/>
</LinearLayout>
```

第 2 步：编写事件处理文件 MainActivity. java，主要代码如下所示。

```
package com. example. basicapp4;
import android. app. Activity;
import android. os. Bundle;
import android. view. View;
import android. widget. Button;
import android. widget. CheckBox;
import android. widget. EditText;
import android. widget. TextView;


public class EditTextActivity extends Activity {
/ * * Called when the activity is first created.  */
@Override
public void onCreate( Bundle savedInstanceState) {
super. onCreate( savedInstanceState);
setTitle("EditTextActivity");
setContentView( R. layout. editview);
find_and_modify_text_view();
}
```

```
private void find_and_modify_text_view( ) {
Button get_edit_view_button = ( Button) findViewById( R. id. get_edit_view_button);
get_edit_view_button. setOnClickListener( get_edit_view_button_listener);
}


private Button. OnClickListener get_edit_view_button_listener = new Button. OnClickListener( ) {
public void onClick( View v) {
EditText edit_text = ( EditText) findViewById( R. id. edit_text);
CharSequence edit_text_value = edit_text. getText( );
setTitle("EditText 的值:"+edit_text_value);
}
};


}
```

执行后,将首先显示默认的文本和输入框,如图 5.23 所示;输入一段文本,单击"获取 EditText 的值"按钮后,会获取输入的文字,并显示输入的文字,如图 5.24 所示。

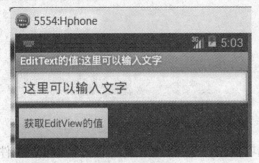

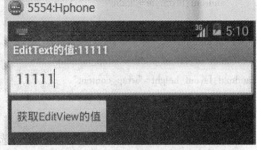

图 5.23　初始效果　　　　　　　　图 5.24　点击按钮运行效果

5.3.5　多项选择控件 CheckBox

CheckBox 控件能够为用户提供输入信息,用户可以一次性选择多个选项。在 Android 中使用 CheckBox 控件也需要在 XML 文件中定义,具体使用流程如下。

第 1 步:设计 XML 文件 Actvity_check_box. xml,在里面插入 4 个选项供用户选择,具体代码如下所示。

```
<? xml version="1. 0"encoding="utf-8"? >
<LinearLayout xmlns:android="http://schemas. android. com/apk/res/android"
    android:orientation="vertical"
    android:layout_width="fill_parent"
    android:layout_height="fill_parent"
    >
<CheckBox android:id="@ +id/plain_cb"
    android:text="AA"
    android:layout_width="wrap_content"
    android:layout_height="wrap_content"
/>
```

```
<CheckBox android:id="@+id/serif_cb"
    android:text="BB"
    android:layout_width="wrap_content"
    android:layout_height="wrap_content"
    android:typeface="serif"
/>
<CheckBox android:id="@+id/bold_cb"
    android:text="CC"
    android:layout_width="wrap_content"
    android:layout_height="wrap_content"
    android:textStyle="bold"
/>
<CheckBox android:id ="@+id/italic_cb"
    android:text="DD"
    android:layout_width="wrap_content"
    android:layout_height="wrap_content"
    android:textStyle="italic"
/>
<Button android:id="@+id/get_view_button"
    android:layout_width="wrap_content"
android:layout_height="wrap_content"
android:text="获取 CheckBox 的值"/>
</LinearLayout>
```

在上述代码中分别创建了 4 个 CheckBox 选项供用户选择,然后插入了一个 Button 控件,供用户选择单击后处理特定事件。

第 2 步:编写事件处理文件 CheckBoxActivity. java 的代码,主要代码如下所示。

```
package com. example. basicapp5;
import android. app. Activity;
import android. os. Bundle;
import android. view. View;
import android. widget. Button;
import android. widget. CheckBox;
import android. widget. EditText;
import android. widget. TextView;


public class CheckBoxActivity extends Activity {
CheckBox plain_cb;
CheckBox serif_cb;
CheckBox italic_cb;
CheckBox bold_cb;


/ * * Called when the activity is first created. */
```

```
@ Override
public void onCreate( Bundle savedInstanceState) {
super. onCreate( savedInstanceState) ;
setTitle("CheckBoxActivity") ;
setContentView( R. layout. check_box) ;
find_and_modify_text_view( ) ;
}
private void find_and_modify_text_view( ) {
plain_cb = ( CheckBox) findViewById( R. id. plain_cb) ;
serif_cb = ( CheckBox) findViewById( R. id. serif_cb) ;
italic_cb = ( CheckBox) findViewById( R. id. italic_cb) ;
bold_cb = ( CheckBox) findViewById( R. id. bold_cb) ;
Button get_view_button = ( Button) findViewById( R. id. get_view_button) ;
get_view_button. setOnClickListener( get_view_button_listener) ;
}
Private    Button. OnClickListener get_view_button_listener = new
Button. OnClickListener( ) {
  public void onClick( View v) {
  String r = "";
  if ( plain_cb. isChecked( ) ) {
r = r + ","+ plain_cb. getText( ) ;
}
  if ( serif_cb. isChecked( ) ) {
r = r + ","+ serif_cb. getText( ) ;
}
  if ( italic_cb. isChecked( ) ) {
r = r + ","+ italic_cb. getText( ) ;
}
  if ( bold_cb. isChecked( ) ) {
r = r + ","+ bold_cb. getText( ) ;
}
setTitle("Checked: "+ r) ;
}
} ;
}
```

　　上述代码中,把用户选中的选项值显示在 Title 上面。执行后,将首先显示 4 个选项值供用户选择,如图 5.25 所示;用户选择某些选项并单击"获取 CheckBox 的值"按钮后,文本提示用户选择的选项如图 5.26 所示。

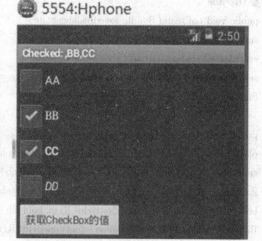

图 5.25　初始效果　　　　　　　　图 5.26　点击按钮运行效果

5.3.6　单项选择控件 RadioGroup

使用单项选择控件 RadioGroup 是和多选项控件 CheckBox 相类似的,但是它只能供用户选择一个选项。在 Android 中,使用 RadioGroup 控件也需要在 XML 文件中定义,具体使用流程如下。

第 1 步:设计 XML 文件 radio_group.xml,在里面插入 4 个选项供用户选择,具体代码如下所示。

```
<? xml version="1.0"encoding="utf-8"? >
<LinearLayout xmlns:android="http://schemas.android.com/apk/res/android"
    android:layout_width="fill_parent"
    android:layout_height="fill_parent"
    android:orientation="vertical">
    <RadioGroup
        android:layout_width="fill_parent"
        android:layout_height="wrap_content"
        android:orientation="vertical"
        android:checkedButton="@ +id/lunch"
        android:id="@ +id/menu">
        <RadioButton
            android:text="AA"
            android:id="@ +id/breakfast"
            />
        <RadioButton
            android:text="BB"
            android:id="@ id/lunch"/>
        <RadioButton
            android:text="CC"
```

```
                    android:id="@ +id/dinner"/>
            <RadioButton
                    android:text="DD"
                    android:id="@ +id/all"/>
        </RadioGroup>
        <Button
                    android:layout_width="wrap_content"
                    android:layout_height="wrap_content"
                    android:text="清除"
                    android:id="@ +id/clear"/>
</LinearLayout>
```

在上述代码中插入了 1 个 RadioGroup 空间,它提出了 4 个选项供用户选择,然后插入了一个 Button 控件,用于清除掉用户选择的选项。

第 2 步:编写事件处理文件 RadioGroupActivity. java 的代码,主要代码如下所示。

```
package com. example. basicapp6;
import android. app. Activity;
import android. os. Bundle;
import android. view. View;
import android. widget. Button;
import android. widget. RadioGroup;


public class RadioGroupActivity extends Activity implements View. OnClickListener {
    private RadioGroup mRadioGroup;
@ Override
    protected void onCreate( Bundle savedInstanceState) {
        super. onCreate( savedInstanceState);
        setContentView( R. layout. radio_group);
        setTitle("RadioGroupActivity");
        mRadioGroup = ( RadioGroup) findViewById( R. id. menu);
        Button clearButton = ( Button) findViewById( R. id. clear);
        clearButton. setOnClickListener( this);
    }
```

当用户单击"清除"按钮后将使用 setTitle 修改 Title 为"RadioActvity",然后会获取 RadioGroup 对象和按钮对象。

本节实例执行后,将会清除选择的选项,如图 5.27,5.28 所示。

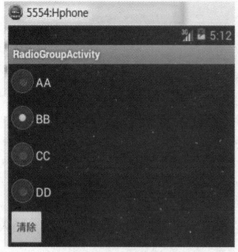

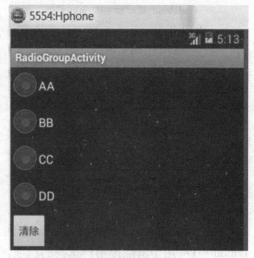

图 5.27　初始效果　　　　　　　　　　　　　　　图 5.28　运行效果

5.3.7　下拉列表控件 Spinner

下拉列表控件 Spinner 能够提供下拉选择样式的输入框,用户不需要输入数据,只需要选择一个选项后即可在框中完成数据输入。使用下拉列表控件 Spinner 的具体实现流程如下。

第 1 步:先创建 SpinnerActivity 的 Activity,然后修改其 onCreate 方法,设置其对应模板为 spinner. xml。文件 SpinnerActivity. java 中对应的代码如下。

```
public void onCreate( Bundle savedInstanceState) {
    super. onCreate( savedInstanceState) ;
    setTitle("SpinnerActivity") ;
    setContentView( R. layout. spinner) ;
    find_and_modify_view( ) ;
}
```

第 2 步:编写文件 spinner. xml,主要代码如下所示。

```
<? xml version ="1.0"encoding ="utf-8"? >
<LinearLayout xmlns:android ="http://schemas. android. com/apk/res/android"
    android:orientation ="vertical"
    android:layout_width ="fill_parent"
    android:layout_height ="fill_parent"
    >

    <TextView
    android:layout_width ="fill_parent"
    android:layout_height ="wrap_content"
    android:text ="Spinner_1"
    />

<Spinner   android:id ="@ +id/spinner_1"
        android:layout_width ="fill_parent"
```

```
        android:layout_height="wrap_content"
        android:drawSelectorOnTop="false"
/>

<TextView
    android:layout_width="fill_parent"
    android:layout_height="wrap_content"
    android:text="Spinner_2 From arrays xml file"
    />
<Spinner    android:id="@+id/spinner_2"
        android:layout_width="fill_parent"
        android:layout_height="wrap_content"
        android:drawSelectorOnTop="false"
/>
```

</LinearLayout>在上述代码中,添加了两个 TextView 控件和两个 Spinner 控件。

第 3 步:在文件 AndroidMainifest. xml 中添加如下代码。

```
<activity android:name="SpinnerActivity"></activity>
```

在上述代码中,定义的 Spinner 组件的 ID 为 spinner_1,宽度占满了其父元素"LinearLayout"的宽,高度自适应。经过上述处理后,即可在界面中生成一个简单的单项选项界面,但是在列表中并没有选项值。如果要在下拉列表中实现可供用户选择的选项值,需要在里面填充一些数据。

第 4 步:载入列表数据,首先定义需要载入的数据,然后在 onCreate 方法中通过调用 find_and_modify_view( )来完成数据载入。文件 SpinnerActivity. java 中实现上述功能的具体代码如下所示。

```
private static final String[] mCountries = { "China","Russia", "Germany",
        "Ukraine", "Belarus", "USA"};
private void find_and_modify_view( ) {
    spinner_c = (Spinner) findViewById( R. id. spinner_1);
    allcountries = new ArrayList<String>( );
    for (int i = 0; i < mCountries. length; i++) {
    allcountries. add(mCountries[i]);
    }
    aspnCountries = new ArrayAdapter<String>(this,
    android. R. layout. simple_spinner_item, allcountries);
    aspnCountries        . setDropDownViewResource( android. R. layout. simple_spinner_dropdown_item);
    spinner_c. setAdapter(aspnCountries);
}
```

在上述代码中,将定义的 mCountries 数据载入到了 Spinner 组件中。

第 5 步:在文件 spinner. xml 中预定义数据,即在 spinner. xml 模板中再添加一个 Spinner 组件,具体代码如下所示。

```
<TextView android:layout_height="wrap_content"android:layout_width="fill_parent"android:text="Spinner_2
From arrays xml file"/>
```

<Spinner android:layout_height="wrap_content"android:layout_width="fill_parent"android:drawSelectorOnTop ="false"

第6步：在文件 SpinnerActivity. java 中初始化值，具体代码如下所示。

spinner_2 = (Spinner) findViewById(R. id. spinner_2);

ArrayAdapter<CharSequence> adapter = ArrayAdapter. createFromResource(

this, R. array. countries, android. R. layout. simple_spinner_item);

 adapter. setDropDownViewResource(android. R. layout. simple_spinner_dropdown_item);

spinner_2. setAdapter(adapter);

在上述代码中，将 R. array. countries 对应值载入到了 spinner_2 中去，而 R. array. ciunyries 的对应值是在文件 array. xml 中预先定义的，文件 array. xml 的具体代码如下所示。

<? xml version="1.0"encoding="utf-8"? >

<resources>

<! -- Used in Spinner/spinner_2. java -->

<string-array name="countries">

 <item>China2</item>

 <item>Russia2</item>

 <item>Germany2</item>

 <item>Ukraine2</item>

 <item>Belarus2</item>

 <item>USA2</item>

</string-array>

</resources>

在上述代码中，预定义了一个名为"countries"的数组。

本节实例执行后，将首先显示2个下拉列表表单，如图5.29所示；用户单击一个下拉列表单后面的"三角号"时，会弹出一个由 Spinner 组件实现的下拉选项框，如图5.30所示；当选择一个选项后，选项值会自动出现在输入表单中，如图5.31所示。

图5.29　初始效果

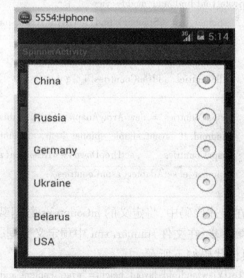

图5.30　运行效果

图 5.31　选择值自动出现在表单中

5.3.8　滚动视图控件 ScrollView

　　滚动视图控件 ScrollView 的功能是能够在手机屏幕中生成一个滚动样式的显示方式。这样即使内容超出了屏幕大小，也能通过滚动的方式供用户浏览。使用滚动视图控件 ScrollView 的方法比较简单，只需在 LinearLayout 外面增加一个 ScrollView 即可，代码如下。

<ScrollView xmlns：android＝"http：//schemas. android. com/apk/res/res/android"

Android：layout_width＝"file_parent"

Android：layout_height＝"wrap_content"＞

　　在上述代码中，将滚动视图控件 ScrollView 放在了 LinearLayout 的外面，这样当 LinearLayout 中的内容超过屏幕大小时，会实现滚动浏览功能。程序运行后的效果如图 5.32 所示。

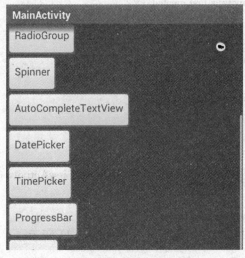

图 5.32　ScrollView 运行效果

5.3.9 图片视图控件 Image View

图片视图控件 Image View 的功能是在屏幕上显示一张图片。使用图片视图控件 Image View 的基本流程如下。

第 1 步：新建一个名为"myapp0"的工程，为创建 Activity 指定模板 image_view.xml，文件 mage_view.xml 的具体代码如下。

```
<? xml version="1.0"encoding="utf-8"? >
<LinearLayout xmlns:android="http://schemas.android.com/apk/res/android"
    android:orientation="vertical"android:layout_width="fill_parent"
    android:layout_height="wrap_content">
<TextView
        android:layout_width="wrap_content"
        android:layout_height="wrap_content"
        android:text="展示:"/>
<ImageView
    android:id="@ +id/imagebutton"
    android:src="@ drawable/eoe"
    android:layout_width="wrap_content"
    android:layout_height="wrap_content"/>
</LinearLayout>
```

在上述代码中，设置 Android:src 为一张图片，该图片位于本项目根目录下的"res\\drawable"文件夹中，它支持 PNG、JPG、GIF 等常见的图片格式。

第 2 步：编写对应的 java 程序，对应代码如下所示。

```
public class ImageViewActivity extends Activity {
    /* * Called when the activity is first created. */
    @ Override
    public void onCreate( Bundle savedInstanceState) {
        super. onCreate( savedInstanceState) ;
        setTitle("Myapp0") ;
        setContentView( R. layout. image_view) ;
//      find_and_modify_text_view( ) ;
    }
}
```

第 3 步：在文件 AndroidMainfest.xml 中增加对 ImageViewActivity 的声明，对应代码如下所示。

```
<activity android:name="ImageViewActivity">
```

至此，整个实例设计完毕，程序执行后的效果如图 5.33 所示。

图 5.33　Image View 运行实例

5.3.10　图片按钮控件 ImageButton

图片按钮控件 ImageButton 的功能是,在系统中将一张图片作为按钮来使用。通过使用 ImageButton,可以使项目中的按钮更加美观大方。使用图片按钮控件的基本流程如下。

第 1 步:新建一个名为"myapp1"的工程,为创建 Activity 指定模板 image_button. xml,文件 image_button. xml 的具体代码如下。

```
<? xml version="1.0"encoding="utf-8"? >
<LinearLayout xmlns:android="http://schemas. android. com/apk/res/android"
android:orientation="vertical"android:layout_width="fill_parent"
android:layout_height="wrap_content">
<TextView
    android:layout_width="wrap_content"
    android:layout_height="wrap_content"
    android:text="图片按钮:"/>
<ImageButton
    android:id="@ +id/<imagebutton"
    android:src="@ drawable/play"
    android:layout_width="wrap_content"
    android:layout_height="wrap_content"/>
</LinearLayout>
```

在上述代码中,设置了 Android:src 为一张图片,该图片位于本项目根目录下的" res\ drawable"文件夹中,它支持 PNG、JPG、GIF 等常见的图片格式。

第 2 步:编写对应 java 程序,对应代码如下所示。

```
public class ImageButtonActivity extends Activity {
/* * Called when the activity is first created. */
@ Override
public void onCreate(Bundle savedInstanceState) {
```

```
        super. onCreate( savedInstanceState) ;
        setTitle("myapp1") ;
        setContentView( R. layout. image_button) ;
        find_and_modify_text_view( ) ;
    }
```

第 3 步：在文件 AndroidMainfest. xml 中增加对 ImageButtonActivity 的声明，对应代码如下所示。

```
<activity android:name="ImageButtonActivity">
```

至此，整个实例设计完毕。执行后将显示一个按钮，此按钮是使用指定的图片实现的。具体效果如图 5.34 所示。

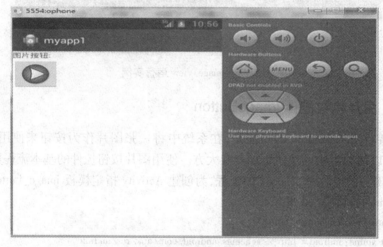

图 5.34　ImageButton 运行实例

5.3.11　进度条控件 ProgressBar

进度条控件 ProgressBar 的功能是，以图像化的方式显示某个过程的进度，这样做的好处是能够更加直观地显示进度。进度条在计算机领域中非常常见，例如软件安装过程一般使用进度条。使用进度条控件 ProgressBar 的基本流程如下。

第 1 步：新建一个名为"myapp2"的工程，为创建 Activity 指定模板 main. xml 中添加一个进度条，对应代码如下。

```
<ProgressBar
    android:id="@ +id/loadProgressBar"
style="? android:attr/progressBarStyle"
//此处进度条风格是默认风格，另外还有三种风格
//大号圆形 style="? android:attr/progressBarStyleLarge"
//小号圆形 style="? android:attr/progressBarStyleSmall"
//长方形 style="? android:attr/progressBarStyleHorizontal"
    android:layout_width="fill_parent"
    android:layout_height="20px"
    android:layout_alignParentLeft="true"
    android:layout_alignParentTop="true"
```

```
android:indeterminateDrawable="@drawable/progressbar"
android:max="100"//设置总长度为 100
android:progress="0"/>
```

第 2 步：编写对应 java 程序，对应代码如下所示。

```
public class MainActivity2 extends Activity {
private int i=0;
private ProgressBar bar1;
private Button myButton;
private Handler h;
private Runnable r;
    protected void onCreate(Bundle savedInstanceState) {
        super.onCreate(savedInstanceState);
        setContentView(R.layout.activity_main_activity2);


        bar1=(ProgressBar)findViewById(R.id.loadProgressBar);
        myButton=(Button)findViewById(R.id.button1);
        myButton.setOnClickListener(new View.OnClickListener() {


        @Override
        public void onClick(View v) {
        // TODO Auto-generated method stub
        setProgressBarVisibility(true);
        bar1.incrementProgressBy(1);
        i+=1;

}
});
h = new Handler();
r =new Runnable() {
    @Override
    public void run() {
    // TODO Auto-generated method stub
    bar1.incrementProgressBy(1);
    i+=1;
    if(i==30)
    {
        h.removeCallbacks(this);}
    h.postDelayed(this,500);}
};
myButton.setOnLongClickListener(new View.OnLongClickListener() {


    @Override
    public boolean onLongClick(View v) {
    // TODO Auto-generated method stub
```

```
    h. postDelayed(r, 500);
    return false;
    }
  });
}
}
```

至此,整个实例设计完毕。执行后将显示一个按钮,此按钮是使用指定的图片实现的。具体效果如图 5.35 所示。

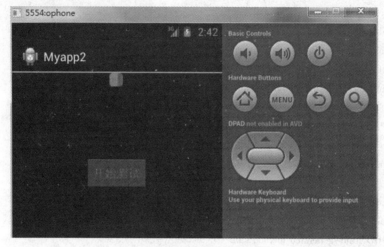

图 5.35   ProgressBar 运行实例

5.3.12   进度对话框控件 ProgressDialog

进度条作为后台程序处理过程中,反馈给使用者的一个很好的凭证,来显示当前程序处理得怎么样,进度如何等情况。Android 中一共有两种样式进度条:长形进度条与圆形进度条。而且有的程序也可以在标题栏显示进度条。使用进度对话框控件 ProgressDialog 的基本流程如下。

第 1 步:新建一个名为"myapp3"的工程,为创建 Activity 指定模板 main.xml 中添加一个进度条,对应代码如下。

```
<Button
    android:id="@ +id/button1"
    android:layout_width="wrap_content"
    android:layout_height="wrap_content"
    android:layout_alignParentLeft="true"
    android:layout_alignParentTop="true"
    android:text="Button"/>

<Button
    android:id="@ +id/button2"
    android:layout_width="wrap_content"
    android:layout_height="wrap_content"
```

```
android:layout_alignParentLeft = "true"
android:layout_below = "@ +id/button1"
android:layout_marginTop = "16dp"
android:text = "Button"/>
```

第 2 步:编写对应 java 程序,对应代码如下所示。

```
package com. example. myapp3;

import android. app. Activity;
import android. app. ProgressDialog;
import android. content. DialogInterface;
import android. os. Bundle;
import android. view. Menu;
import android. view. MenuItem;
import android. view. View;
import android. widget. Button;
public class MainActivity3 extends Activity
{
    private Button mButton01, mButton02;
    int m_count = 0;//声明进度条对话框
    ProgressDialog m_pDialog;
    @ Override
    protected void onCreate( Bundle savedInstanceState) {
        super. onCreate( savedInstanceState);
        setContentView( R. layout. activity_main_activity3);
        //得到按钮对象
        mButton01 = ( Button) findViewById( R. id. button1);
        mButton02 = ( Button) findViewById( R. id. button2);
        //设置 mButton01 的事件监听
        mButton01. setOnClickListener( new Button. OnClickListener( ) {
            @ Override
        public void onClick( View v)
        {// TODO Auto-generated method stub
            m_pDialog = new ProgressDialog( MainActivity3. this);        // 设置进度条风格,风格为圆
形,旋转的
            m_pDialog. setProgressStyle ( ProgressDialog.
            STYLE_SPINNER);
            m_pDialog. setTitle("提示");
            m_pDialog. setMessage("这是一个圆形进度条对话框");
            m_pDialog. setIcon( R. drawable. img1);
            m_pDialog. setIndeterminate(false);
            m_pDialog. setCancelable( true);
        //设置 ProgressDialog 的一个 Button
        m_pDialog. setButton("确定", new DialogInterface.
```

```
                    OnClickListener( ) {
        public void onClick( DialogInterface dialog, int i)
          { //点击"确定按钮"取消对话框
          dialog. cancel( );
                  }
            });
          m_pDialog. show( );
        }
      });
      //设置 mButton02 的事件监听
      mButton02. setOnClickListener( new Button. OnClickListener( ) {
      @ Override
      public void onClick( View v)
      {
      m_count = 0;
      m_pDialog= new ProgressDialog( MainActivity3. this) ;
      //设置进度条风格,风格为长形
      m_pDialog. setProgressStyle (          ProgressDialog.
      STYLE_HORIZONTAL) ;
      m_pDialog. setTitle("提示") ;
      m_pDialog. setMessage("这是一个长形对话框进度条") ;
m_pDialog. setIcon( R. drawable. img2) ;
      //设置 ProgressDialog 进度条进度
      m_pDialog. setProgress( 100) ;
      //设置 ProgressDialog 的进度条是否不明确
      m_pDialog. setIndeterminate( false) ;
      //设置 ProgressDialog 是否可以按退回按键取消
      m_pDialog. setCancelable( true) ;    m_pDialog. show( ) ;
      new Thread( )
        {
        public void run( )
          {
          try
          {
            while ( m_count <= 100)
            {//由线程来控制进度。
              m_pDialog. setProgress( m_count++) ;
              Thread. sleep( 100) ;
            }
            m_pDialog. cancel( ) ;
          }
          catch ( InterruptedException e)
          {m_pDialog. cancel( ) ;}
```

```
            }
        } . start ( ) ;
    }
} ) ;
}
```

执行后的效果图如图 5.36 所示：

图 5.36　ProgressDialog 运行实例

5.3.13　拖动条控件 SeekBar

拖动条控件 SeekBar 的功能是,通过拖动某个进程来直观地显示进度。最常见的拖动条是播放器的播放进度,用户可以通过拖动来设置进度。使用拖动条控件 SeekBar 的基本流程如下。

第 1 步:新建一个名为"myapp4"的工程,为创建 Activity 指定模板 main. xml 中添加一个进度条,对应代码如下。

```
<SeekBar
        android:id ="@ +id/seekBar1"
        android:layout_width ="match_parent"
        android:layout_height ="wrap_content"
        android:layout_alignParentLeft ="true"
        android:layout_alignParentTop ="true"/>


<TextView
        android:id ="@ +id/text"
        android:layout_width ="fill_parent"
        android:layout_height ="wrap_content"
        android:layout_alignParentLeft ="true"
        android:layout_below ="@ +id/seekBar1"
```

android:layout_marginTop="44dp"/>

第2步:编写对应 java 程序,对应代码如下所示。

```java
package com. example. myapp4;
import android. app. Activity;
import android. os. Bundle;
import android. text. method. ScrollingMovementMethod;
import android. view. Menu;
import android. view. MenuItem;
import android. widget. SeekBar;
import android. widget. TextView;
public class MainActivity4 extends Activity
{
    private SeekBar seekbar=null;
    private TextView text=null;
    protected void onCreate( Bundle savedInstanceState)
{
    super. onCreate( savedInstanceState);
    setContentView( R. layout. activity_main_activity4);
    this. seekbar=( SeekBar) super. findViewById( R. id. seekBar1);
    this. text=( TextView) super. findViewById( R. id. text);
    //设置文本可以滚动
this. text. setMovementMethod( ScrollingMovementMethod. getInstance());
this. seekbar. setOnSeekBarChangeListener( newOnSeekBarChangeListenerImp());
    }
    private class OnSeekBarChangeListenerImp implements
SeekBar. OnSeekBarChangeListener
    {public void onProgressChanged( SeekBar seekBar, int progress,
    boolean fromUser) {
    MainActivity4. this. text. append("正在拖动,当前 值:"+seekBar. getProgress()+"\n");
}
    //表示进度条刚开始拖动,开始拖动时候触发的操作
    public void onStartTrackingTouch( SeekBar seekBar)
    {MainActivity4. this. text. append("开始拖动,当前值:"+seekBar. getProgress()+"\n");
    }
    public void onStopTrackingTouch( SeekBar seekBar){
    // TODO Auto-generated method stub
    MainActivity4. this. text. append("停止拖动,当前值:"+seekBar. getProgress()+"\n");
    }
    }
}
```

执行后的效果图如图 5.37 所示

SeekBar. getProgress()获取拖动条当前值调用 setOnSeekBarChangeListener()方法处理拖

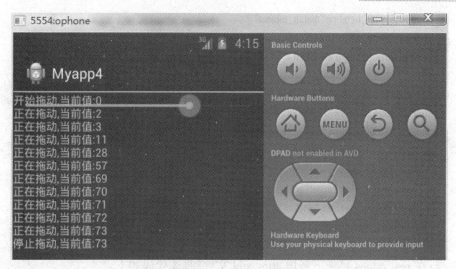

图 5.37　SeekBar 运行实例

动条值变化事件,把 SeekBar. OnSeekBarChangeListener 实例作为参数传入。

5.3.14　切换图片 ImageSwitcher 与 Gallery 控件

切换图片控件有两个,分别是 ImageSwitcher 与 Gallery,他们的功能是以滑动方式展现图片。在具体效果上将首先显示一张大图,然后在大图下面显示一组可以滑动的小图。上述显示方式在现实中十分常见,如 QQ 空间的照片,如图 5.38 所示。

图 5.38　QQ 空间运行效果

第 1 步:新建一个名为"myapp5"的工程,为创建 Activity 指定模板 main. xml 中添加一个切换图片控件,对应代码如下。

```
<TextView
        android:layout_width="fill_parent"
        android:layout_height="wrap_content"
        android:gravity="center"
        android:text="Welcome to Andy. Chen´s Blog!"
        android:textSize="20sp"/>
        <ImageSwitcher android:id="@ +id/switcher"
        android:layout_width="match_parent"
```

```
        android：layout_height＝"match_parent"
        android：layout_alignParentTop＝"true"
        android：layout_alignParentLeft＝"true"
    />
    <Gallery android：id＝"@ +id/gallery1"
        android：background＝"#55000000"
        android：layout_width＝"match_parent"
        android：layout_height＝"60dp"
        android：layout_alignParentBottom＝"true"
        android：layout_alignParentLeft＝"true"
        android：gravity＝"center_vertical"
        android：spacing＝"16dp"
/>
```

第 2 步：在 res/values 目录下新增 attrs. xml 文件，具体代码如下。

```
<? xml version＝"1.0"encoding＝"utf-8"? >
<resources>
        <declare-styleable name＝"Gallery">
        <attr name＝"android：galleryItemBackground"/>
    </declare-styleable>
</resources>
```

第 3 步：编写对应 java 程序，对应代码如下所示。

```
package com. example. myapp5；
import android. app. Activity；
import android. content. Context；
import android. os. Bundle；
import android. view. View；
import android. view. ViewGroup；
import android. view. Window；
import android. view. animation. AnimationUtils；
import android. widget. AdapterView；
import android. widget. BaseAdapter；
import android. widget. Gallery；
import android. widget. ImageSwitcher；
import android. widget. ImageView；
import android. widget. AdapterView. OnItemClickListener；
import android. widget. AdapterView. OnItemSelectedListener；
import android. widget. Gallery. LayoutParams；
import android. widget. ViewSwitcher. ViewFactory；
    public class MainActivity5 extends Activity implements OnItemSelectedListener, ViewFactory
{
    private ImageSwitcher is；
    private Gallery gallery；
    private Integer[ ] mThumbIds = ｛ R. drawable. b, R. drawable. c,
```

```
        R. drawable. d, R. drawable. f, R. drawable. g,
      };
    private Integer[ ] mImageIds = { R. drawable. b, R. drawable. c,
      R. drawable. d, R. drawable. f, R. drawable. g};
    @ Override
    protected void onCreate( Bundle savedInstanceState) {
    // TODO Auto-generated method stub
    super. onCreate( savedInstanceState) ;
    requestWindowFeature( Window. FEATURE_NO_TITLE) ;
    setContentView( R. layout. activity_main_activity5) ;
    is = ( ImageSwitcher) findViewById( R. id. switcher) ;
    is. setFactory( this) ;
    is. setInAnimation( AnimationUtils. loadAnimation( this,
      android. R. anim. fade_in) ) ;
    is. setOutAnimation( AnimationUtils. loadAnimation( this,
      android. R. anim. fade_out) ) ;
    gallery = ( Gallery) findViewById( R. id. gallery1) ;
    gallery. setAdapter( new ImageAdapter( this) ) ;
    gallery. setOnItemSelectedListener( this) ;
    }
    @ Override
    public View makeView( ) {
    ImageView i = new ImageView( this) ;
    i. setBackgroundColor( 0xFF000000) ;
    i. setScaleType( ImageView. ScaleType. FIT_CENTER) ;
    i. setLayoutParams( new ImageSwitcher. LayoutParams(
      android. view. ViewGroup. LayoutParams. MATCH_PARENT, android. view. ViewGroup. LayoutParams.
MATCH_PARENT) ) ;
    return i;
    }
    public class ImageAdapter extends BaseAdapter {
    public ImageAdapter( Context c) {
    mContext = c;
  }
    @ Override
  public int getCount( ) {
    return mThumbIds. length;
  }
    @ Override
  public Object getItem( int position) {
    return position;
  }
    @ Override
```

```
        public long getItemId(int position) {
          return position;
        }
      @Override
    public View getView(int position, View convertView, ViewGroup parent) {
        ImageView i = new ImageView(mContext);
        i. setImageResource(mThumbIds[position]);
        i. setAdjustViewBounds(true);
        i. setLayoutParams(new Gallery. LayoutParams(
            android. view. ViewGroup. LayoutParams. WRAP_CONTENT, android. view. ViewGroup. LayoutParams.
WRAP_CONTENT));
        i. setBackgroundResource(R. drawable. e);
        return i;
      }
      private Context mContext;
      }
      @Override
      public void onItemSelected(AdapterView<? > parent, View view, int position,
        long id) {
      is. setImageResource(mImageIds[position]);
    }

      @Override
      public void onNothingSelected(AdapterView<? > parent) {
      // TODO Auto-generated method stub
      }
    }
```

至此,整个实例设计完毕,执行后将会类似 QQ 空间中的站片样式,显示如图 5.39 所示。

图 5.39　运行实例

5.3.15　友好菜单控件 Menu

Menu 控件的功能是为用户提供一个友好的界面显示效果。在本节内容中将详细讲解创建 Menu 控件的具体过程。

第 1 步：打开 Eclipse，依次单击"File"→"New"→"AndroidProject"，新建一个名为"myapp6"的工程，如图 5.40 所示。

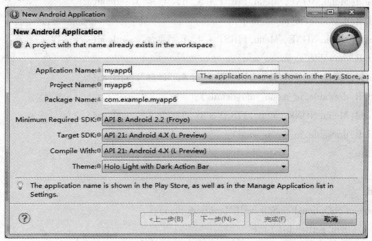

图 5.40　创建工程

第 2 步：在 src/MainActivity. java 中添加主代码如下。

```
package com. example. myapp6;
import android. app. Activity;
import android. os. Bundle;
import android. view. Menu;
import android. view. MenuItem;
import android. widget. Toast;
public class MainActivity6 extends Activity
{
    @ Override
    protected void onCreate(Bundle savedInstanceState)
    {
        super. onCreate(savedInstanceState);
        setContentView(R. layout. activity_main_activity6);
    }
    @ Override
    public boolean onCreateOptionsMenu(Menu menu) {
        /* add()方法的四个参数,依次是:
        * 1、组别,如果不分组的话就写 Menu. NONE,
        * 2、Id,这个很重要,Android 根据这个 Id 来确定不同的菜单
        * 3、顺序,哪个菜单现在在前面由这个参数的大小决定
        * 4、文本,菜单的显示文本 */
```

```
menu. add( Menu. NONE, Menu. FIRST + 1, 5, "删除"). setIcon(
android. R. drawable. ic_menu_delete);
// setIcon()方法为菜单设置图标,这里使用的是系统自带的图标
//下面以 android. R 开头的资源是系统提供的,我们自己提供的资源是以 R 开头的
menu. add( Menu. NONE, Menu. FIRST + 2, 2, "保存"). setIcon(
android. R. drawable. ic_menu_edit);
menu. add( Menu. NONE, Menu. FIRST + 3, 6, "帮助"). setIcon(
android. R. drawable. ic_menu_help);
menu. add( Menu. NONE, Menu. FIRST + 4, 1, "添加"). setIcon(
android. R. drawable. ic_menu_add);
menu. add( Menu. NONE, Menu. FIRST + 5, 4, "详细"). setIcon(
android. R. drawable. ic_menu_info_details);
menu. add( Menu. NONE, Menu. FIRST + 6, 3, "发送"). setIcon(
android. R. drawable. ic_menu_send);
return true;
}
@ Override
public boolean onOptionsItemSelected( MenuItem item) {
    switch ( item. getItemId( )) {
    case Menu. FIRST + 1:
    Toast. makeText( this, "删除菜单被点击了", Toast. LENGTH_LONG). show( );break;
    case Menu. FIRST + 2:
      Toast. makeText( this, "保存菜单被点击了", Toast. LENGTH_LONG). show( );break;
    case Menu. FIRST + 3:
      Toast. makeText( this, "帮助菜单被点击了", Toast. LENGTH_LONG). show( );break;
    case Menu. FIRST + 4:
      Toast. makeText( this, "添加菜单被点击了", Toast. LENGTH_LONG). show( );break;
    case Menu. FIRST + 5:
      Toast. makeText( this, "详细菜单被点击了", Toast. LENGTH_LONG). show( );break;
    case Menu. FIRST + 6:
      Toast. makeText( this, "发送菜单被点击了", Toast. LENGTH_LONG). show( );break;}
    return false;
}
@ Override
public void onOptionsMenuClosed( Menu menu) {
  Toast. makeText( this, "选项菜单关闭了", Toast. LENGTH_LONG). show( );}
@ Override
public boolean onPrepareOptionsMenu( Menu menu) {
    Toast. makeText( this,
    "选项菜单显示之前 onPrepareOptionsMenu 方法会被调用,可以用此方法根据当时的情况调整菜
单",
    Toast. LENGTH_LONG). show( );
    //如果返回 false,此方法就把用户点击 menu 的动作给消费了,onCreateOptionsMenu 方法将不
```

会被调用

```
            return true;
        }
    }
}
```

执行后的效果图如图 5.41 所示。当单击"MENU"键后会触发程序,并有一个下拉菜单,点击任意键会有相应的效果如图 5.42 所示。

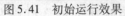

　　图 5.41　初始运行效果　　　　　　　　图 5.42　选择后效果

5.4　文件存储编程

5.4.1　SharedPreferences 类介绍

在 Android 中使用 SharedPreferences 对象来保存数据是最简单的方法,但此方法只能保存少量数据。SharedPreferences 对象可以创建数据、读取数据、移除部分及全部数据,本节介绍 SharedPreferences 对象的使用方法。

1. SharedPreferences 保存数据

SharedPreferences 对象只能保存(key,value)形式的数据,key 是数据的名称,程序使用 key 来存取数据,而 value 是数据的实际内容。要使用 SharedPreferences 对象保存数据,首先要使用 getSharedPreferences 方法创建 SharedPreferences 对象,语法为:

SharedPreferences 变量=getSharedPreferences(文件名,权限);

文件名:是保存数据的文件名,SharedPreferences 对象以 XML 文件格式保存数据,创建数据文件时只要输入文件名,不需要指定扩展名。

权限:为设置文件的访问权限,常用的值如下。

MODE_PRIVATE:只有本应用程序具有访问权限。

MODE_WORLD_READABLE:所有应用程序都具有读取权限。

MODE_WORLD_WRITEABLE:所有应用程序都具有写入权限。

例如若要创建一个名称为"preference"的 SharedPreferences 对象,文件名称为"myFile",访问权限是只有本应用程序可以存取。

SharedPreferences preferences = getSharedPreferences("myFile",MODE_PRIVATE);

2. 写入 SharedPreferences 对象内容

如果要执行改变文件内容的工作,需使用 SharedPreferences 对象的 edit 方法获取 Editor 对象,才能变更文件内容。写入数据会改变文件内容,故需获取 Editor 对象,语法为:

Editor 变量 = SharedPreferences 对象名称. edit( );

例如以 preference 获取名称为 editor 的 Editor 对象的语法为:

Editor editor = preference. edit( );

接着就可以利用 Editor 对象的 putXXX 方法将数据写入文件中,语法为:Editor 对象名称. putXXX(key,value);putXXX 方法根据不同数据类型有以下 5 种,如表 5.4 所示。

表5.4 put 方法说明

方　　法	说　　明
putBoolean	写入布尔类型数据
putFloat	写入浮点类型数据
putInt	写入整数类型数据
putLong	写入长整数类型数据
putString	写入字符串类型数据

例如要写入的数据类型是字符串,内容为"Tom",名称为"name",代码为 editor. putString("name","Tom");此时 putXXX 方法写入的数据并未实际写入文件中,等到调用 Editor 对象的 commit 方法时才真正写入文件。例如 editor 对象调用写入文件的语法:editor. commit( );总结使用 SharedPreferences 对象写入数据的全部过程为:

SharedPreferences preferences =
getSharedPreferences("myFile",MODE_PRIVATE);
Editor editor = preferences. edit( );
Editor. putString("name","Tom");
Editor. commit( );

SharedPreferences 对象通常使用匿名对象方式编写程序:

SharedPreferences preferences =
getSharedPreferences("myFile",MODE_PRIVATE);
Preference. edit( ). putString("name"," Tom"). commit( );

3. SharedPreferences 读取及删除数据

由于读取数据并未改变文件内容,故不需调用 Editor 对象,创建 SharedPreferences 对象后,直接使用 getXXX 方法就可读取文件中数据。

(1)SharedPreferences 读取数据。

SharedPreferences 变量名称. getXXX(key,default);

与 putXXX 方法相同,读取不同数据类型时有不同的 getXXX 方法。Key 是保存数据时创建的数据名称,default 是当 key 不存在时所传回的默认值。

SharedPreferences preferences =

getSharedPreferences("myFile",MODE_PRIVATE);

String readName=preferences. getString("name","unknown");

（2）SharedPreferences 删除数据。

如果保存的数据不再使用,可以将其删除。因删除数据会改变文件内容,所以需使用 Editor 对象。删除数据的方式有两种,第一种是使用 remove 方法删除单条数据,语法为:

Editor 对象名称. remove(key);

删除数据的第二种方式是使用 clear 方法删除全部数据,语法为:

Editor 对象名称. clear();

下面我们以一个例子来说明如何使用 sharedPreferences 来存储及读取数据(图 5.43,图 5.44)。

```java
    public class MainActivity extends Activity implements OnClickListener{
private EditText ETname;
private EditText ETvalue;
private Button BTNsave;
private Button BTNread;
protected void onCreate(Bundle savedInstanceState) {
    super. onCreate(savedInstanceState);
    setContentView(R. layout. activity_main);
    ETname = (EditText) findViewById(R. id. et_name);
    ETvalue = (EditText) findViewById(R. id. et_value);
    BTNsave = (Button) findViewById(R. id. btn_save);
    BTNread = (Button) findViewById(R. id. btn_read);
    BTNsave. setOnClickListener(this);
    BTNread. setOnClickListener(this);
    }
public void onClick(View v) {
if(v = = BTNsave)
{//保存数据
    String name = ETname. getText(). toString();
    String value = ETvalue. getText(). toString();
    //得到代表/data/data/packagename/shared_prefs/sf. xml 的对象
    SharedPreferences sharedPreferences = getSharedPreferences("myFile", Context. MODE_PRIVATE);
    Editor edit = sharedPreferences. edit();//得到一个编辑器
    edit. putString(name, value);//添加一个 key:value 数据
    edit. commit();//同步到文件中去
    Toast. makeText(this, "保存成功", 1). show();
    ETvalue. setText("");
    } else if(v = = BTNread)
{//读取数据
    String name = ETname. getText(). toString();
    SharedPreferences sharedPreferences = getSharedPreferences("myFile", Context. MODE_PRIVATE);
    String value = sharedPreferences. getString(name, "没有对应的数据");
```

```
            ETvalue. setText( value) ;
        }
    }
}
```

图 5.43　存储数据

图 5.44　读取数据

5.4.2　Android 文件操作

SharedPreferences 对象只能保存(key, value)形式的数据,数据类型受到很大限制。Android 系统也可以使用文件来保存数据,这样就可随心所欲地将各种数据保存在文件中。文件存取的核心是 FileOutputStream 及 FileInputStream,文件保存就是以这两个类直接存取文件。但为了增加读写的性能,会再搭配 BufferOutputStream 与 BufferInputStream 两个类。

1. 写入文件数据

要将数据写入到文件中有以下几个步骤。

首先使用 openFileOutput 方法获取一个 FileOutputStream 对象。这个步骤的重点在决定写入的文件及访问权限,语法为:

FileOutputStream 对象 = openFileOutput(文件名,权限);

文件名:是保存数据的文件名,可以指定扩展名,但不可指定保存路径,文件保存于系统内部指定位置中。

权限:为设置文件的访问权限,常用的值如下。

MODE_PRIVATE:只有本应用程序具有访问权限,若文件存在会加以覆盖。

MODE_WORLD_READABLE:所有应用程序都具有读取权限。

MODE_WORLD_WRITEABLE:所有应用程序都具有写入权限。

MODE_APPEND:只有本应用程序有访问权限,若文件存在会附加在最后。

例如要创建一个名称为"myfileops"的 FileOutputStream 对象,保存文件名为"myfiletest. txt",访问权限是只有本应用程序可以存取,若文件存在会加以覆盖。

FileOutputStream myfileops =

openFileOutput（"myfiletest. txt"，MODE_PRIVATE）；

　　为了提高写入数据的效率，通常会使用 BufferedOutputStream 对象将数据写入文件。创建 BufferedOutputStream 对象的语法为：

　　BufferedOutputStream 对象＝

　　new BufferedOutputStream（FileOutputStream 对象）；

　　利用 BufferedOutputStream 对象的 write 方法可将数据写入文件。由于写入文件的数据必须是 byte 类型，所以要写入的字符串需以 getBytes 方法将字符串转换为 byte 数组，才能写入文件中。语法为：

　　对象名. write（字符串. getBytes（ ））；

　　当所有数据都写入文件后，就可以用 BufferedOutputStream 对象的 close 方法关闭文件。最后要注意一点：使用文件方式存取数据时，必须将存取文件的程序代码放在 try…catch 异常处理中，否则执行时会产生错误。

2. 读取文件数据

　　读取文件数据的方式与写入文件数据的方式相似，步骤如下：

　　首先是使用 openFileIutput 方法创建 FileIutputStream 对象，例如：创建名称为"myfips"的 FileIutputStream 对象，要读取的数据文件名称为"myfiletest. txt"。

　　FileIutputStream myfips＝openFileIutput（"myfiletest. txt"）；

　　接着为了提高读取数据的效率，使用 BufferedIutputStream 对象进行文件数据读取。例如：将刚才创建的 FileInputStream 对象：myfips 创建一个名称为"bufmyfips"的 BufferedIutputStream 对象。

　　BufferedIutputStream　bufmyfips＝new BufferedIutputStream（myfips）；

　　利用 BufferedIutputStream 对象 read 方法进行读取。方式为：声明 byte 类型的数据来存放读取的数据，read 读取后会传回一个整数值，整数值即为读取的 byte 数。若传回值为"－1"代表未读取到数据。例如：要用 BufferedIutputStream 对象在 bufmyfips 中读取 20 个 byte 数据。

　　Byte［ ］ buffbyte＝new byte［20］；

　　int length＝bufmyfips. read（buffbyte）；

　　当所有数据读取完毕后，就可以用 BufferedIutputStream 对象的 close 方法关闭文件。文件存储方式是一种较常用的方法，在 Android 中读取/写入文件的方法，与 Java 中实现 I/O 的程序是完全一样的，提供了 openFileInput（ ）和 openFileOutput（ ）方法来读取设备上的文件。这种方式数据存储在 data/data/<包名>下的 files 文件夹下。当然文件也可以从程序的 raw 文件夹或 Asset 文件夹读取。

　　下面我们以一个例子来说明如何使用手机来进行文件存储及读取数据操作（图 5. 45，图 5. 46）。

```
public class MainActivity extends Activity {
private ImageView iv;
     @ Override
    protected void onCreate(Bundle savedInstanceState) {
    super. onCreate( savedInstanceState);
    setContentView( R. layout. activity_main);
```

```
    iv = (ImageView) findViewById(R. id. imageView1);
}
public void save(View v) throws IOException {
    //得到/assets/cartoon. jpg 的文件流对象
    AssetManager assetManager = getAssets();
    InputStream is = assetManager. open("cartoon. jpg");
    //得到当前应用的 files 文件夹对象
    File filesDir = getFilesDir();
    OutputStream os = new FileOutputStream(new File(filesDir, "cartoon. jpg"));
    //保存数据
    byte[] buffer = new byte[1024];
    int len = -1;
    while((len=is. read(buffer))>0) {
        os. write(buffer, 0, len);
    }
    os. close();
    is. close();
    Toast. makeText(this, "保存成功!", 0). show();
}


public void read(View v) throws FileNotFoundException {
//得到/files/cartoon. jpg 的文件流对象
File filesDir = getFilesDir();
//InputStream is = new FileInputStream(new File(filesDir, "cartoon. jpg"));
//将这个图片文件流包装成一个图片对象 Bitmap
    Bitmap bitmap = BitmapFactory. decodeFile(filesDir. getAbsolutePath()+"/cartoon. jpg");
//设置到 iv 视图中
iv. setImageBitmap(bitmap);
    }
}
```

图 5.45 存储数据

图 5.46 读取数据

5.4.3　SDCard 文件存取

上节我们学习了 Android 文件数据的存储,但是这样的数据是存储在应用程序内的,也就是说这样存储的文件大小还是有一定限制的,有时候我们需要存储更大的文件,比如电影等,这就用到了我们的 SDCard 存储卡。Android 也为我们提供了 SDCard 的一些相关操作。Environment 这个类就可以实现这个功能。

1. Environment 类

Environment 类涉及到的常用常量与方法如表 5.5 和表 5.6 所示。

表 5.5　常用常量

String MEDIA_MOUNTED	当前 Android 的外部存储器可读可写
String MEDIA_MOUNTED_READ_ONLY	当前 Android 的外部存储器只读

表 5.6　常用方法

方法名称	描　述
Public static File getDataDirectory( )	获得 Android 下的 data 文件夹的目录
Public static File getDownloadCacheDirectory( )	获得 AndroidDownload/Cache 内容的目录
Public static File getExternalStorageDirectory( )	获得 Android 外部存储器也就是 SDCard 的目录
Public static String getExternalStorageState( )	获得 Android 外部存储器的当前状态
Public static File getRootDirectory( )	获得 Android 下的 root 文件夹的目录

要想实现对 SDCard 的读取操作,只需要按以下几个步骤操作。

(1)需要首先判断是否存在可用的 Sdcard 这可以使用一个访问设备环境变量的类 Environment 进行判断,这个类提供了一系列的静态方法,用于获取当前设备的状态,在这里获取是否存在有效的 Sdcard,使用的是 Environment. getExternalStorageState( )方法,返回的是一个字符串数据,除了 Environment. MEDIA_MOUNTED 外,其他均为有问题,所以只需要判断是否是 Environment. MEDIA_MOUNTED 状态即可。语法为:

Environment. getExternalStorageState( ). equals(getExternal. MEDIA_MOUNTED);

(2)既然转向了 Sdcard,那么存储的文件路径就需要相对变更,这里可以使用 Envir. getExternalStorageDirectory( )方法获取当前 Sdcard 的根目录,可以通过它访问到相应的文件。

(3)需要赋予应用程序访问 Sdcard 的权限,Android 的权限控制尤为重点,在 Android 程序中,如果需要做一些越界的操作,均需要对其进行授权才可以访问。在 AndroidManifest. xml 中添加代码:

<uses−permission android:name ="android. permission. WRITE_EXTERNAL_STORAGE"/>

而如果使用 SdCard 存储文件的话,存放的路径在 Sdcard 的根目录下,如果使用模拟器运行程序的话,创建的文件在/mnt/sdcard/目录下。

下面通过一个完整的例子,说明 Sdcard 的文件存储、读取操作(图 5.47,图 5.48)。

```
public class MainActivity extends Activity implements OnClickListener  {
    private EditText ETfn;
```

```
        private EditText ETcnt;
        private Button BTNsv;
        private Button BTNrd;
        protected void onCreate( Bundle savedInstanceState) {
            super. onCreate( savedInstanceState);
            setContentView( R. layout. activity_main);
            ETfn = ( EditText) findViewById( R. id. et_filename);
            ETcnt = ( EditText) findViewById( R. id. et_content);
            BTNsv = ( Button) findViewById( R. id. btn_save_sd);
            BTNrd = ( Button) findViewById( R. id. btn_read_sd);
            BTNsv. setOnClickListener( this);
            BTNrd. setOnClickListener( this);
        }
        public void onClick( View v) {
            if( v = =BTNsv) {//保存数据到:/mnt/sdcard/xxx. txt
                //判断 sd 卡是否挂载在手机上
                if( Environment. MEDIA_MOUNTED. equals( Environment. getExternalStorageStat( ))) {
                String filename = ETfn. getText( ). toString( );
                String content = ETcnt. getText( ). toString( );
                ///mnt/sdcard/所对应的 File 对象
                File sdFile = Environment. getExternalStorageDirectory( );
                try {
                FileOutputStream fis = new FileOutputStream( new File( sdFile, filename));
                fis. write( content. getBytes( "utf-8"));
                fis. close( );
                ETcnt. setText( "");
                Toast. makeText( this, "保存成功", 0). show( );
                } catch ( Exception e) {
                e. printStackTrace( );
                }
            } else {
            Toast. makeText( this, "没有找到 sd 卡", 1). show( );
            }
            } else if( v = =BTNrd) {
                if( Environment. MEDIA_MOUNTED. equals( Environment. getExternalStorageState( ))) {
                String filename = ETfn. getText( ). toString( );
                File sdFile = Environment. getExternalStorageDirectory( );
                try {
                FileInputStream fis = new FileInputStream( new File( sdFile, filename));
        BufferedReader br = new BufferedReader( new InputStreamReader( fis));
                StringBuffer sb = new StringBuffer( );
                String s = null;
                while( ( s =br. readLine( ))! =null) {
                sb. append( s);
```

```
            }
        br. close( ) ;
        ETcnt. setText( sb) ;
    } catch（Exception e）{
        e. printStackTrace( ) ;
    }
    } else {
    Toast. makeText( this,"没有找到 sd 卡", 1). show( ) ;
    }
    }
}
}
```

图 5.47　存储数据

图 5.48　读取数据

5.5　多媒体编程

5.5.1　Media Player 组件

在 Android 中可以使用 Media Player 组件来播放音频及视频，Media Player 组件有许多方法可控制多媒体，常用方法见表 5.7。

表 5.7　Media Player 组件方法

方　　法	说　　明
Create	创建要播放的媒体
getCurrentPosition	获取目前播放位置
getDuration	获取目前播放文件的总时间
getVideoHeight	获取目前播放视频的高度
getVideoWidth	获取目前播放视频的宽度

续表 5.7

方　　法	说　　明
isLooping	获取是否循环播放
isPlaying	获取是否有多媒体播放中
Pause	暂停播放
Prepare	多媒体准备播放
Release	结束 MediaPlayer 组件
Reset	重置 MediaPlayer 组件
Seekto	跳到指定的播放位置(单位为毫秒)
setAudioStreamType	设置流媒体的类型
setDataSource	设置多媒体数据源
setDisplay	设置用 SurfaceHolder 显示多媒体
setLooping	设置是否循环播放
setVolumn	设置音量
Start	开始播放
Stop	停止播放

5.5.2　音频播放

通过 Media Player 来播放音频内容的方法很多,可以将其包含为应用程序资源,从本地文件或者 Content Provider 播放,或者从远程 URL 流式播放。要将音频内容作为资源包含到应用程序中,可以把它添加到资源层次结构的 res/raw 文件夹中,当作原始资源被打包到应用程序中。

初始化音频内容用于播放:

为了使用 Media Player 播放音频内容,需要创建一个新的 Media Player 对象并设置该音频的数据源。为此可以使用静态 create 方法,并传入 Activity 的上下文以及下列音频源中的一种。

一个资源标识符(通常用于存储在 res/raw 文件夹中的音频文件);

一个本地文件的 URL(使用 file://模式);

一个在线音频资源的 URL(URL 格式);

一个本地 Content Provider(它应该返回一个音频文件)的行的 URL。

例如:

//从一个包资源加载音频资源

MediaPlayer resourcePlayer = MediaPlayer. create(this, R. raw. my_audio);

//从一个本地文件加载音频资源

MediaPlayer filePlayer =

MediaPlayer. create(this, Uri. pares("flie:///sdcard/localfile. mp3"));

```
//从一个在线资源加载音频资源
MediaPlayer urlPlayer =
MediaPlayer. create(this, Url. parse("http://site. com/audio/audio. mp3"));
//从一个本地 Content Provider 加载音频资源
MediaPlayer contentPlayer =
MediaPlayer. create(this, Settings. System. DEFAULT_RINGTONE_URL);
```

注意,通过这些 create 方法返回的 MediaPlayer 对象已经调用了 prepare。因此不再调用该方法,也可以使用现有 MediaPlayer 实例的 setDataSource 方法,该方法接收一个文件路径、Content ProviderURL、流式传输媒体 URL 路径或者文件描述符作为参数。当使用 setDataSource 方法时,在开始播放之前需要调用 MediaPlayer 的 prepare 方法。

```
MediaPlayer mediaPlayer = new    MediaPlayer();
mediaPlayer. setDataSource("/sdcard/mymusci. mp3");
mediaPlayer. prepare();
```

下面介绍一个音频播放的例子(图 5.49,图 5.50):

```
public class MainActivity extends Activity {
private Button btplay, btpause, btstop;
private EditText et1;
private MediaPlayer mediaplay1;
    //声明一个变量判断是否为暂停,默认为 false
private boolean isPaused = false;
    @ Override
    protected void onCreate(Bundle savedInstanceState) {
        super. onCreate(savedInstanceState);
        setContentView(R. layout. activity_main);
        //通过 findViewById 找到资源
    btplay = (Button)findViewById(R. id. button1);
    btpause = (Button)findViewById(R. id. button2);
    btstop = (Button)findViewById(R. id. button3);
    et1 = (EditText)findViewById(R. id. editText1);
    //创建 MediaPlayer 对象,将 raw 文件夹下的 yesterday once more. mp3
    mediaplay1 = MediaPlayer. create(this, R. raw. yesterdayoncemore);
    btplay. setOnClickListener(new Button. OnClickListener() {
        @ Override
    public void onClick(View v) {
    try {
        if(mediaplay1 ! = null)
        {    mediaplay1. stop();}
        mediaplay1. prepare();
        mediaplay1. start();
        et1. setText("音乐播放中...");
        } catch (Exception e) {
```

```
    et1. setText("播放发生异常...");
    e. printStackTrace( );
    }
    }
});
    btpause. setOnClickListener( new Button. OnClickListener( ) {
    public void onClick( View v) {
    try {
        if( mediaplay1 ! =null)
    { mediaplay1. stop( );
        et1. setText("音乐停止播放...");
    }
    } catch ( Exception e) {
    et1. setText("音乐停止发生异常...");
        e. printStackTrace( );
    }
    }
});
    btstop. setOnClickListener( new Button. OnClickListener( ) {
    public void onClick( View v) {
    try {
    if( mediaplay1 ! =null)
    {
    if( isPaused = =false)
    { mediaplay1. pause( );
    isPaused =true;
    et1. setText("停止播放!");
    }
    else if( isPaused = =true)
    { mediaplay1. start( );
    isPaused = false;
    et1. setText("开始播发!");
    }
    }
        } catch ( Exception e) {
    et1. setText("发生异常...");
    e. printStackTrace( );
    }
    }
});
/ * 当 MediaPlayer. OnCompletionLister 会运行的 Listener * /
mediaplay1. setOnCompletionListener(
new MediaPlayer. OnCompletionListener( )
```

```
{/*覆盖文件播出完毕事件*/
    public void onCompletion(MediaPlayer arg0)
    {
try {/*解除资源与 MediaPlayer 的赋值关系
        *让资源可以为其他程序利用*/
        mediaplay1.release();
        /*改变 TextView 为播放结束*/
        et1.setText("音乐播发结束!");
    }
    catch (Exception e)
    { et1.setText(e.toString());
e.printStackTrace();
    }
    }
    });
    /*当 MediaPlayer.OnErrorListener 会运行的 Listener */
    mediaplay1.setOnErrorListener(new MediaPlayer.OnErrorListener()
    {/*覆盖错误处理事件*/
    public boolean onError(MediaPlayer arg0, int arg1, int arg2)
    {   try
    {/*发生错误时也解除资源与 MediaPlayer 的赋值*/
        mediaplay1.release();
        et1.setText("播放发生异常!");
    } catch (Exception e)
    { et1.setText(e.toString());
        e.printStackTrace();
    }
    return false;
    }
    });
    }
}
```

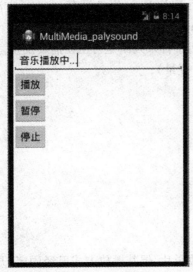

图 5.49　音乐播放

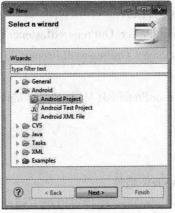

图 5.50　音乐停止

5.5.3 视频播放

1. VideoView 视频播放器

Android 系统内建了 VideoView 组件用来播放视频,使用此组件可容易地制作视频播放器。VideoView 组件的常用方法如表 5.8 所示。

表 5.8 VideoView 组件常用方法

方 法	说 明
getBufferPercentage	获取缓冲百分比
getCurrentPosition	获取目前播放位置
isPlaying	获取是否有视频播放中
Pause	暂停播放
Seekto	跳到指定的播放位置(单位为毫秒)
setVideoPath	设置播放视频文件的路径
Start	开始播放

使用 VideoView 组件播放视频文件比较简单,首先用 setVideoPath 方法获取视频文件,语法为:

VideoView 组件名称. setVideoPath(视频文件路径);

如果要加上播放控制轴及控制按钮,可以使用 setMediaController 方法,语法为:

vidVideo. setMediaController(new MediaController(VideoViewActivity. this));再使用 start 方法 vidVideo. start();即可播放。

VideoView 组件虽然有 isPlaying 方法,却无法用它来判断是否处于播放状态。因为 VideoView 组件与 MediaPlayer 组件相同,必须在文件准备完成(prepare)才开始播放。但是 MediaPlayer 组件有 prepare 方法,而且一定要先使用 prepare 方法准备完成才可以播放,所以 MediaPlayer 组件播放时 isPlaying 必定是 true;而 VideoView 组件没有 prepare 方法,用 start 方法播放时 isPlaying 不一定是 true,故无法用 isPlaying 来判断是否处于播放状态。

VideoView 组件可用 OnPreparedListener 监听事件来判断是否正在播放视频,其语法为:

VideoView 组件名称. setOnPreparedListener(变量);

Private MediaPlayer. OnPreparedListener 变量=

new MediaPlayer. OnPreparedListener() {

@ Override

Public void onPrepared(MediaPlayer mp) {

程序代码

}

};

2. SurfaceView 组件

虽然使用 VideoView 组件可以很方便地播放影片,但其播放方式已经固定,开发者可更改的部分有限,使得使用 VideoView 组件制作的播放器看起来千篇一律,缺乏创意。其实

MediaPlayer 组件也可以播放视频,但其播放时需搭配 SurfaceView 组件。

SurfaceView 继承 View 类,应用程序中绘图、视频播放及 Camera 照相等功能一般都使用 SurfaceView 组件来实现,因为 SurfaceView 组件可以控制显示界面的格式,比如显示的大小、位置等。而且 Android 还提供了 GUP 加速功能,能加快显示速度。

对于 SurfaceView 组件的存取,Android 提供了 SurfaceView 类来操作,使用 SurfaceView 组件的 getHolder 方法即可获取 SurfaceView 对象。本节以创建一个显示视频的 SurfaceView 组件为例。首先在布局配置文件中加入名称为 sufVideo 的 SurfaceView 组件,接着创建 SurfaceHolder 对象来操作 SurfaceView 组件,语法为:

SurfaceHolder 变量名=SurfaceView 组件名称. getHolder( );

只要使用 setType 方法设置适当的来源格式就可让应用程序显示图形或视频了。SetType 方法的语法为:

SurfaceHolder 组件名称. setType(来源参数);

如果是要显示 SD 卡中的视频文件或照相等外部信息,"来源参数"需设为"SurfaceHolder. SURFACE_TYPE_PUSH_BUFFERS"表示显示来源不是系统资源,而是由外部提供。例如要设置 sufHolder 的来源模式:

SufHolder. setType(SurfaceHolder. SURFACE_TYPE_PUSH_BUFFERS);

3. MediaPlayer 与 SurfaceView 结合

MediaPlayer 组件结合 SurfaceView 即可根据个人需求制作视频播放器:由 MediaPlayer 组件播放视频,SurfaceView 组件显示视频。使用 MediaPlayer 组件播放视频,步骤如下:

(1)使用 setAudioStreamType 方法设置数据流的格式为 AudioManager. STREAM_MUSIC,语法为(MediaPlayer 组件名称为 mediaplayer):

mediaplayer. setAudioStreamType(AudioManager. STREAM_MUSIC);

(2)使用 setDisplay 方法设置显示的 SurfaceView 组件,SurfaceView 组件需使用 SurfaceHolder 对象操作,所以 setDisplay 方法的语法为:

mediaplayer 组件名称. setDisplay(SurfaceHolder 对象名称);

下面介绍一个视频播放的简单例子(图 5.51)。

```
public class MainActivity extends Activity {
    MediaPlayer player = new MediaPlayer( );
    private SurfaceView sv;
    private int currPos = 0;
    private LinearLayout layoutbar;
    public void onCreate( Bundle savedInstanceState) {
        super. onCreate( savedInstanceState);
        setContentView( R. layout. activity_main);
        layoutbar = ( LinearLayout ) findViewById ( R. id.
linelayout1);
        sv = ( SurfaceView) findViewById( R. id. surfaceView1);
        //设置 Surface 对象
        sv. getHolder( ). addCallback( new Callback( ) {
        public void surfaceDestroyed( SurfaceHolder holder) {
```

图 5.51　视频播放

```
        }
        public void surfaceCreated(SurfaceHolder holder) {
        if (currPos > 0)
        play();
            player. seekTo(currPos);
        }

        public void surfaceChanged(SurfaceHolder holder, int format,
        int width, int height) {
        }
    });
    }

    public void click(View v) {
        int id = v. getId();
        // 播放
        if (id == R. id. button1) {
            play();
        }

        else if (id == R. id. button2) {
            player. stop();
            currPos = 0;
        }
    }

    private void play() {
        try {
            player. reset();
            player. setAudioStreamType(AudioManager. STREAM_MUSIC);
            // 设置显示画面
            player. setDisplay(sv. getHolder());
            //播放外部视频
            //player. setDataSource("/mnt/sdcard/videoviewdemo. mp4");
            AssetManager assetMg = this. getApplicationContext(). getAssets();
AssetFileDescriptor fileDescriptor = assetMg. openFd("videoviewdemo. mp4");
            player. setDataSource(fileDescriptor. getFileDescriptor(),
            fileDescriptor. getStartOffset(), fileDescriptor. getLength());
            player. prepare();
            player. start();
            layoutbar. setVisibility(View. GONE);
        } catch (Exception e) {
            e. printStackTrace();
        }
    }
```

```
    protected void onPause() {
        super. onPause();
        currPos = player. getCurrentPosition();
        player. stop();
    }
    protected void onDestroy() {
        super. onDestroy();
        player. release();
    }
    // boolean:控制事件是否继续传播
    public boolean onTouchEvent( MotionEvent event) {
        int action = event. getAction();
        int v = layoutbar. getVisibility();
        if ( action == MotionEvent. ACTION_DOWN) {
            if ( v == View. VISIBLE) {
                layoutbar. setVisibility( View. GONE);
            } else {
                layoutbar. setVisibility( View. VISIBLE);
            }
        }
        return true;
    }
}
```

5.6　SQLite 数据库编程

5.6.1　SQLite 简介

　　Android 系统使用 SQLite 数据库系统,它提供 SQLiteDatabase 类处理数据库的创建、修改、删除、查询等操作。SQLite 是一个嵌入式的数据库,支持 SQL 语法,适合于数据项相对固定而且数据量不大的系统应用。

　　传统的关系型数据库使用的是静态数据类型,即字段存储的数据类型是在声明时即可确定的,而 SQLite 采用的是动态数据类型。当某个值插入数据库时,SQLite 将检查它的类型。如果该类型与关联的列类型不匹配,则 SQLite 会尝试将该值转换成列类型。如果不能转换,则该值将作为其本身具有的类型存储。SQLite 支持 NULL、INTEGER、REAL、TEXT 和 BLOB 数据类型,下面介绍 SQLite 数据库的基本操作。

5.6.2　创建/打开/删除数据库

1. 创建、打开 SQLite 数据库

使用数据库必须以 Activity 类的 openOrCreateDatabase 方法创建数据库,语法如下:

SQLiteDatabase 对象=openOrCreateDatabase(文件名,权限,null);

openOrCreateDatabase 方法会检查数据库是否存在,如果存在则打开数据库,如果不存在则创建一个新的数据库,创建成功会传回一个 SQLiteDatabase 对象,否则会抛出 FileNotFoundException 的错误,openOrCreateDatabase 方法的参数含义如下:

(1)"文件名"表示创建的数据库名称,扩展名为.db,也可以指定扩展名。

(2)"权限"为配置文件的访问权限,常用的值如下。

MODE_PRIVATE:只有本应用程序具有访问权限。

MODE_WORD_READABLE:所有应用程序都具有写入权限。

(3)创建成功会传回一个 SQLiteDatabase 对象。

例如:创建"db1.db"数据库,模式 MODE_PRIVATE,并传回 SQLiteDatabase 类对象 db,语法为:

SQLiteDatabase db = openOrCreateDatabase("db1.db", MODE_PRIVATE, null);

2. 删除 SQLite 数据库

使用 Activity 类的 deleteDatabase()可以删除数据库。例如:删除"db1.db"数据库,语法为:

deleteDatabase(db1.db);

5.6.3　数据表操作

1. SQLiteDatabase 类

SQLiteDatabase 类是一个处理数据库的类,除了可以创建数据表,还可以执行新增、修改、删除、查询等操作。SQLiteDatabase 类提供的方法见表 5.9。

表 5.9　SQLiteDatabase 类方法

方　法	用　途
exeSQL()	执行 SQL 命令,可以完成数据表的创建、新增、修改、删除动作
rawQuery()	使用 Cursor 类型传回查询的数据,最常用于查询所有的数据
insert()	数据新增,使用时会以 contentvalues 类将数据以打包的方式,再通过 insert()新增至数据表中
delete()	删除指定的数据
update()	修改数据,使用时会以 contentvalues 类数据以打包的方式,再通过 update()新增至数据表中
query()	使用 Cursor 类型传回指定字段的数据
close()	关闭数据库

SQLiteDatabase 类提供 exeSQL()方法来执行非 SELECT 及不需要回传值的 SQL 命令,例如数据表的创建、新增、修改、删除动作,提供 query()方法执行 SELECT 查询命令。

2. 新增数据表

在名为 db 的数据库中创建名为 table01 的数据表,内含"_id,num,data"3 个字段,其中_id 为"自动编号"的主索引字段,num,data 分别为整数和文本字段。

String str = "CREATE TABLE table01(

_id INTEGER PRIMARY KEY AUTOINCREMENT, num INTERGER, data TEXT)";

db. exeSQL(str) ;

3. 新增、修改及删除数据表及数据

在 table01 数据表中,新增一条记录,因为"_id"为自动编号字段,只需输入 num、data 两个字段即可。

String str = "INSERT INTO table01 (num,data) values(1,'数据项 1')";

db. exeSQL(str) ;

更新 table01 数据表中编号"_id = 1"的数据。

String str = "UPDATE table01 SET num = 12,data = '数据更新'　WHERE_id = 1";

db. exeSQL(str) ;

删除 table01 数据表中编号"_id = 1"的数据。

String str = "DELETE FROM table01 WHERE _id = 1";

db. exeSQL(str) ;

删除 table01 数据表。

String str = "DROP TABLE table01";

db. exeSQL(str) ;

4. rawQuery( )数据查询

使用 rawQuery( )可以执行指定的 SQL 指令,与 exeSQL( )不同的地方是,它会以 Cursor 类型传回执行结果或查询结果。

查询 table01 数据表的所有数据,并以 Cursor 类型传回查询数据。

Cursor cursor = db. rawQuery("SELECT ＊ FROM table01",null) ;

查询 table01 数据表中编号"_id = 1"的数据,并以 Cursor 类型传回查询数据。

Cursor cursor = db. rawQuery("SELECT ＊ FROM table01WHERE _id = 1",null) ;

SQLiteDatabase 查询后回传的数据是以 Cursor 的类型来呈现,它只传回程序中目前需要用的数据,以节省内存资源。

表 5.10　Cursor 常用方法表

方　法	用　　途
exeSQL( )	执行 SQL 命令,可以完成数据表的创建、新增、修改、删除动作
rawQuery( )	使用 Cursor 类型传回查询的数据,最常用于查询所有的数据
insert( )	数据新增,使用时会以 contentvalues 类将数据以打包的方式,再通过 insert( )新增至数据表中
delete( )	删除指定的数据
update( )	修改数据,使用时会以 contentvalues 类数据以打包的方式,再通过 update( )新增至数据表中
query( )	使用 Cursor 类型传回指定字段的数据。
close( )	关闭数据库

5. Query( )数据查询

rawQuery( )在参数中直接以字符串的方式设置 SQL 指令,而 Query( )是将 SQL 语法的结构拆解为参数,包含了要查询的数据表名称,要选取的字段,where 筛选条件,筛选条件参数

名,筛选条件参数值,groupby 条件,having 条件。其中除了数据表名称外,其他参数可以使用 null 来取代。完成查询后,最后以 cursor 类型传回数据。

Query( )语法如下:

Cursor cursor = query (string table, string [ ] columns, string selection, string [ ] selectionarg, string groupby, string having, string orderby, string limit);

Cursor:传回指定字段的数据。

Table:代表数据表名称。

Columns:代表指定数据的字段,设为 null 代表获取全部的字段。

Selection:代表指定的查询条件式,不必加 where 子句,设为 null 代表获取所有的数据。

Selectionarg:定义 SQLwhere 子句中的"?"查询参数。

Groupby:设置排序,不必加 groupby 子句,设为 null 代表不指定。

Having:指定分组,不必加 Having 子句,设为 null 代表不指定。

Orderby:设置排序,不必加 Orderby 子句,设为 null 代表不指定。

Limit:获取的数据记录数,不必加 Limit 子句,设为 null 代表不指定。

例如查询 table01 数据表中所有的数据,并以 cursor 类型传回 num,data 两个字段的数据。

Db. query("table01", new string[ ] {"num","data"}, null, null, null, null, null, null);

查询 table01 数据表中编号"_id = 1"的数据,并以 cursor 类型传回 num,data 两个字段的数据。

Db. query("table01", new string[ ] {"num","data"}, "_id = 1", null, null, null, null, null);

6. Insert( )数据新增

SQLiteDatabase 类提供的 insert( )方法进行数据新增动作。使用时首先用 contentvalues 类将数据以打包的方式,并以 put( )方法加入数据,再通过 insert( )将数据新增至数据表中。

例如将数据内容"西瓜,120"的数据加入 table01 数据表的"name,price"字段中。

Contentvalues cv = new contentvalues( );

Cv. put("name","西瓜");

Cv. put("price","120");

Db. insert("table01", null, cv);

7. Delete( )数据删除

删除 table01 数据表中编号"_id = 1"的数据。

int id = 1;

Db. delete("table01", "_id = "+id, null);

8. Update( )修改数据

使用时会以 contentvalues 类将数据以打包的方式,并以 put( )方法加入数据,再通过 update( )更新数据表。

更新 table01 数据表中编号"_id = 1"的数据为 name = "南瓜"、price = 135.

Contentvalues cv = new contentvalues( );

Cv. put("name","南瓜");

Cv. put("price",135);

Db. update("table01", cv, "_id = 1", null);

9. 使用 listview 显示 SQLite 数据

使用 rawquery( )或 query( )查询的数据是以 cursor 类型来呈现的,它只传回程序中目前需要的数据,以节省内存资源。要将数据表显示在 listview 上必须使用 Simplecursoradapter 当作数据的适配器。Simplecursoradapter 类是显示界面组件和 cursor 数据的桥梁,它的功能是将 cursor 类的数据适配到显示的界面组件,如 listview、spinner 等组件。

Simplecursoradapter 类的构造函数如下:

Simplecursoradapter(Context context,int layout,Cursor cursor,String[ ] from,int[ ] to)

Context:表示目前的主程序。

Layout:表示显示的布局配置文件。

Cursor:表示要显示的数据。

From:表示要显示的字段。

To:表示布局配置中对应显示的组件。

例如将 table01 数据表中所有的数据显示在 listview 上,布局配置使用内建的 Android. R. layOut. simple_list 模板,数据字段为 num、data,布局配置中对应显示的组件为 Android. R. id. text1、Android. R. id. text2,语法为:

Cursor cursor=db. rawQuery("SELECT * FROMtable01" null) ;

SimpleCursorAdapter adapter =new SimpleCursorAdapter(this,android. R. layout. simple_list, new string[ ]{"num" ,"data"} ,new int[ ]{android. R. id. text1 ,android. R. id. text2}) ;

Listview01. setAdapter(adapter) ;

10. 扩展类 SQLiteOpenHelper

Android 提供了数据库操作扩展类 SQLiteOpenHelper,只要继承 SQLiteOpenHelper 类,就可以轻松的创建数据库。SQLiteOpenHelper 类根据开发应用程序的需要,封装了创建和更新数据库使用的逻辑。SQLiteOpenHelper 的子类,至少需要实现三个方法:

(1)构造函数,调用父类 SQLiteOpenHelper 的构造函数。

(2)onCreate( )方法;// TODO 创建数据库后,对数据库的操作。

(3)onUpgrade( )方法。// TODO 更改数据库版本的操作。

当完成了对数据库的操作(例如 Activity 已经关闭),需要调用 SQLiteDatabase 的 Close( )方法来释放掉数据库连接,操作数据库的最佳实践是创建一个辅助类,例如定义操作 mydb 数据库辅助类:class mydbDatabaseHelper extends SQLiteOpenHelper。

下面通过一个列子说明数据库辅助类的应用与数据基本操作的方法。

例子中首先在包 package com. example. dbdemo 中创建一个新的数据库辅助类 BooksDB. java 这个类要继承于 android. database. sqlite. SQLiteOpenHelper 抽象类,我们要实现其中两个方法:onCreate( ),onUpdate。具体代码如下:

```
public class BooksDB extends SQLiteOpenHelper {
private final static String DATABASE_NAME = "BOOKS. db";
private final static int DATABASE_VERSION = 1;
private final static String TABLE_NAME = "books_table";
public final static String BOOK_ID = "book_id";
public final static String BOOK_NAME = "book_name";
```

```java
public final static String BOOK_AUTHOR = "book_author";
public BooksDB(Context context) {
// TODO Auto-generated constructor stub
super(context, DATABASE_NAME, null, DATABASE_VERSION);
}
//创建 table
public void onCreate(SQLiteDatabase db) {
String sql = "CREATE TABLE "+ TABLE_NAME + "("+ BOOK_ID
+ "INTEGER primary key autoincrement, "+ BOOK_NAME + "text, "+ BOOK_AUTHOR +"text);";
db. execSQL(sql);
}
@ Override
public void onUpgrade(SQLiteDatabase db, int oldVersion, int newVersion) {
String sql = "DROP TABLE IF EXISTS "+ TABLE_NAME;
db. execSQL(sql);
onCreate(db);
}
public Cursor select() {
SQLiteDatabase db = this. getReadableDatabase();
Cursor cursor = db
. query(TABLE_NAME, null, null, null, null, null, null);
return cursor;
}
//增加操作
public long insert(String bookname,String author)
{
SQLiteDatabase db = this. getWritableDatabase();
/ * ContentValues * /
ContentValues cv = new ContentValues();
cv. put(BOOK_NAME, bookname);
cv. put(BOOK_AUTHOR, author);
long row = db. insert(TABLE_NAME, null, cv);
return row;
}
//删除操作
public void delete(int id)
{
SQLiteDatabase db = this. getWritableDatabase();
String where = BOOK_ID + "= ?";
String[ ] whereValue ={ Integer. toString(id) };
db. delete(TABLE_NAME, where, whereValue);
}
//修改操作
```

```
public void update( int id, String bookname, String author)
{
SQLiteDatabase db = this. getWritableDatabase( );
String where = BOOK_ID + "= ?";
String[ ] whereValue = { Integer. toString( id) } ;

ContentValues cv = new ContentValues( ) ;
cv. put( BOOK_NAME, bookname) ;
cv. put( BOOK_AUTHOR, author) ;
db. update( TABLE_NAME, cv, where, whereValue) ;
}
}
```

修改 main. xml 布局如下,由两个 EditText 和一个 ListView 组成,代码如下:

```
<? xml version ="1. 0"encoding ="utf-8"? >
<LinearLayout xmlns:android ="http://schemas. android. com/apk/res/android"
android:orientation ="vertical"
android:layout_width ="fill_parent"
android:layout_height ="fill_parent"
>
<EditText
android:id ="@ +id/bookname"
android:layout_width ="fill_parent"
android:layout_height ="wrap_content"
>
</EditText>
<EditText
android:id ="@ +id/author"
android:layout_width ="fill_parent"
android:layout_height ="wrap_content"
>
</EditText>
<ListView
android:id ="@ +id/bookslist"
android:layout_width ="fill_parent"
android:layout_height ="wrap_content"
>
</ListView>
</LinearLayout>
```

修改 MainActivity. java 代码如下:

```
public class MainActivity extends Activity implements AdapterView. OnItemClickListener {
private BooksDB mBooksDB;
private Cursor mCursor;
private EditText BookName;
```

```
private EditText BookAuthor;
private ListView BooksList;
private int BOOK_ID = 0;
protected final static int MENU_ADD = Menu. FIRST;
protected final static int MENU_DELETE = Menu. FIRST + 1;
protected final static int MENU_UPDATE = Menu. FIRST + 2;
public void onCreate( Bundle savedInstanceState) {
super. onCreate( savedInstanceState);
setContentView( R. layout. activity_main);
setUpViews();
}
public void setUpViews() {
mBooksDB = new BooksDB( this);
mCursor = mBooksDB. select();
BookName = ( EditText) findViewById( R. id. bookname);
BookAuthor = ( EditText) findViewById( R. id. author);
BooksList = ( ListView) findViewById( R. id. bookslist);
BooksList. setAdapter( new BooksListAdapter( this, mCursor));
BooksList. setOnItemClickListener( this);
}
public boolean onCreateOptionsMenu( Menu menu) {
super. onCreateOptionsMenu( menu);
menu. add( Menu. NONE, MENU_ADD, 0, "ADD");
menu. add( Menu. NONE, MENU_DELETE, 0, "DELETE");
menu. add( Menu. NONE, MENU_DELETE, 0, "UPDATE");
return true;
}
public boolean onOptionsItemSelected( MenuItem item)
{
super. onOptionsItemSelected( item);
switch ( item. getItemId())
{
case MENU_ADD:
add();
break;
case MENU_DELETE:
delete();
break;
case MENU_UPDATE:
update();
break;
}
return true;
```

```
}
public void add( ) {
String bookname = BookName. getText( ). toString( );
String author = BookAuthor. getText( ). toString( );
//书名和作者都不能为空,或者退出
if ( bookname. equals( "" ) || author. equals( "" ) ) {
return;
}
mBooksDB. insert( bookname, author);
mCursor. requery( );
BooksList. invalidateViews( );
BookName. setText( "" );
BookAuthor. setText( "" );
Toast. makeText( this, "Add Successed!", Toast. LENGTH_SHORT). show( );
}
public void delete( ) {
if ( BOOK_ID == 0) {
return;
}
mBooksDB. delete( BOOK_ID);
mCursor. requery( );
BooksList. invalidateViews( );
BookName. setText( "" );
BookAuthor. setText( "" );
Toast. makeText( this, "Delete Successed!", Toast. LENGTH_SHORT). show( );
}
public void update( ) {
String bookname = BookName. getText( ). toString( );
String author = BookAuthor. getText( ). toString( );
//书名和作者都不能为空,或者退出
if ( bookname. equals( "" ) || author. equals( "" ) ) {
return;
}
mBooksDB. update( BOOK_ID, bookname, author);
mCursor. requery( );
BooksList. invalidateViews( );
BookName. setText( "" );
BookAuthor. setText( "" );
Toast. makeText( this, "Update Successed!", Toast. LENGTH_SHORT). show( );
}
public void onItemClick( AdapterView<? > parent, View view, int position, long id) {
mCursor. moveToPosition( position);
BOOK_ID = mCursor. getInt( 0);
```

```
BookName. setText(mCursor. getString(1));
BookAuthor. setText(mCursor. getString(2));
}
public class BooksListAdapter extends BaseAdapter{
private Context mContext;
private Cursor mCursor;
public BooksListAdapter(Context context,Cursor cursor) {
mContext = context;
mCursor = cursor;
}
public int getCount() {
return mCursor. getCount();
}
public Object getItem(int position) {
return null;
}
public long getItemId(int position) {
return 0;
}
public View getView(int position, View convertView, ViewGroup parent) {
TextView mTextView = new TextView(mContext);
mCursor. moveToPosition(position);
mTextView. setText(mCursor. getString(1) + "___"+ mCursor. getString(2));
return mTextView;
}
}
}
```

程序运行效果如图 5.52 和图 5.53 所示。

图 5.52　数据增加

图 5.53　数据删除

11. 查看数据库

查看我们所创建的数据库有两种方法：

（1）用命令查看：adb shell ls data/data/com. example. dbdem/databases。

（2）用 DDMS 查看，在 data/data 下面对应的应用程序的包名目录下会有如图 5.54 所示数据库。

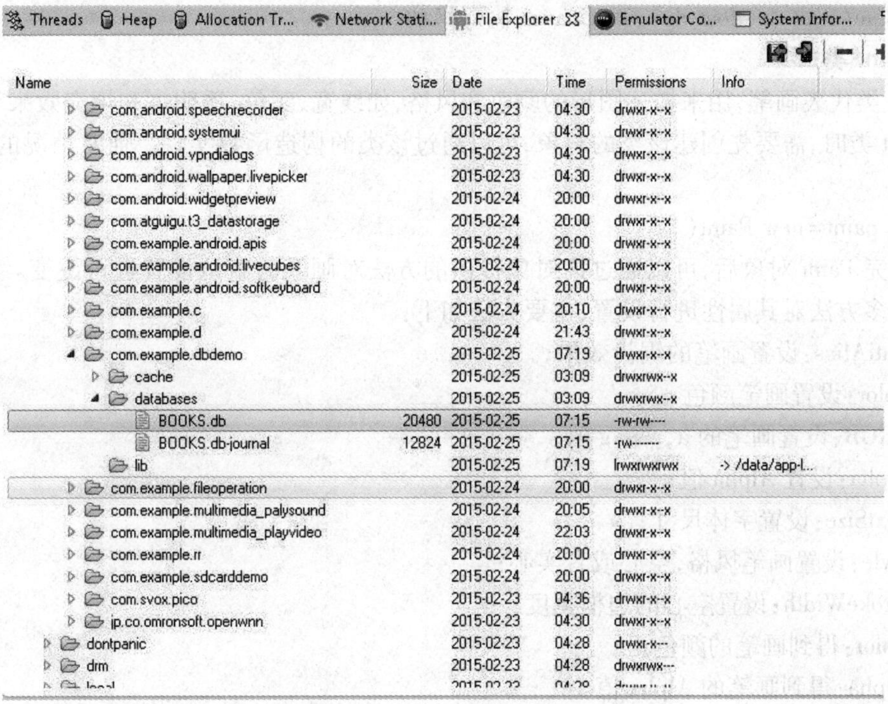

图 5.54　数据库存储位置

5.7　图形图像编程

5.7.1　Canvas 类与 Paint 类

1. Canvas 类

Canvas 类代表画布，通过该类提供的构造方法，可以绘制各种图形。通常情况下，要在 Android 中绘图，需要先创建一个继承自 View 类的视图，并且在该类中重写它的 onDraw 方法，然后在显示绘图的 Activity 中添加该视图。经常要用到 Canvas 和 Paint 类，Canvas 好比是一张画布，上面已经有想绘制图画的轮廓了，而 Paint 就好比是画笔，就要给 Canvas 进行添色等操作。

Canvas 类绘制的主要方法如下。

drawArc（参数）绘制弧；

drawBitmao（Bitmap bitmap，Rect rect，Rect dst，Paint paint）在指定点绘制从源图中"挖取"的一块；

clipRect（float left，float top，float right，float bottom）剪切一个矩形区域；

clipRegion(Region region)剪切一个指定区域；

Canvas 除了直接绘制一个基本图形外，还提供了如下方法进行坐标变化：

rotate(float degree,float px, float py)：对 Canvas 执行旋转变化；

scale(float sx,float sy,float px,float py)：对 Cnavas 进行缩放变换；

skew(float sx,float sy)：对 Canvas 执行倾斜变换；

translate(float dx,float dy)：对 Cnavas 执行移动。

2. Paint 类

Paint 类代表画笔，用来描述图形的颜色和风格，如线宽、颜色、透明度和填充效果等信息。使用 Paint 类时，需要先创建该类的对象，可以通过该类的构造函数实现。通常情况的实现代码是：

Paint paint=new Paint()；

创建完 Paint 对象后，可以通过该对象提供的方法对画笔的默认设置进行改变。Paint 中包含了很多方法对其属性进行设置，主要方法如下：

setAntiAlias：设置画笔的锯齿效果；

setColor：设置画笔颜色 ；

setARGB：设置画笔的 a,r,p,g 值；

setAlpha：设置 Alpha 值；

setTextSize：设置字体尺寸；

setStyle：设置画笔风格，空心或者实心；

setStrokeWidth：设置空心的边框宽度；

getColor：得到画笔的颜色；

getAlpha：得到画笔的 Alpha 值。

3. 文本绘制

setFakeBoldText(boolean fakeBoldText)：模拟实现粗体文字，设置在小字体上效果会非常差；

setSubpixelText(boolean subpixelText)：设置该项为 true,将有助于文本在 LCD 屏幕上的显示效果；

setTextAlign(Paint. Align align)：设置绘制文字的对齐方向；

setTextScaleX(float scaleX)：设置绘制文字 x 轴的缩放比例,可以实现文字的拉伸效果：

setTextSize(float textSize)：设置绘制文字的字号大小；

setTextSkewX(float skewX)：设置斜体文字，skewX 为倾斜弧度；

setTypeface(Typeface typeface)：设置 Typeface 对象，即字体风格，包括粗体、斜体以及衬线体、非衬线体等；

setUnderlineText(boolean underlineText)：设置带有下划线的文字效果；

setStrikeThruText(boolean strikeThruText)：设置带有删除线的效果 。

4. 用 Shader 类进行渲染

Android 系统中提供了 Shader 渲染类来实现渲染功能。Shader 是一个抽象父类，其子类有很多个，如 BitmapShader、ComposeShader、LinearGradient、RadialGradient 和 SweepGradient 等。

通过 Paint 对象的 paint. setShader 方法来使用 Shader。

Shader 类的使用需要先构建 Shader 对象,通过 Paint 的 setShader 方法设置渲染对象,然后在绘制时使用这个 Paint 对象即可。当然,有不同的渲染时需要构建不同的对象。

Android 提供的 shader 类主要是渲染图像以及一些几何图形。Shader 有几个直接子类:

BitmapShader:主要用来渲染图像。

LinearGradient:用来进行线性渲染。

RadialGradient 用来进行环形渲染。

SweepGradient:扫描渐变,围绕一个中心点扫描渐变,雷达扫描,用来梯度渲染。

ComposeShader:组合渲染,可以和其他几个子类组合起来使用。

渲染基本步骤:

(1)首先创建好要设置的渲染对象 shader;

(2)接着通过 paint 对象的 setshader 方法设置渲染对象。

下面通过一个例子说明 Canvas,Pain 及 shader 类的使用方法,例子通过一个自定义 view 类,来实现图形的绘制。

首先定义 DrawView. java 类,自定义 View 组件,重写 View 组件的 onDraw(Canvase)方法,接下来是在该 Canvas 上绘制大量的几何图形,包括点、直线、弧、圆、椭圆、文字、矩形、多边形、曲线和圆角矩形等各种形状。

```
public class DrawView extends View {
    public DrawView(Context context) {
        super(context);
    }
    @ Override
    protected void onDraw(Canvas canvas) {
        super. onDraw(canvas);
            //方法说明:drawRect 绘制矩形 drawCircle 绘制圆形 drawOval 绘制椭圆
        //drawPath 绘制任意多边形
//drawLine 绘制直线 drawPoin 绘制点
        //创建画笔
        Paint p = new Paint();
        p. setColor(Color. RED);//设置红色
        canvas. drawText("画圆:", 10, 20, p);// 画文本
        canvas. drawCircle(60, 20, 10, p);//小圆
        p. setAntiAlias(true);//设置画笔的锯齿效果,true 是去除,大家一看效果就明白了
        canvas. drawCircle(120, 20, 20, p);//大圆
canvas. drawText("画线及弧线:", 10, 60, p);
        p. setColor(Color. GREEN);//设置绿色
        canvas. drawLine(60, 40, 100, 40, p);//画线
        canvas. drawLine(110, 40, 190, 80, p);//斜线
        //画笑脸弧线
        p. setStyle(Paint. Style. STROKE);//设置空心
        RectF oval1 = new RectF(150, 20, 180, 40);
```

```
canvas. drawArc(oval1, 180, 180, false, p);//小弧形
oval1. set(190, 20, 220, 40);
canvas. drawArc(oval1, 180, 180, false, p);//小弧形
oval1. set(160, 30, 210, 60);
canvas. drawArc(oval1, 0, 180, false, p);//小弧形
canvas. drawText("画矩形:", 10, 80, p);
p. setColor(Color. GRAY);//设置灰色
p. setStyle(Paint. Style. FILL);//设置填满
canvas. drawRect(60, 60, 80, 80, p);//正方形
canvas. drawRect(60, 90, 160, 100, p);//长方形
canvas. drawText("画扇形和椭圆:", 10, 120, p);
/* 设置渐变色 这个正方形的颜色是改变的 */
Shader mShader = new LinearGradient(0, 0, 100, 100,
new int[] { Color. RED, Color. GREEN, Color. BLUE, Color. YELLOW,
    Color. LTGRAY }, null, Shader. TileMode. REPEAT); /* 一个材质,打造出一个线性梯度沿着一
条线 */
p. setShader(mShader);
// p. setColor(Color. BLUE);
RectF oval2 = new RectF(60, 100, 200, 240);//设置一个新的长方形,扫描测量
canvas. drawArc(oval2, 200, 130, true, p);
    /* 画弧,第一个参数是 RectF;第二个参数是角度的开始,第三个参数是多少度,第四个参数是真
的时候画扇形,是假的时候画弧线 */
//画椭圆,把 oval 改一下
oval2. set(210, 100, 250, 130);
canvas. drawOval(oval2, p);
canvas. drawText("画三角形:", 10, 200, p);
//绘制这个三角形,可以绘制任意多边形
canvas. drawText("画三角形:", 10, 200, p);
//绘制这个三角形,可以绘制任意多边形
Path path = new Path();
path. moveTo(80, 200);//此点为多边形的起点
path. lineTo(120, 250);
path. lineTo(80, 250);
path. close(); //使这些点构成封闭的多边形
canvas. drawPath(path, p);
//可以绘制很多任意多边形,比如下面画六连形
p. reset();//重置
p. setColor(Color. LTGRAY);
p. setStyle(Paint. Style. STROKE);//设置空心
Path path1 = new Path();
path1. moveTo(180, 200);
path1. lineTo(200, 200);
path1. lineTo(210, 210);
```

path1. lineTo(200, 220);

path1. lineTo(180, 220);

path1. lineTo(170, 210);

path1. close();//封闭

canvas. drawPath(path1, p);

//画圆角矩形

p. setStyle(Paint. Style. FILL);//充满

p. setColor(Color. LTGRAY);

p. setAntiAlias(true);//设置画笔的锯齿效果

canvas. drawText("画圆角矩形:", 10, 260, p);

RectF oval3 = new RectF(80, 260, 200, 300);//设置一个新的长方形

canvas. drawRoundRect(oval3, 20, 15, p);//第二个参数是 x 半径,第三个参数是 y 半径

//画贝塞尔曲线

canvas. drawText("画贝塞尔曲线:", 10, 310, p);

p. reset();

p. setStyle(Paint. Style. STROKE);

p. setColor(Color. GREEN);

Path path2 = new Path();

path2. moveTo(100, 320);//设置 Path 的起点

path2. quadTo(150, 310, 170, 400);//设置贝塞尔曲线的控制点坐标和终点坐标

canvas. drawPath(path2, p);//画出贝塞尔曲线

//画点

p. setStyle(Paint. Style. FILL);

canvas. drawText("画点:", 10, 350, p);

canvas. drawPoint(60, 350, p);//画一个点

canvas. drawPoints(new float[] {60, 360, 65, 360, 70, 360}, p);//画多个点

//画图片,就是贴图

　　Bitmap bitmap = BitmapFactory. decodeResource
(getResources(),

　　R. drawable. ic_launcher);

　　　canvas. drawBitmap(bitmap, 200, 270, p);

　　}

}

创建 Activity 类,调用绘图类 DrawView 进行显示
(图 5.55)。

```
public class MainActivity extends Activity {
    @ Override
    public void onCreate(Bundle savedInstanceState) {
        super. onCreate(savedInstanceState);
        setContentView(R. layout. activity_main);
        init();
    }
    private void init() {
```

图 5.55　绘图实例

```
        LinearLayout layout = (LinearLayout) findViewById(R. id. root);
        final DrawView view = new DrawView(this);
        view. setMinimumHeight(500);
        view. setMinimumWidth(300);
        // 通知 view 组件重绘
        view. invalidate();
        layout. addView(view);
    }
}
```

5.7.2　SurfaceView 类

　　SurfaceView 是 View 的子类,使用的方式与任何 View 所派生的类都是完全相同的,可以像其他 View 那样应用动画,更适合2D 游戏的开发。SurfaceView 封装的 Surface 支持使用前面所描述的所有标准 Canvas 方法进行绘图,同时也支持完全的 OpenGL ES 库。surface 的排版显示受到视图层级关系的影响,它的兄弟节点会在顶端显示。这意味着 surface 的内容会被它的兄弟视图遮挡,这一特性可以用来放置遮盖物(overlays)(例如:文本和按钮等控件)。但是,当 surface 上面有透明控件时,它的每次变化都会引起框架重新计算自身和顶层控件的透明效果,这会影响性能。可以通过 SurfaceHolder 接口访问,getHolder()方法可以得到这个接口。

　　当 SurfaceView 变得可见时,surface 被创建;当 surfaceView 隐藏前,surface 被销毁,这样可以节省资源。通过重载 surfaceCreated(SurfaceHolder) 和 surfaceDestroyed(SurfaceHolder)两种方法,用户可以处理 Surface 被创建和销毁的事件。SurfaceView 的核心提供了两个线程:UI 线程和渲染线程。应该注意的是:

　　(1)所有的 SurfaceView 和 SurfaceHolder. Callback 的方法都应该在 UI 线程里调用,一般来说,就是应用程序的主线程。渲染线程所要访问的各种变量应该做同步处理。

　　(2)由于 surface 可能被销毁,它在 SurfaceHolder . Callback. surfaceCreated( )和 SurfaceHoledr. Callback. surfaceDestroyed()之间有效,所以要确保渲染线程访问的是合法有效的 surface。

　　下面通过一个例子说明 Surfaceview 的使用方法,例子实现了一个不断变换颜色的圆形,并且实现了 SurfaceView 的事件处理。我们可以通过模拟器的上下键来调节这个圆在屏幕中的位置。

　　首先创建 myGameView. java 类,其负责绘图。

```
public class myGameView extends SurfaceView implements SurfaceHolder. Callback,
Runnable {
    //控制循环
    boolean mbLoop = false;
    //定义 SurfaceHolder 对象
    SurfaceHolder mSurfaceHolder = null;
    int miCount = 0;
    int y = 50;
    public myGameView( Context context) {
        super( context);
```

```
        // 实例化 SurfaceHolder
        mSurfaceHolder = this. getHolder( );
        // 添加回调函数
        // 注意这里这句 mSurfaceHolder. addCallback(this)这句执行完了之后
        // 马上就会回调 surfaceCreated 方法了,然后开启线程,执行顺序要搞清楚
        mSurfaceHolder. addCallback(this);
        this. setFocusable(true);
        mbLoop = true;
        }
        //在 surface 的大小发生改变时激发
        public void surfaceChanged(SurfaceHolder holder, int format, int width,
int height) {

        }
        // surface 创建时激发此方法在主线程总执行
        public void surfaceCreated(SurfaceHolder holder) {
        //开启绘图线程
          new Thread(this). start( );
        }
        //在 surface 销毁时激发
        public void surfaceDestroyed(SurfaceHolder holder) {
        //停止循环
          mbLoop = false;
        }
        //绘图循环
        public void run( ) {
          while (mbLoop) {
          try {Thread. sleep(200);
            } catch (Exception e) {
          }
        //至于这里为什么同步这就像一块画布不能让两个人同时往上边画画
            synchronized (mSurfaceHolder) {
          Draw( );
          }
        }
      }
    }
    //绘图方法,注意这里是另起一个线程来执行绘图方法了不是在 UI 线程了
    public void Draw( ) {
    //锁定画布,得到 canvas 用 SurfaceHolder 对象的 lockCanvas 方法
      Canvas canvas = mSurfaceHolder. lockCanvas( );
      if (mSurfaceHolder == null || canvas == null) {
        return;
      }
      if (miCount < 100) {
```

```
        miCount++;
    } else {
        miCount = 0;
    }
    // 绘图
    Paint mPaint = new Paint();
    // 给 Paint 对象加上抗锯齿标志
    mPaint.setAntiAlias(true);
    mPaint.setColor(Color.BLACK);
    // 绘制矩形---清屏作用
    canvas.drawRect(0, 0, 320, 480, mPaint);
    switch (miCount % 4) {
    case 0:
    mPaint.setColor(Color.BLUE);
    break;
    case 1:
        mPaint.setColor(Color.GREEN);
        break;
    case 2:
        mPaint.setColor(Color.RED);
    case 3:
        mPaint.setColor(Color.YELLOW);
    default:
        mPaint.setColor(Color.WHITE);
        break;
    }
    // 绘制矩形
    canvas.drawCircle((320 - 25) / 2, y, 50, mPaint);
    // 绘制后解锁,绘制后必须解锁才能显示
    mSurfaceHolder.unlockCanvasAndPost(canvas);
    }
}
```

创建 Activity 类,调用绘图类相应事件并处理。

```
public class MainActivity extends Activity {
    myGameView mGameSurfaceView;
    @Override
    public void onCreate(Bundle savedInstanceState) {
        super.onCreate(savedInstanceState);
        // 创建 GameSurfaceView 对象
        mGameSurfaceView = new myGameView(this);
        mGameSurfaceView.setFocusable(true);
        mGameSurfaceView.setFocusableInTouchMode(true);
        // 设置显示 GameSurfaceView 视图
        setContentView(mGameSurfaceView);
    }
}
```

```
//触笔事件 返回值为 true 父视图不做处理以下返回值为 true 的都是不做处理的
public boolean onTouchEvent( MotionEvent event) {
    return true;
}
//按键按下事件
public boolean onKeyDown( int keyCode, KeyEvent event) {
    return true;
}
//按键弹起事件
public boolean onKeyUp( int keyCode, KeyEvent event) {
    switch ( keyCode) {
    // 上方向键
    case KeyEvent. KEYCODE_DPAD_UP:
        mGameSurfaceView. y -= 3;
        break;
    // 下方向键
    case KeyEvent. KEYCODE_DPAD_DOWN:
        mGameSurfaceView. y += 3;
        break;
    }
        return false;
    }
    public boolean onKeyMultiple( int keyCode, int repeatCount, KeyEvent event) {
        return true;
    }
}
```

运行效果如图 5.56 和图 5.57 所示。

图 5.56　圆滚动 1

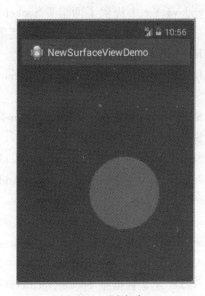
图 5.57　圆滚动 2

5.8 Socket 编程

5.8.1 Socket 简介

Socket 通常也称作"套接字",用于描述 IP 地址和端口,是一个通信链的句柄。应用程序通常通过"套接字"向网络发出请求或者应答网络请求。它是通信的基石,是支持 TCP/IP 协议的网络通信的基本操作单元。它是网络通信过程中端点的抽象表示,包含进行网络通信必需的 5 种信息:连接使用的协议、本地主机的 IP 地址。本地进程的协议端口、远地主机的 IP 地址和远地进程的协议端口。

Socket 有两种主要的操作方式:面向连接的和无连接的。

(1)无连接的操作使用数据报协议,一个数据报是一个独立的单元,它包含了这次投递的所有信息。把它想象成一个信封吧,它有目的地址和要发送的内容,这个模式下的 Socket 不需要连接一个目的 Socket,它只是简单的投出数据报。无连接的操作是快速的和高效的,但是数据安全性不佳。

(2)面向连接的操作使用 TCP 协议,一个这个模式下的 Socket 必须在发送数据之前与目的地的所有发送的信息都会在另一端以同样的顺序被接收。面向连接的操作比无连接操作的效率更低,但是数据的安全性更高。

5.8.2 Socket 编程原理

1. Socket 构造

Java 在包 Java. net 中提供了两个类 Socket 和 ServerSocket,分别用来表示双向连接的客户端和服务端。这是两个封装的非常好的类,使用很方便。其构造方法如下:

Socket(InetAddress address,int port);

Socket(InetAddress address,int port,boolean stream);

Socket(String host,int prot);

Socket(String host,int prot, boolean stream);

Socket(SocketImpl impl);

Socket(String host,int port,InetAddress localAddr,int localPort);

Socket(InetAddress address,int port,InetAddress localAddr,int localPort);

ServerSocket(int port);

ServerSocket(int port,int backlog);

ServerSocket(int port,int backlog,InetAddress bindAddr);

其中,address,host,port 分别是双向连接中另一方的 IP 地址,主机名和端口号,stream 指明 Socket 是流 Socket 还是数据报 Socket,localPort 表示本地主机的端口号,localAddr 和 bindAddr 是本地机器的地址(ServerSocket 的主机地址),impl 是 Socket 的父类,既可以用来创建 ServerSocket,又可以用来创建 Socket。Count 则表示服务端所能支持的最大连接数。例如:

Socket client=new Socket("192. 168. 110",54321);

ServerSocket Server=new ServerSocket(54321);

注意,在选择端口时必须小心,每一个端口提供一种特定的服务,只有给出正确的端口,才能获得相应的服务,0 ~ 1023 的端口号为系统所保留,例如 http 服务的端口号为 80,telnet 服务的端口号为 21,ftp 服务的端口号为 23,所以我们在选择端口号时,最好选择一个大于 1023 的数,防止发生冲突。在创建 Socket 时,如果发生错误,将产生 IOException,在程序中必须对其进行处理。所以在创建 Socket 或 ServerSocket 时必须捕获或抛出异常。

2. 客户端 Socket

要想使用 Socket 来与一个服务器通信,就必须先在客户端创建一个 Socket,并指出需要连接的服务器的 IP 地址和端口,这也是使用 Socket 通信的第一步,代码如下:

```
Try
{
//192.168.1.110 是 IP 地址,54321 是端口
Socket socket = new Socket("192.168.1.110",54321);
}
Catch(IOException e){}}
```

3. ServerSocket

一个创建服务器端 ServerSocket 的过程,代码如下:

```
ServerSocket Server = null;
Try{
Server = new ServerSocket (54321);
}catch(IOException e){}}
Try{
Socket Socket = Server . accept();
}catch((IOException e){}}
```

通过以上程序我们创建一个 ServerSocket 在端口 54321 监听客户请求,它是 Server 的典型工作模式,在这里 Server 只能接收一个请求,接收后 Server 就退出了。实际的应用中总是让它不停地循环接收,一旦有客户请求,Server 总是会创建一个服务线程来服务新来的客户,而自己继续监听。程序中 accept()是一个阻塞函数,所谓阻塞性方法就是说该方法被调用后将等待客户的请求,直到有一个客户启动并请求连接到相同的端口,然后 accept()返回一个对应客户的 Socket。这时,客户方和服务方都建立了用于通信的 Socket,接下来就是由各个 Socket 分别打开各自的输入、输出流。

4. 输入(出)流

Socket 提供了方法 getInputStream()和 getOutStream()来得到对应的输入(出)流以进行读写操作,这两个方法分别返回 InputStream 和 OutputStream 类对象。为了便于读写数据,我们可以在返回的输入/输出流对象上建立过滤流,如 DataInputStream,DataOutputStream 或 PrintStream 类对象,对于文本方式流对象,可以采用 InputStreamReader,OutputStreamWriter 和 PrintWirter 等处理。代码如下:

```
PrintStream os = new PrintStream(new BufferedOutputStream(socket.getOutputStream()));
DataInputStream is = new DataInputStream(socket.getInputStream());
```

PrintWriter out = new PrintWriter(socket. getOutStream( ) , true) ;

BufferedReader in = new

ButfferedReader(new InputSteramReader(Socket. getInputStream( ))) ;

5. 关闭 Socket 和流

每一个 Socket 存在时都将占用一定的资源,在 Socket 对象使用完毕时,要使其关闭。关闭 Socket 可以调用 Socket 的 close( )方法。在关闭 Socket 之前,应将与 Socket 相关的所有输入(出)流全部关闭,以释放所有的资源,而且要注意关闭的顺序,与 Socket 相关的所有的输入/输出应首先关闭,然后再关闭 Socket。尽管 Java 有自动回收机制,网络资源最终是会被释放的,但是为了有效利用资源,建议读者按照合理的顺序主动释放资源。

Os. close( ) ;Is. close( ) ;Socket. close( ) ;

5.8.3　Android Socket 编程

在 Android 中完全可以使用 Java 标准 API 来开发网络应用,下面我们将实现一个服务器和客户端通信,客户端发送数据并接收服务器发回的数据,编辑数据并点击"发送"按钮后,得到服务器回发的数据并显示,客户端界面如图 5.58 和图 5.59 所示。

图 5.58　客户端界面

图 5.59　读取服务端数据并显示

服务器端接收到的数据如图 5.60 所示。

图 5.60　服务器端接收到的数据

1. 服务器实现

首先来看看我们这里实现的服务器程序,如下面 AndroidService. java 程序清单所示,注意该程序需要单独编译,并在命令模式下启动。

```java
public class AndroidService {
public static void main(String[] args) throws IOException {
ServerSocket serivce = new ServerSocket(30000);
    while (true) {//等待客户端连接
        Socket socket = serivce.accept();
        new Thread(new AndroidRunable(socket)).start();
    }
}
}
class AndroidRunable implements Runnable {
    Socket socket = null;
    public AndroidRunable(Socket socket)
{this.socket = socket;}
    public void run() {
        // 向 android 客户端输出 hello world
        String line = null;
        InputStream input;
        OutputStream output;
        String str = "hello world!";
        try {// 向客户端发送信息
            output = socket.getOutputStream();
            input = socket.getInputStream();
            BufferedReader bff = new BufferedReader(
            new InputStreamReader(input));
            output.write(str.getBytes("gbk"));
            output.flush();
            // 半关闭 socket
            socket.shutdownOutput();
            // 获取客户端的信息
            while ((line = bff.readLine()) != null) {
                System.out.print(line);
            }
            // 关闭输入输出流
            output.close();
            bff.close();
            input.close();
            socket.close();
        } catch (IOException e) {
            e.printStackTrace();
```

```
          }
        }
      }
```

代码清单使用了 Java. net 和 java. io。java. net 包提供了我们需要的 Socket 工具。Java. io 包提供对流进行读写的工具。我们设置了服务器的端口为 30000，开启了一个线程，通过 accept 方法使服务监听客户端的连接，并取得客户端的 Socket 对象 client，通过 BufferedReader 对象来接收客户端的输入流，如果要向客户端发送数据，可以使用 PrintWriter 来实现，但是需要通过 Socket 对象来取得其输出流，最后不要忘了关闭流和 Socket。Main 函数用来开启服务器。

下面我们总结一下创建服务器的步骤。

（1）指定端口实例化一个 ServerSocket。

（2）调用 ServerSocket 的 accept( )以在等待连接期间造成阻塞。

（3）获取位于该底层 Socket 的流以进行读写操作。

（4）将数据封装成流。

（5）对 Socket 进行读写。

（6）关闭打开的流，注意：不要在关闭 Writer 之前关闭 Reader。

2. 客户端实现

客户端实现如下 MainActivity. java 程序清单。

```java
public class MainActivity extends Activity {
    Socket socket = null;
    String buffer = "";
    TextView txt1;
    Button send;
    EditText ed1;
    String geted1;
    public Handler myHandler = new Handler() {
        public void handleMessage(Message msg) {
            if (msg. what = = 0x11)
            {Bundle bundle = msg. getData();
            txt1. append("server:"+ bundle. getString("msg") + "\\n");
            }
        }
    };
    protected void onCreate(Bundle savedInstanceState) {
        super. onCreate(savedInstanceState);
        setContentView(R. layout. activity_main);
        txt1 = (TextView) findViewById(R. id. txt1);
        send = (Button) findViewById(R. id. send);
        ed1 = (EditText) findViewById(R. id. ed1);
        send. setOnClickListener(new OnClickListener() {
            @Override
```

```
    public void onClick( View v) {
        geted1 = ed1. getText( ). toString( );
        txt1. append( "client:"+ geted1 + "\\n");
        // 启动线程,向服务器发送和接收信息
        new MyThread( geted1). start( );
    }
});
}

    class MyThread extends Thread {
    public String txt1;
    public MyThread( String str) {
        txt1 = str;
    }
    public void run( ) {
        // 定义消息
        Message msg = new Message( );
        msg. what = 0x11;
        Bundle bundle = new Bundle( );
        bundle. clear( );
        try {
            // 连接服务器 并设置连接超时为5秒
            socket = new Socket( );
            socket. connect( new InetSocketAddress( "192.168.1.101", 30000),
                5000);
            // 获取输入输出流
            OutputStream ou = socket. getOutputStream( );
            BufferedReader bff = new BufferedReader( new InputStreamReader( socket. getInputStream( )));
            // 读取发来服务器信息
            String line = null;
            buffer = "";
            while ( (line = bff. readLine( )) ! = null) {
                buffer = line + buffer;
            }
            // 向服务器发送信息
            ou. write( "android 客户端". getBytes( "gbk"));
            ou. flush( );
            bundle. putString( "msg", buffer. toString( ));
            msg. setData( bundle);
            // 发送消息 修改 UI 线程中的组件
            myHandler. sendMessage( msg);
            // 关闭各种输入输出流
            bff. close( );
            ou. close( );
```

```
        socket. close( );
    }  catch ( SocketTimeoutException aa) {
        // 连接超时 在 UI 界面显示消息
        bundle. putString("msg", "服务器连接失败! 请检查网络是否打开");
        msg. setData( bundle) ;
        // 发送消息 修改 UI 线程中的组件
        myHandler. sendMessage( msg) ;
    }  catch ( IOException e) {
        e. printStackTrace( ) ;
    }
   }
  }
  public boolean onCreateOptionsMenu( Menu menu) {
    // Inflate the menu; this adds items to the action bar if it is present.
    getMenuInflater( ). inflate( R. menu. main, menu) ;
    return true;
  }
 }
```

代码清单中我们监听了一个按钮事件,在按钮事件中通过"socket = new Socket("192.168. 1.101",30000);"来请求连接服务器。和服务器一样,通过 PrintWriter 和 BufferedReader 来接收和发送消息。在接收到消息后,更新显示到 TextView 中。

下面我们总结一下使用 Socket 来实现客户端的步骤。

(1)通过 IP 地址和端口实例化 Socket,请求连接服务器。

(2)获取 Socket 上的流以进行读写。

(3)把流包装进 BufferedReader/PrintWriter 的实例。

(4)对 Socket 进行读写。

(5)关闭打开的流。

由于程序需要访问网络,需要在文件 AndroidManifest. xml 中注册权限:

<uses-permission android:name="android. permission. INTERNET"/>

<uses-permission android:name="android. permission. ACCESS_NETWORK_STATE"/>

5.9　百度地图编程

地图应用是手机移动开发非常重要的领域,本节借助百度地图 SDK 介绍基于 Android 的地图应用开发方法。

5.9.1　百度地图开发介绍

1. 百度地图 Android SDK 开发

百度地图 Android SDK 是一套基于 Android 2.1 及以上版本设备的应用程序接口,本节介绍百度地图开发接口的使用方法,用户可以通过该接口实现丰富的 LBS 功能。

2. 申请密钥

在使用百度地图 SDK 提供的各种 LBS 功能之前,需要获取百度地图移动版的开发密钥,该密钥与百度账户相关联。因此,用户必须先有百度帐户,才能获得开发密钥。并且,该密钥与创建的工程名称有关,Key 的申请地址为:

http://lbsyun. baidu. com/apiconsole/key。

3. Android SDK 配置

(1) 在工程里新建 libs 文件夹,将开发包里的 baidumapapi_vX_X_X. jar 拷贝到 libs 根目录下,将 libBaiduMapSDK_vX_X_X. so 拷贝到 libs\\armeabi 目录下(官网 demo 里已有这两个文件,如果要集成到自己的工程里,就需要自己添加),拷贝完成后的工程目录如图 5.61 所示。

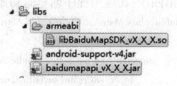

图 5.61　目录

(2)在工程属性 –> Java Build Path –> Libraries 中选择“Add External JARs”,选定 baidumapapi_vX_X_X. jar,确定后返回。通过以上两步操作后,就可以正常使用百度地图 SDK 提供的全部功能了。

4. 显示百度地图

百度地图 SDK 为开发者提供了便捷的显示百度地图数据的接口,通过以下几步操作,即可在应用中使用百度地图数据。

第一步:创建并配置工程;

第二步:在 AndroidManifest 中添加开发密钥、所需权限等信息;

(1)在 application 中添加开发密钥。

```
<application>
<meta–data
    android:name="com. baidu. lbsapi. API_KEY"
    android:value="申请获得的 key"/>
</application>
```

(2)添加所需权限。

```
<uses–permission android:name="android. permission. GET_ACCOUNTS"/>
<uses–permission android:name="android. permission. USE_CREDENTIALS"/>
<uses–permission android:name="android. permission. MANAGE_ACCOUNTS"/>
<uses–permission android:name="android. permission. AUTHENTICATE_ACCOUNTS"/>
<uses–permission android:name="android. permission. ACCESS_NETWORK_STATE"/>
<uses–permission android:name="android. permission. INTERNET"/>
<uses–permission android:name="com. android. launcher. permission. READ_SETTINGS"/>
<uses–permission android:name="android. permission. CHANGE_WIFI_STATE"/>
<uses–permission android:name="android. permission. ACCESS_WIFI_STATE"/>
<uses–permission android:name="android. permission. READ_PHONE_STATE"/>
<uses–permission android:name="android. permission. WRITE_EXTERNAL_STORAGE"/>
<uses–permission android:name="android. permission. BROADCAST_STICKY"/>
<uses–permission android:name="android. permission. WRITE_SETTINGS"/>
<uses–permission android:name="android. permission. READ_PHONE_STATE"/>
```

第三步:在布局 xml 文件中添加地图控件;

```
<com. baidu. mapapi. map. MapView
    android:id="@ +id/bmapView"
    android:layout_width="fill_parent"
    android:layout_height="fill_parent"
    android:clickable="true"/>
```

第四步:在应用程序创建时初始化 SDK 引用的 Context 全局变量;

```
public class MainActivity extends Activity {
    @ Override
    protected void onCreate( Bundle savedInstanceState) {
        super. onCreate( savedInstanceState) ;
        //在使用 SDK 各组件之前初始化 context 信息,传入 ApplicationContext
        //注意该方法要在 setContentView 方法之前实现
        SDKInitializer. initialize( getApplicationContext( )) ;
        setContentView( R. layout. activity_main) ;
    }
}
```

注意:在 SDK 各功能组件使用之前都需要调用。

SDKInitializer. initialize(getApplicationContext( )) ;,因此该方法放在 Application 的初始化方法中

第五步:创建地图 Activity,管理地图生命周期;

```
public class MainActivity extends Activity {
    MapView mMapView = null;
    protected void onCreate( Bundle savedInstanceState) {
        super. onCreate( savedInstanceState) ;
        //在使用 SDK 各组件之前初始化 context 信息,传入 ApplicationContext
        //注意该方法要在 setContentView 方法之前实现
        SDKInitializer. initialize( getApplicationContext( )) ;
        setContentView( R. layout. activity_main) ;
        //获取地图控件引用
        mMapView = ( MapView) findViewById( R. id. bmapView) ;
    }
    protected void onDestroy( ) {
        super. onDestroy( );
/ * 在 activity 执行 onDestroy 时执行 mMapView. onDestroy( ),实现地图生命周期管理 */
        mMapView. onDestroy( ) ;
    }
    protected void onResume( ) {
        super. onResume( ) ;
        / * 在 activity 执行 onResume 时执行 mMapView. onResume ( ),实现地图生命周期管理 */
        mMapView. onResume( ) ;
    }
```

```
protected void onPause( ) {
    super. onPause( );
    /* 在 activity 执行 onPause 时执行 mMapView. onPause ( ),实现地图生命周期管理 */
    mMapView. onPause( );
    }

}
```

图 5.62　创建地图

//设定中心点坐标

LatLng cenpt = new LatLng (46. 58916, 125. 16246000000003);

//定义地图状态

MapStatus mMapStatus = new MapStatus. Builder ( ). target (cenpt). zoom(18). build( );

//定义 MapStatusUpdate 对象,以便描述地图状态将要发生的变化

MapStatusUpdate mMapStatusUpdate = MapStatusUpdateFactory. newMapStatus(mMapStatus);

//改变地图状态

mBaiduMap. setMapStatus(mMapStatusUpdate);

完成以上步骤后,运行程序,即可在应用中显示如图 5.62 所示的图像。

5.9.2　基础地图 Android SDK 开发

开发者通过 SDK 提供的接口,可以访问百度提供的基础地图数据。目前百度地图 SDK 所提供的地图等级为 3～19 级,所包含的信息有建筑物、道路、河流、学校、公园等内容。所有叠加或覆盖到地图的内容,统称为地图覆盖物。如标注、矢量图形元素(包括:折线、多边形和圆等)、定位图标等。覆盖物拥有自己的地理坐标,当拖动或缩放地图时,它们会相应的移动。

1. 图层及覆盖物元素

百度地图 SDK 为广大开发者提供的基础地图和上面的各种覆盖物元素,具有一定的层级压盖关系,具体如下(从下至上的顺序):

(1)基础底图(包括底图、底图道路、卫星图等);

(2)地形图图层(GroundOverlay);

(3)热力图图层(HeatMap);

(4)实时路况图图层(BaiduMap. setTrafficEnabled(true););

(5)百度城市热力图(BaiduMap. setBaiduHeatMapEnabled(true););

(6)底图标注(指的是底图上面自带的那些 POI 元素);

(7)几何图形图层(点、折线、弧线、圆、多边形);

(8)标注图层(Marker),文字绘制图层(Text);

(9)指南针图层(当地图发生旋转和视角变化时,默认出现在左上角的指南针);

(10)定位图层(BaiduMap. setMyLocationEnabled(true););

(11)弹出窗图层(InfoWindow);

(12)自定义 View(MapView. addView(View));

2. 地图类型

百度地图 Android SDK 提供了两种类型的地图资源(普通矢量地图和卫星图),开发者可以利用 BaiduMap 中的 mapType( )方法来设置地图类型。核心代码如下:

```
mMapView = (MapView) findViewById(R. id. bmapView);
BaiduMap mBaiduMap = mMapView. getMap( );
//普通地图
mBaiduMap. setMapType(BaiduMap. MAP_TYPE_NORMAL);
//卫星地图
mBaiduMap. setMapType(BaiduMap. MAP_TYPE_SATELLITE);
//实时交通图
```

当前,全国范围内已支持多个城市实时路况查询,且会陆续开通其他城市。在地图上打开实时路况的核心代码如下。

```
mMapView = (MapView) findViewById(R. id. bmapView);
mBaiduMap = mMapView. getMap( );
//开启交通图
mBaiduMap. setTrafficEnabled(true);
//百度城市热力图
```

百度地图 SDK 继为开发者开放热力图本地绘制能力之后,再次进一步开放百度自有数据的城市热力图层,帮助开发者构建形式更加多样的移动端应用。百度城市热力图的性质及使用与实时交通图类似,只需要简单的接口调用,即可在地图上展现样式丰富的百度城市热力图。

在地图上开启百度城市热力图的核心代码如下。

```
mMapView = (MapView) findViewById(R. id. bmapView);
mBaiduMap = mMapView. getMap( );
//开启热力图
mBaiduMap. setBaiduHeatMapEnabled(true);
```

3. 标注覆盖物

开发者可根据自己实际的业务需求,利用标注覆盖物在地图指定的位置上添加标注信息(图5.63)。具体实现方法如下。

```
//定义 Maker 坐标点,图标设置为:
//经度:125. 14246000000003
//纬度:46. 58916
LatLng point = new LatLng(46. 58916, 125. 14246000000003);
//构建 Marker 图标
BitmapDescriptor bitmap = BitmapDescriptorFactory
. fromResource(R. drawable. icon_marka);
//构建 MarkerOption,用于在地图上添加 Marker
OverlayOptions option = new MarkerOptions( ) . position(point) . icon(bitmap);
//在地图上添加 Marker,并显示
mBaiduMap. addOverlay(option);
```

4. 几何图形覆盖物

地图 SDK 提供多种结合图形覆盖物,利用这些图形,可构建更加丰富多彩的地图应用。

目前提供的几何图形有：点（Dot）、折线（Polyline）、弧线（Arc）、圆（Circle）和多边形（Polygon）。

下面以多边形为例介绍如何使用几何图形覆盖物。

```
//定义多边形的四个顶点
LatLng pt1 = new LatLng(46.578923, 125.157428);
LatLng pt2 = new LatLng(46.5788923, 125.167428);
LatLng pt3 = new LatLng(46.599523, 125.167428);
LatLng pt4 = new LatLng(46.599523, 125.157428);
List<LatLng> pts = new ArrayList<LatLng>();
pts.add(pt1);
pts.add(pt2);
pts.add(pt3);
pts.add(pt4);
//构建用户绘制多边形的 Option 对象
OverlayOptions polygonOption = new PolygonOptions().points(pts)
          .stroke(new Stroke(5, 0xAA00FF00)).fillColor(0xAAFFFF00);
//在地图上添加多边形 Option,用于显示
mBaiduMap.addOverlay(polygonOption);
```

运行结果如图 5.64 所示。

图 5.63　标注覆盖物

图 5.64　几何图形覆盖物

5. 文字覆盖物

文字,在地图中也是一种覆盖物,开发者可利用相关的接口,快速实现在地图上书写文字的需求。实现方式如下：

```
//定义文字所显示的坐标点
LatLng llText = new LatLng(6.58916, 125.14246000000003);
//构建文字 Option 对象,用于在地图上添加文字
OverlayOptions textOption = new TextOptions().bgColor(0xAAFFFF00).fontSize(24)
.fontColor(0xFFFF00FF)
.text("百度地图 SDK")
```

. rotate(-30)

. position(llText) ;

//在地图上添加该文字对象并显示

mBaiduMap. addOverlay(textOption) ;

运行结果如图 5.65 所示。

6. 地形图图层

地形图图层(GroundOverlay) ,又可叫做图片图层,即开发者可在地图的指定位置上添加图片。该图片可随地图的平移、缩放、旋转等操作做相应的变换。该图层是一种特殊的 Overlay,它位于底图和底图标注层之间(即该图层不会遮挡地图标注信息) 。

在地图中添加使用地形图覆盖物的方式如下。

//定义 Ground 的显示地理范围

LatLng southwest = new LatLng(39. 92235 , 116. 380338) ;

LatLng northeast = new LatLng(39. 947246 , 116. 414977) ;

LatLngBounds bounds = new LatLngBounds. Builder ( ) . include (northeast) . include (southwest)

. build( ) ;

//定义 Ground 显示的图片

BitmapDescriptor bdGround = BitmapDescriptorFactory

. fromResource(R. drawable. ground_overlay) ;

//定义 Ground 覆盖物选项

OverlayOptions ooGround = new GroundOverlayOptions( )

. positionFromBounds(bounds)

. image(bdGround)

. transparency(0. 8f) ;

//在地图中添加 Ground 覆盖物

mBaiduMap. addOverlay(ooGround) ;

运行结果如图 5.66 所示。

　　图 5.65　文字覆盖物　　　　　　　　图 5.66　地形图图层

7. 热力图功能

热力图是用不同颜色的区块叠加在地图上描述人群分布、密度和变化趋势的一个产品,百度地图 SDK 将绘制热力图的功能向广大开发者开放,帮助开发者利用自有数据,构建属于自己的热力图,提供丰富的展示效果。

利用热力图功能构建自有数据热力图的方式如下。

第一步,设置颜色变化:

```
//设置渐变颜色值
int[ ] DEFAULT_GRADIENT_COL
ORS = {Color.rgb(102, 225, 0), Color.rgb(255, 0, 0)};
//设置渐变颜色起始值
float[ ] DEFAULT_GRADIENT_START_POINTS = { 0.2f, 1f};
//构造颜色渐变对象
Gradient gradient = new Gradient(DEFAULT_GRADIENT_COLORS,
DEFAULT_GRADIENT_START_POINTS);
```

第二步,准备数据:

```
//以下数据为随机生成地理位置点,开发者根据自己的实际需要,传入自有位置数据即可
List<LatLng> randomList = new ArrayList<LatLng>();
Random r = new Random();
for (int i = 0; i < 500; i++) {
    // 116.220000,39.780000 116.570000,40.150000
    int rlat = r.nextInt(370000);
    int rlng = r.nextInt(370000);
    int lat = 39780000 + rlat;
    int lng = 116220000 + rlng;
    LatLng ll = new LatLng(lat / 1E6, lng / 1E6);
    randomList.add(ll);
}
```

第三步,添加、显示热力图:

```
//在大量热力图数据情况下,build 过程相对较慢,建议放在新建线程实现
HeatMap heatmap = new HeatMap.Builder()
. data(randomList)
. gradient(gradient)
. build();
//在地图上添加热力图
mBaiduMap. addHeatMap(heatmap);
```

第四步,删除热力图:

```
heatmap. removeHeatMap();
```

运行效果如图 5.67 所示。

8. 检索结果覆盖物

针对检索功能模块(POI 检索、线路规划等),地图 SDK 还对外提供相应的覆盖物来快速展示结果信息。这些方法都是开源的,开发者可根据自己的实际去求来做个性化的定制。利用检索结果覆盖物展示 POI 搜索结果的方式如下。

第一步,构造自定义 PoiOverlay 类;

```
private class MyPoiOverlay extends PoiOverlay {
    public MyPoiOverlay(BaiduMap baiduMap) {
        super(baiduMap);
    }
    public boolean onPoiClick(int index) {
        super. onPoiClick(index);
        return true;
    }
}
```

第二步,在 POI 检索回调接口中添加自定义的 PoiOverlay;

```
public void onGetPoiResult(PoiResult result) {
    if (result == null || result. error == SearchResult. ERRORNO. RESULT_NOT_FOUND) {
        return;
    }
    if (result. error == SearchResult. ERRORNO. NO_ERROR) {
        mBaiduMap. clear();
        //创建 PoiOverlay
        PoiOverlay overlay = new MyPoiOverlay(mBaiduMap);
        //设置 overlay 可以处理标注点击事件
        mBaiduMap. setOnMarkerClickListener(overlay);
        //设置 PoiOverlay 数据
        overlay. setData(result);
        //添加 PoiOverlay 到地图中
        overlay. addToMap();
        overlay. zoomToSpan();
        return;
    }
}
```

运行结果如图 5.68 所示。

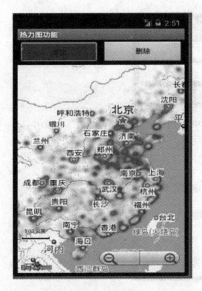

图 5.67　热力图　　　　　　　　　　图 5.68　检索结果覆盖物

9. 利用 TransitRouteOverlay 展示公交换乘结果：

```
//在公交线路规划回调方法中添加 TransitRouteOverlay 用于展示换乘信息
public void onGetTransitRouteResult(TransitRouteResult result) {
    if (result == null || result.error != SearchResult.ERRORNO.NO_ERROR) {
        //未找到结果
        return;
    }
    if (result.error == SearchResult.ERRORNO.AMBIGUOUS_ROURE_ADDR) {
        //起终点或途经点地址有歧义,通过以下接口获取建议查询信息
        //result.getSuggestAddrInfo()
        return;
    }
    if (result.error == SearchResult.ERRORNO.NO_ERROR) {
        route = result.getRouteLines().get(0);
        //创建公交路线规划线路覆盖物
        TransitRouteOverlay overlay = new MyTransitRouteOverlay(mBaidumap);
        //设置公交路线规划数据
        overlay.setData(route);
        //将公交路线规划覆盖物添加到地图中
        overlay.addToMap();
        overlay.zoomToSpan();
    }
}
```

运行结果如图 5.69 所示。

图 5.69　公交换乘

小　结

本章主要介绍了 Android 移动开发的基础知识,重点叙述了 Android 基本控件编程与 Android 在文件存储、多媒体、数据库、图形图像、Socket、地图等领域的开发步骤与方法,并给出了一些有代表性的实例。

习　题

1. 简述 Activity 生命周期的四种状态,以及状态之间的变换关系。
2. 简述 Activity 事件回调函数的作用和调用顺序。
3. 简述 R. java 和 AndroidManefiest. xml 文件的用途。
4. 简述 Intent 的定义和用途。
5. 请列举 Android 提供了哪几种数据存储方式。
6. 简述在嵌入式系统中使用 SQLite 数据库的优势。

移动 XML 与 SVG 技术

本章重点介绍目前移动应用开发中的两项关键技术,一个是移动 XML 技术,另一个是移动可扩展矢量图绘制规范 SVG(Scalable Vector Graphics)。

6.1 移动 XML 技术

6.1.1 可扩展标记语言——XML

Web 使人们能够与任何地方的任何人进行通信。Web 应用 HTML 进行网页的表示,但它并不表示数据,它只能描述所要显示数据的格式。即 HTML 提供了用于显示的丰富工具,但没有提供任何基于标准的数据管理的方法。因此,为实现 Web 上灵活定义与交换的功能,W3C 提出了扩展标记语言 XML(Extensible Markup Language)。

1. 什么是 XML

W3C(World Wide Web Consortium)对 XML 进行了如下描述:XML 描述了一类被称为 XML 文档的数据对象,是 SGML(Standard Generalized Markup Language (ISO 8879))的一个应用实例,或者说是 SGML 的一种受限形式。从结构上说,XML 文档遵循 SGML 文档标准。

2. XML 文档

XML 文件格式是纯文本格式,在许多方面类似于 HTML,XML 由 XML 元素组成,每个 XML 元素包括一个开始标记(<title>),一个结束标记(</title>)以及两个标记之间的内容,例如,可以将 XML 元素标记为价格、订单编号或名称。标记是对文档存储格式和逻辑结构的描述。在形式上,标记中可能包括注释、引用、字符数据段、起始标记、结束标记、空元素、文档类型声明(DTD)和序言。

下面的示例给出了利用 XML 如何来描述天气预报信息,保存时该文件的扩展名为. xml,如 Weather. xml。

```
<weather-report>
    <date>2007 年 12 月 26 日</date>
    <time>08 :00</time>
    <area>
        <city>大庆</city>
        <state>黑龙江</state>
        <region>东北部</region>
        <country>中国</country>
```

```
  </area>
  <measurements>
    <skies>局部多云</skies>
    <temperature>-3</temperature>
    <wind>
      <direction>西北</direction>
      <windspeed>3</windspeed>
    </wind>
    <h-index>51</h-index>
    <humidity>87</humidity>
    <visibility>10</visibility>
    <uv-index>1</uv-index>
  </measurements>
</weather-report>
```

各标记表示各数据项的含义,例如,<date>表示日期,该标记的内容是"2007 年 12 月 26 日",这些标记并不描述显示数据的次序和形式。当使用者接收到这一 XML 文档之后,他可以解析出自己关心的信息,例如,温度、湿度以及能见度等天气信息。

每个 XML 文档都有一个逻辑结构和一个物理结构,从物理角度来看 XML 文档,文档由实体单元组成,一个实体也可以在其他文档的实体中被引用。一个文档以一个根元素或文档实体来开始。从逻辑上讲,文档由声明(declaration)、元素(element)、注释(comment)、字符引用(character reference)和处理说明(processing instruction)组成。这些组成部分在文档的标记中必须明确规定,物理结构从另一角度来规范 XML 文档。文档的起始标记和结束标记对数据进行结构化组织,并确定了元素的范围和相互之间的关系。

在 XML 文档中,除标记之外就是字符数据。一般的字符用其本身来表示,但这不适用于 XML 中的保留字符的表示,例如,字符"&"和"<"只能作为标记定界符或在注释、处理指令和 CDATA 字段中直接使用,其他情况下则需要用字符引用或特定的字符串来表示。这类字符是 XML 的预定义实体,常见的预定义实体见表 6.1。

表 6.1 XML 预定义实体

字符	名称	实体引用
&	Ampersand	&amp;
>	Greater than	&gt;
<	Less than	&lt;
'	Apostrophe	&apos;
"	Quotation mark	&quot;

例如,如果要表示"a<b",就必须写成:"a<b"。

字符引用代表了 ISO/IEC 10646 字符集中的一个特定字符,它是一个十六进制代码。如果 XML 文档需要引用现有设备不能直接输入的字符,例如,回车字符,则必须用字符引用来代表。

XML 文件还可以为处理 XML 数据的应用提供处理信息,即处理说明,其格式为:"<? 目

标应用名 instructions? >",例如,< ? xml version="1.0" ? >就是一种处理指令。解析器通过这个标记就知道在解析时要遵循 XML 1.0 标准,XML 文件可以对不同应用提供不同处理说明。

3. 基于 XML 的开放式标准

XML 基于经过验证的、针对 Web 进行优化的技术标准。Microsoft 正在与其他大公司和 W3C 研究小组共同努力,确保对工作在多系统和多浏览器上的开发人员、作者和用户的互用性和支持,并不断加强 XML 标准。此外,基于 XML 提出了许多扩展的标准。

(1) XHTML。XHTML(Extensible HyperText Markup Language,扩展超文本标记语言)规范是使 XML 文档看起来和操作起来类似于 HTML 文档的一种方式。这一规范的结果就是一个文档,可以在浏览器中显示,也可以作为 XML 数据处理。数据可能不是"纯粹的"XML,但也比标准的 HTML 容易处理的多。XHTML 规范是将 HTML4.0 再形成 XML。

(2) MathML。MathML(Mathematical Markup Language,数学标记语言)是一个处理数学公式表示的标记语言,由 W3C 推荐。

(3) SVG。SVG(Scalable Vector Graphics,可缩放矢量图)是一个关于矢量图形表示的 W3C 工作草案。矢量图形采用"画一条从点 x1,y1 到点 x2,y2 的线"这样的命令表示一条直线的,而不是像传统那样,采用一系列比特位去编码图形。这样的图形更容易缩放。

(4) DrawML。DrawML(Drawing Meta Language,绘图元语言)是一个关于二维技术图的 W3C note,它也处理更新和细化这些图形的问题。

(5) CXML。电子商务标准 CXML(Commerce XML,商务 XML)是一个为不同购买者建立交互在线目录的 RosettaNet(www.rosettanet.org)标准,也包含了处理购买订单、改变订单、状态更新和运输通知的机制。

除了这些 XML 标记语言,还有一些其他 XML 标准。

6.1.2　移动 XML 开发

1. 移动 XML 的解析器

解析 XML 就是根据 XML 的含义和结构从 XML 文档中重新恢复数据。它翻译标记符定义并引用这些新标记符来执行文档,这样,应用开发环境就能理解存储在文档中的数据了。解析器通过解释和翻译 DTD 中所包含的标记符来识别 XML 标识符,并获取与该标识符相关联的文本。但是,实现信息交换必须在客户端和服务器端提供 XML 解析器。因为初期的移动信息设备内存和处理器上的不足,所以 MIDP1.0 没有提供 XML 解析器。随着内存和处理器的提高,JSR182 提供了 XML 解析器,但不是标准 MIDP 中的应用编程接口(API),需要特定的实现才可以支持。因此,需要第三方的 API 对解析 XML 提供支持。

kSOAP 是 Enhydra.org 的一个开源作品,是 EnhydraME 项目的一部分。基于 Enhydra.org 产品的开源通用 XML 解析器 kXML,kSOAP 完成了 J2ME/MIDP 平台上的 SOAP 解析和调用工作。

kSOAP 当前有两个版本 1.2 和 2.0,为了使用 kSOAP 2.0,必须要下载工具包 kXML2。kXML 当前有两个版本 1.21 和 2.0,kXML2 比 kXML 更小更快,kSOAP2 的常用接口表示如下:

org.ksoap2.SoapEnvelope

org.ksoap2.SoapSerializationEnvelope

org.ksoap2.SoapObject

org. ksoap2. transport. HttpTransport

SoapEnvelope 对应 SOAP 规范中的 SOAP Envelope,封装 head 和 body 对象。

SoapSerializationEnvelope 是 kSOAP2 新增加的类,是对 SoapEnvelope 的扩展,对 SOAP 序列化(Serialization)格式规范提供了支持,能够对简单对象自动进行序列化(Simple Object Serialization)。而 kSOAP1. x 则是通过 org. ksoap. ClassMap 来进行序列化的,不好操作,也不利于扩展,利用 SoapObject 可以自如地构造 SOAP 调用。

HttpTransport 屏蔽了 Internet 访问/请求和获取服务器 SOAP 的细节。

2. 移动 XML 的开发实例

下面通过一个简单的 webservice 调用,看看 kSOAP 是如何做到 SOAP 解析的。

该实例是发布一个 Web 服务,它的功能是把从客户端传入的字符串中的小写字母转变成大写字母,再返回给客户端。

(1)开发环境。

MyEclipse5. 1+Tomcat5. 0+Sun Java Wireless Toolkit 2. 5 for CLDC+ksoap。

(2)创建一个名称为 StringProcessor 的 Web Service 工程。

(3)创建 Web Service,名称为 StringProcessorWebservice,选择 JAVA Source folder 或者选择 New 按钮来新建一个 source folder,填写 JAVA package 或者通过选择 Browse 按钮来选择一个已经存在的 package。也可以选择 New 按钮来新建一个 JAVA package。选择 Finish 来初始化 Web Service 的创建过程。该向导产生了 IStringProcessorWebservice. java 接口和 StringProcessorWebserviceImpl. java 类,并且在 services. xml 配置文件中创建了一个<service>实体。services. xml 配置文件如下:

```
<? xml version="1.0" encoding="UTF-8"? >
<beans xmlns="http://xfire. codehaus. org/config/1. 0">
  <service>
    <name>StringProcessorWebservice</name>
    <serviceClass>
      com. jagie. j2me. ws. IStringProcessorWebservice
    </serviceClass>
    <implementationClass>
      com. jagie. j2me. ws. StringProcessorWebserviceImpl
    </implementationClass>
    <style>wrapped</style>
    <use>literal</use>
    <scope>application</scope>
  </service>
</beans>
```

注意到 example(String message)方法在接口中产生,当 Web Service 部署后作为一个测试操作。在接口的实现类 StringProcessorWebserviceImpl. java 中,实现了 example(String message)方法,以实现将小写字符串转换成大写字符串,代码如下:

```
package com. jagie. j2me. ws;
public class StringProcessorWebserviceImpl implements IStringProcessorWebservice
```

```
{
    public String example( String message) {
        return message. toUpperCase( ) ;
    }
}
```

（4）部署 Web Service Project。

（5）启动 Tomcat 服务器。

（6）使用 Web Service Explorer 测试 Web Service。

（7）用 J2ME 客户端调用 Web Service。

创建一个 J2ME 项目为 StringProcessorClient。引入 ksoap 包，创建三个 JAVA 文件分别为 WSClientMEDle. java、DisplayForm. java 和 StringPSrocessortub. java。

WSClientMEDlet. java 关键代码如下：

```
public class WSClientMIDlet extends MIDlet {
    static WSClientMIDlet instance;
    public WSClientMIDlet( ) {
        instance = this;
    }
    protected void destroyApp( boolean arg0) {
    }
    protected void pauseApp( ) {
    }
    protected void startApp( ) throws MIDletStateChangeException {
        Display display = Display. getDisplay( this) ;
        DisplayForm displayable = new DisplayForm( ) ;
        display. setCurrent( displayable) ;
    }
    public static void quitApp( ) {
        instance. destroyApp( true) ;
        instance. notifyDestroyed( ) ;
        instance = null;
    }
}
```

DisplayForm. java 的关键代码如下：

```
public class DisplayForm extends Form implements CommandListener, Runnable {
    private TextField textField1;
    private Thread t;
    public DisplayForm( ) {
        super( "字符转换 webservice 测试") ;
        try {
            Init( ) ;
        }
        catch ( Exception e) {
```

```
        e. printStackTrace( ) ;
    }
}

    private void Init( ) throws Exception {
    // Set up this Displayable to listen to command events
    textField1 = new TextField("", "", 15, TextField. ANY) ;
    this. setCommandListener( this) ;
    textField1. setLabel("待处理的字符串是:") ;
    textField1. setConstraints( TextField. ANY) ;
    textField1. setInitialInputMode("Tester") ;
    setCommandListener( this) ;
    // add the Exit command
    addCommand( new Command("Exit", Command. EXIT, 1)) ;
    addCommand( new Command("Process", Command. OK, 1)) ;
    this. append( textField1) ;
    }

    public void commandAction( Command command, Displayable displayable) {
        if ( command. getCommandType( ) = = Command. EXIT) {
            WSClientMIDlet. quitApp( ) ;
        }
        else if ( command. getCommandType( ) = = Command. OK) {
        t = new Thread( this) ;
        t. start( ) ;
        }
    }

    public void run( ) {
        String s1 = textField1. getString( ) ;
        String s2 = new StringProcessorStub( ). process( s1) ;
        StringItem resultItem = new StringItem("处理后的字符串是:", s2) ;
        this. append( resultItem) ;
    }
}
```

StringPSrocessortub. java 的关键代码如下:

```
public class StringProcessorStub{
    public StringProcessorStub( ) {
    }
    public String process( String name) {
        String result = null;
        try {
            SoapObject rpc = new SoapObject
```

("http://localhost:80/StringProcessor/services/StringProcessorWebservice",
"example") ;

```
    rpc. addProperty("name", name);
    HttpTransport ht = new HttpTransport
```

```
("http://localhost: 80/StringProcessor/services/
StringProcessorWebservice",
    "");
    result = ht. call(rpc). toString();
    }
    catch (Exception e) {
        e. printStackTrace();
    }
    return result;
    }
}
```

右键单击 WSClientMEDle. java,选择"运行方式→Emulated J2ME MIDlet"。运行结果如图 6.1 所示。

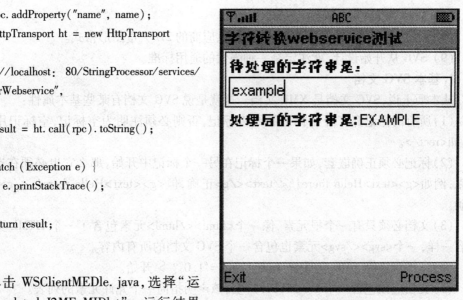

图 6.1　运行结果

6.2　移动 SVG 技术

6.2.1　SVG 介绍

SVG(Scapable Vector Graphics,可缩放矢量图像)是互联网联盟(W3C)的正式推荐标准,它是一种使用 XML 来描述二维图像的语言。SVG 允许矢量图形(如由直线、曲线等组成的路径)、点阵图像和文本三种形式的图像对象存在。各种图像对象能够组合、变换、修改样式,也能够定义成预处理对象以便再用。SVG 还支持各种特效,包括嵌套变换、路径剪裁、透明度处理、滤镜效果以及模板对象等。同时,SVG 可以是互动和动态的,动画可以直接加入 SVG 文本,也可以通过脚本加入。在新的 SVG 版本中,还可以表现视频、音频等其他信息。SVG 通过使用脚本语言来完成比较复杂的应用,脚本语言调用 SVG 对象模型(SVG Document Object Model)来访问或控制所有的元素、属性和属性值。任何一种 SVG 图像元素都能使用脚本来处理类似鼠标单击、双击以及键盘输入等事件。由于 SVG 文本是 XML 名字空间中的有效字符,这些字符能作为 SVG 图像的关键字而通过搜索引擎进行查询。

与现有的图像格式(如 JPEG、GIF 和 PNG 等)和矢量图形格式(如 VML、PDF 和 SWF 等)相比,SVG 具有如下优势:

(1) 基于 XML 标准。

(2) 高质量的图像。

(3) 更精确的颜色。

(4) 灵活易用的文件格式。

(5) 支持互动和动画。

(6) 支持字符查找。

（7）支持 Xlink 和 Xpointer。

（8）SVG 是一种真正开放式的、不依赖供应商的 2D 矢量图形格式。

（9）SVG 从开始设计，就注定是一种强大的通用标准。

1. 基本 SVG 文档

从本质上说，SVG 文档是 XML 文档。这就是说 SVG 文档有某些基本属性：

（1）所有的标记都有开始标记和结束标记，否则必须注明为空标记，空标记用反斜杠结束，如<rect/>。

（2）标记必须正确嵌套，如果一个标记在另一个标记中开始，那么它也必须在这个标记中结束，例如<g><text>Hello there！</text></g>正确，但<g><text>Hello there！</g></text> 不正确。

（3）文档必须只有一个根元素，像一个<html></html>元素包含了一个 HTML 页面的所有内容一样，一个<svg></svg>元素也包含一个 SVG 文档的所有内容。

（4）文档应该以 XML 声明<? xml version="1.0"? > 开始。

（5）文档应该包含一个 DOCTYPE 声明，该声明指向一个允许元素的列表。

下面是一个简单的 SVG 文档。

```
<? xml version="1.0" standalone="no" ? >
<! DOCTYPE svg PUBLIC "-//W3C//DTD SVG 1.0//EN"
"http://www.w3.org/TR/2001/REC-SVG-20010904/DTD/svg10.dtd">
<svg width="300" height="100" xmlns="http://www.w3.org/2000/svg">
<rect x="25" y="20" width="250" height="50" fill="red" stroke="blue"
stroke-width="3"/>
</svg>
```

这个文档指示浏览器创建一个矩形，并提供属性信息，如位置（x，y）、大小（height，width）、颜色（fill，stroke）和线宽（stroke-width），运行结果如图 6.2 所示。

图 6.2 SVG 矩形

2. 基本 SVG 形状

SVG 定义了六种基本形状，这些基本形状和路径组合起来可以形成任何可能的图像，每个基本形状都带有指定其位置和大小的属性。它们的颜色和轮廓分别由 fill 和 stroke 属性确定，基本 SVG 形状包括：

（1）圆（circle）：显示一个圆心在指定点、半径为指定长度的标准的圆。

（2）椭圆（ellipse）：显示中心在指定点、长轴和短轴半径为指定长度的椭圆。

（3）矩形（rect）：显示左上角在指定点并且高度和宽度为指定值的矩形（包括正方形），也可以通过指定边角圆的 x 和 y 半径画成圆角矩形。

（4）线（line）：显示两个坐标之间的连线。

（5）折线（polyline）：显示顶点在指定点的一组线。

（6）多边形（polygon）：类似于 polyline，但增加了从最末点到第一点的连线，从而创建了一个闭合形状。

6.2.2　移动 SVG 介绍及开发

1. 移动图形新标准——Mobile SVG

由于 SVG 的绝大部分特性非常适合无线领域的图形展示，为了满足业界的需求，互联网联盟（W3C）的 SVG 工作小组制订了适合于移动应用领域的专用标准 Mobile SVG。由于移动设备在 CPU 速度、内存大小、支持的显示颜色等各个参数上有很大的不同，单一的专业标准很难满足所有移动设备的要求，所以为了覆盖不同移动设备的需求，SVG 工作小组最终制订了两个级别的 Mobile SVG 专业标准。第一级别的专业标准是 SVG Tiny（SVGT），适用于资源高度受限的移动设备，如手机；第二级别的专业标准是 SVG Basic（SVGB），适用于高端的移动设备，如 PDA 等。由于移动设备的 CPU 速度、内存容量、显示屏都比较小，相对于 SVG，Mobile SVG 在支持的内容、属性、功能等方面作了限制。为了保持内容和处理软件的兼容性，在制订标准时，把 SVGT 列入 SVGB 的子集，把 SVGB 列入 SVG 的子集。按 SVG 格式制作的图像在保持图像线条等不变的同时，通过降低精度、省略线条的粗细和浓淡等信息标记可以将其转换成 SVG Basic 和 SVG Tiny 格式。

Mobile SVG 与位图相比，在对动画、地图和互动图形进行编码和显示方面的优势是明显的。位图是静态的，而矢量图形是动态的，可以实现自由缩放，并可用来描述高级图形，例如，动画、分层图形、半透明对象、画中画、复杂形状和字体效果等。此外，Mobile SVG 所制作的矢量图形可以执行交互式操作，如可以实现缩放、平移、附加链接。

利用 Mobile SVG 的缩放性，可以调整图形的大小，以适应任何显示器、打印机或分辨率，而不损失品质。这在无线世界是一个优势，因移动设备的形状和尺寸很多。用户还可以在不影响图形质量的情况下对图形进行放大，特别是用手机的小屏幕看图时比较有用。

Mobile SVG 文件通常小于位图文件，从而可以缩短无线下载时间，这点对于非常计较带宽的移动应用来讲显得特别重要。另一个例子，如将当前屏幕上的图形放大时，若是位图，则会出现使图像模糊的马赛克效应，此时若要获得高质量的放大图像，就需要重新从服务器获取放大后的图像，增加了网络的开销；而由于 SVG 图形是矢量数据，只需利用原来数据，在客户端进行放大就可以得到没有质量损失的放大图形的效果。

Mobile SVG 的另一个强大功能是可以存储图形中各元素的相关信息。例如，SVG 可以识别出图形中某个带有一个三角形的正方形是一所房子，并且可以知道房子的楼层数等信息。SVG 还支持事件，从而可以产生超链接或者嵌入文字的弹出窗口，以向用户提供更多的信息或者可点击的选项。此外，由于 SVG 是文本格式，可以利用基本的搜索引擎对 SVG 图形中的文字进行搜索，这样可以查询 SVG 图形中具有某种属性的图形元素。

2. Mobile SVG 应用领域

Mobile SVG 以其自身的特性和优势,将在移动领域凡是涉及图形、图像的方面都有很好的应用前景。现在已出现相应的工具,可以把现有的内容转换成 Mobile SVG,并根据手机和网络条件进行优化,因此,内容供应商就可以降低开发难度和成本。借助于合适的系统内容,开发商能够创作或一次性地转换自己的内容,使几乎所有的设备都能显示这些内容。

虽然 Mobile SVG 已开始在 MMS 上显露身手,而实际上除了 MMS,移动 SVG 还有丰富的应用,包括:娱乐、互动卡通、贺卡和动画等。

(1) Mobile SVG 将增强 MMS。Mobile SVG 最近已被 3GPP 组织所采纳,用于多媒体短信服务(MMS)。采用 Mobile SVG,将使许多 2.5G 和 3G MMS 服务成为现实。基于 Mobile SVG 的 MMS 与无线系统目前提供的简单文本和基于位图的图形相比,可以使用户获得互动性更强和更引人入胜的体验。另一方面,Mobile SVG 最吸引运营商的特点之一是它能够节省大量的网络带宽。Mobile SVG 不同于流式音频和视频,它可以顺利工作于 2.5G,甚至 2G 网络。内容丰富、互动的 Mobile SVG 动画可以在小于 12 kbit 带宽上传输。

Mobile SVG 增强了 MMS 短信,这对于手机制造商具有明显的吸引力,而且与运营商一样,OEM 厂商也可以在不对设计作重大变动或不显著增加成本的情况下,增加 Mobile SVG 功能。由于 Mobile SVG 是内容丰富和通用的平台,所以它最适合帮助设备制造商提供差别化服务。

(2) 基于位置的服务。在地图上显示运动物体及相关链接,同时允许用户缩放地图、切换不同图层的可见性、选择特定的区域等,具体应用如汽车导航、汽车调度、电子导游、移动广告等。

(3) 现场服务。包括技术制图,借助于 Mobile SVG,就可以绘制出前后一致的、高品质的图像,可以看全景,也可以看局部细节。

(4) Email 附件。借助 Mobile SVG,可以在支持 MMS 的移动设备上显示常见的办公文档,如 MS Word、MS PowerPoint、Adobe PDF 等文档格式,并且保持文档内容的格式、图形、字体信息的完整性。

(5) 其他应用。其他任何 JPG、GIF 或其他位图格式不能满足要求的无线应用场合,如要求提供内容丰富、可伸缩、互动的图形或动画的地方。

3. Mobile SVG 开发工具

(1) Nokia _ Prototype _ SDK for Java(tm) ME。是诺基亚提供给开发者的 JDK,在其中实现了 JSR-226 标准。JDK 里提供了各种模拟器(S40、S60、S80),API 和说明文档。最新版本为 Nokia Prototype SDK 4.0 for Java(tm) ME,可在诺基亚论坛下载。

(2) SUN WTK2.5。SUN WTK2.5 提供了对 JSR226 的支持,可以很好的用来开发基于 Mobile SVG 的应用程序。

(3) TinyLine SVG Toolkit。是专门为 J2ME 设备设计的 Mobile SVG 应用程序开发工具,包括各种 SVG Tiny 浏览器和 SDK。和其他的 SVG 浏览器相比,TinyLine SVG 浏览器有两个重要的特性:首先,它是基于 J2ME CLDC1.0 的,所以可以像安装一款自己喜爱的游戏一样把它装到自己的手机上。其次,它可以使用在很多的移动设备上,手机、PDA 等,这一点其实也还是由于它是基于 CLDC1.0 这一特性。

4. TinyLine—Mobile SVG software for J2ME

鉴于后面的移动 GIS 开发实例采用的是 TinyLine SVG Toolkit,下面介绍一下这个为 J2ME 设备设计的 Mobile SVG 应用程序开发工具,以及各个版本的 SVG Tiny 浏览器和 SDK。TinyLine SVG Toolkit 随着版本的不断更新,当前版本基本上实现了 Mobile SVG 标准的所有功能实现。而且 TinyLine SVG Toolkit 有一个重要的特点就是它基于 J2ME CLDC1.0,开发出来的应用软件或手机游戏适合所有的 J2ME 手机。

TinyLine SVG Toolkit 是一个第三方开发的针对 J2ME 设备的 Mobile SVG 应用程序开发工具,基本上实现了 SVG Tiny1.1 里的所有功能。只不过在进行具体的应用程序开发时,要将这个 SDK 包打进应用程序的 jar 包里面。在将程序装载到手机上之前首先要将 SVG Tiny 浏览器安装好。

TinyLine SVG Toolkit 提供给开发者的 Mobile SVG 开发 SDK 中的具体 API 接口如下。

(1) com. tinyline. tiny2d。该包主要定义了有关 2D 图形的一些相关属性,如颜色、路径、形状、字体等。以及 TinyLine 里面用到的数据类型和数据结构。TingLing 提供的 API 里面自己定义了适用于自身应用开发的数据类型包装类和数据结构。如 TinyNumber、TinyString 等。

(2) com. tinyline. svg。该包提供了解析 SVG 文档及渲染 SVG 图形的各个类和接口,定义了 SVG 图形文件里面的各种元素的属性以及修改、设定各属性值的方法。

(3) com. tinyline. util。该包为 EJ2ME 平台实现了 GZIPInputStream 类。该类为 EJ2ME 平台提供了数据的压缩和解压缩功能。

在第 7 章的应用实例中,采用 Tinyline 进行实例的开发。

5. 实现 Mobile SVG 的考虑

Mobile SVG 主要用于各种资源非常有限的移动设备,所以在实现 Mobile SVG 时,性能指标成为最主要的指标。手机的内存很小,CPU 的速度也很慢,PDA 的内存会稍微大一点,CPU 的处理能力会好一点,但二者的显示屏分辨率都很小。尽管 Mobile SVG 针对移动设备进行了特别的设计,使得在移动设备上实现 SVG 更容易,但要实现一个用户代理还是要实现 XML 解析、脚本、DOM、图像库、渲染等功能。

一般来说,XML 解析比较快,而 DOM 则会消耗很大的内存,图像的渲染则更是消耗大量的 CPU 时间和内存。在这些方面花些功夫,很有可能获得性能的较大提高。另外,移动设备的浮动运算一般都很慢,所以优化算法,尽量减少浮动运算,也是提高性能的一个方面。

另一方面,要显示的 SVG 内容决定了渲染的性能。在生成 SVG 素材的时候应注意要显示的图像元素越多,要渲染的时间越长。当然,对图形的特效处理,如滤镜、渐变填充、平滑处理等,都会增加渲染的时间,所以在确实必要的时候才使用这些功能。

6.3　安卓系统 SVG 文件开发

6.3.1　开发概述

环境安装好以后,在 src 目录下有 dom 包和 SVGViewer,Parser,MyGroup,OsvSVG,GSVG 五个类文件。dom 包下分为 Shape 类、Scene 类和 Color 类。Shape 类及其派生子类负责绘制各种形状,其中有 GLine(绘制直线),GPolygon(绘制多边形),GRect(绘制矩形),GText(绘制文本)

等。Shape 类及其子类的结构图如图 6.3 所示（箭头表示继承关系）。

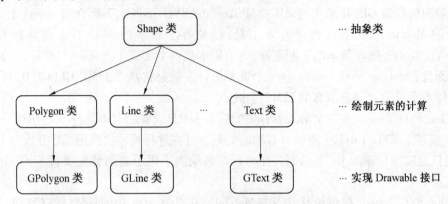

图 6.3 Shape 类结构图

在 Scene 类中，使用一个 vector 来存储所有的绘制对象（Shape 类型的）。在 Color 类中，我们将不同的颜色描述（比如浅粉色、玫瑰红）等相应的 RGB 值存储保留。

在系统运行的时候，首先需要将 SVG 文件进行解析，由于 SVG 文件是按照 XML 文件格式写成的，所以需要通过 DocumentBuilderFactory 来解析 XML 文件得到一个树状结构数据 Document，然后通过 Parser 类对该树状结构数据 Document 中各个节点进行解析，按照 SVG 标准定义解析每个节点，将每个节点数据写入相应的 Shape 派生类中，然后将这些解析好的 Shape 派生类加入 Scene 对象中，最后遍历 Scene 对象中的所有绘制对象，调用 Drawable 接口中 draw 函数绘制完成 SVG 图形。

6.3.2 SVG 图形文件的解析

调用 SVGViewer 中 Parser 类文件将基于 XML 格式的 SVG 文件解析出来的节点赋予具体的意义，并根据 XML 文件中具体的参数进行赋值。具体过程如下：判断传入节点的类型，如果是 ELEMENT_NODE 类型的节点，则判断节点的字段名是否为"svg"，若是，则调用 elements 函数将这个节点所有的子节点解析后加入到 scene 中，由于不同的 svg 可能会嵌套，所以需要遍历整个解析好的 XML 树。代码如下：

```
public static void parse( Node node, Scene scene) {
    int t = node. getNodeType( );
    switch ( t) {
        case Node. ATTRIBUTE_NODE: break;
        case Node. CDATA_SECTION_NODE: break;
        case Node. COMMENT_NODE: break;
        case Node. DOCUMENT_FRAGMENT_NODE: break;
        case Node. ELEMENT_NODE:
        if ( ( node. getNodeName( )). equals("svg"))
            elements( node, scene);
            break;
        case Node. ENTITY_NODE: break;
        case Node. ENTITY_REFERENCE_NODE: break;
```

```
          case Node. NOTATION_NODE: break;
          case Node. PROCESSING_INSTRUCTION_NODE: break;
          case Node. TEXT_NODE: break;
          default: break;
        }
      for (Node n=node. getFirstChild( ); n! =null; n=n. getNextSibling( ))
        {
        Parser. parse(n, scene);
        }
    }
```

elements 函数的用途是解析每个绘制元素(如 Line,Polygon 等),所以对于每个传入的节点,首先判断各个绘制元素的类型,确定后调用不同的函数解析各个元素,确定每个参量后将该绘制元素加入 scene 对象中,等待绘制。关键代码如下:

```
for (Node child = nd. getFirstChild( );child ! = null;
child = child. getNextSibling( )) {
Parser. elements(child,scene);
}
if (t_elem. equals("circle")) {
scene. addNode(Parser. circle(nd));
}
else if (t_elem. equals("line")) {
scene. addNode(Parser. line(nd));
} else if (t_elem. equals("rect")) {
scene. addNode(Parser. rect(nd));
}
```

在解析各个元素的时候,对不同的元素解析函数是不一样的,例如对于 line 类型的,需要解析起点和终点的坐标、样式、画笔的颜色等,而对于 rect 类型的,需要知道左上角的坐标、高度、宽度、填充样式、画笔颜色等;所以实现每种元素的解析函数工作比较繁杂,但是在一定程度上又很重复。下面举例说明这种解析函数的工作原理:

```
public static GLine line(Node node) {
GLine obj = new GLine( );
NamedNodeMap attributes = node. getAttributes( );
for (int i=0; i<attributes. getLength( ); i++) {
Node att = attributes. item(i);
String name = att. getNodeName( );
String value = att. getNodeValue( );
if (name. equals("x1")) {
obj. setX1(Float. valueOf(value). floatValue( ));
} else if (name. equals("y1")) {
obj. setY1(Float. valueOf(value). floatValue( ));
} else if (name. equals("x2")) {
obj. setX2(Float. valueOf(value). floatValue( ));
```

```
} else if (name. equals("y2")) {
obj. setY2(Float. valueOf(value). floatValue());
} else if (name. equals("stroke")) {
obj. setStrokeColor(value);
} else if (name. equals("style")) {
Parser. setStyle(obj, value);
}
}
```

通过上面代码可以看到,这里是遍历节点 node 的每个属性,判断每个属性的类型和值,并作出相应的操作,最后将对象返回。

6.3.3 SVG 图形的显示

实现 SVG 界面显示就要使用 SVGViewer 类文件。SVGViewer 类继承于 android. app. Activity 类,在该类中重写了 onCreate 和 onCreateDialog 函数,在 onCreate 函数中实现了按钮事件的监听,对于不同事件作出相应的操作。

在 onCreateDialog 中实现了两种对话框,分别是文本对话框(File_Dialog)及列表对话框(Sample_List_Dialog),在实现的时候大量使用了匿名类,使得代码显得比较特别,可能在代码阅读上会有些难度。关键代码如下:

```
case DIALOG_FILE_NAME:
LayoutInflater factory = LayoutInflater. from(this);
final EditText et = new EditText(this);
return new AlertDialog. Builder(SVGViewer. this). setTitle(
"Open SVG File Name:"). setView(et). setPositiveButton("OK",
new DialogInterface. OnClickListener() {
public void onClick(DialogInterface dialog,
int whichButton) {
/ * User clicked cancel so do some stuff */
Canvas canvas = mSurfaceHolder. lockCanvas();
try {
drawSVG(canvas,new FileInputStream(et. getText
(). toString()));
} catch (FileNotFoundException e) {
new AlertDialog. Builder(SVGViewer. this). setTitle
("Error"). setMessage("File does not exist!"). show();
e. printStackTrace();
}
mSurfaceHolder. unlockCanvasAndPost(canvas);
}}). setNegativeButton("Cancel",
new DialogInterface. OnClickListener() {
public void onClick(DialogInterface dialog,
int whichButton) {
/ * User clicked cancel so do some stuff */
```

```
}}).create();
case DIALOG_SAMPLE_LIST:
return new AlertDialog.Builder(SVGViewer.this).setIcon
(R.drawable.candle).setTitle("Sample List").setItems(R.array.
sample_list, new DialogInterface.OnClickListener() {
@Override
public void onClick(DialogInterface dialog, int which) {
// TODO Auto-generated method stub
String[] files = getResources().getStringArray(
R.array.file_list);
Canvas canvas = mSurfaceHolder.lockCanvas();
drawSVG(canvas,this.getClass().getResourceAsStream(files[which]));
mSurfaceHolder.unlockCanvasAndPost(canvas);
}}).create();
}
```

6.3.4　SVG 简单图形绘制

所有的具有画图功能类都实现公共接口 Drawable,对于 scene 中的每一个元素,画图时只需调用接口函数 draw。接口 Drawable 如下:

关于图形的绘制,android.graphics 提供了功能强大的接口函数,可以绘制点、直线、曲线、矩形,并进行着色、填充等多种操作。

1. 直线

Line 和 Gline 这两个类共同用于表示要显示的 SVG 图像中的直线类。Line 类为直线类,它记录了所绘制直线的相关参数。GLine 实现了 Drawable 接口,用于在 Android 平台上显示 SVG 格式的直线。

(1)Line 类。这是一个直线类,具体参数如下:

protected float[] xy = new float[4]

可以看到,这个类中只有一个参数,即一个大小为 4 的一位数组。这个数组记录了直线的起始点和结束点。根据两点确定一条直线的知识,我们知道通过这四个浮点数的值,我们可以唯一地确定一条直线。在这个类中,我们也提供函数来获得及修改这个类中的各个参数的值。和其他图形类一样,我们也用一个静态变量来记录直线类实例的个数。

(2)GLine 类。这个类继承了 Line 类,用于绘制直线类。现在已经有用于确定直线的两点四个坐标值,但是这个值并不是直线在画布对应位置的坐标的值,所以我们需要对这个值进行换算,这部分可以直接调用 Scene 中的函数 ComputeXY,根据 SVG 文件中给出的坐标,通过坐标变换,求得图像点在画布上显示的位置,再调用 Paint 类中的 drawLine 函数在相应位置绘制直线。

2. 矩形

Rect 和 Grect 这两个类共同用于表示要显示的 SVG 图像中个矩形类。Rect 类为矩形类,它表示了所要显示的矩形的相关的参数。GRect 实现了 Drawable 接口,用于在 Android 平台上显示 SVG 格式的矩形。

（1）Rect 类。这是一个矩形类，具体参数如下：

protected float[ ] pxy = new float[2];

protected float height;

protected float width;

首先是一个浮点型的大小为 2 的一维数组。这个数组可以记录一对坐标值，用于记录矩形的一个顶点。接下来的两个变量分别表示矩形的高和宽，有了这两个值，我们可以利用已经记录的顶点坐标确定其他三个顶点的坐标。在这个类中，我们也提供函数来获得及修改这个类中的各个参数的值。和其他图形类一样，我们也用一个静态变量来记录直线类实例的个数。

（2）Grect 类。这个类继承了 Rect 类，并实现了 Drawable 接口，可以用于在显示设备上绘制矩形。和直线类类似的一点是，我们需要通过 Scene 类的 ComputeXY 函数将 SVG 文件中的坐标转换为在画布中显示的坐标。而长和宽则只需根据画布的大小进行相应的释放，这样就能避免进行两次坐标转换。矩形有两种形式，一种是填充的、另一种是不填充的，通过设置参数，我们可以实现这两种不同样式的矩形。当设置好所有的参数后，直接调用 Paint 类的 drawRect 函数就能在指定的位置绘制出要求的矩形了。

3. 多边形

多边形的实现包括两层，Polygon 类和 GPolygon 类。在 Polygon 类中，定义了公共变量 float 数组 px、py、np，记录 SVG 文件中多边形的坐标及拐点个数，并且实现图像边界的确定。GPolygon 是 Polygon 的子类，实现了接口 Drawable。方法如下：

根据已有的 px、py、np，通过坐标变换 computeXY 求出图像点在画布中的显示位置，记录在 ixx 和 iyy 中，如果需要填充，则先用填充色勾勒出多边形并进行填充，再用边框色界定边框，否则直接用边框色画出边框即可。代码如下：

```
public void draw (Canvas g, Scene scene) {
    scene. computeXY( px , py, ixx, iyy, np);
    if (isFilled_v) {
        Paint p = new Paint( );
        p. setColor(fillColor);
        p. setStyle(Style. FILL);
        fillPolygon(g, ixx, iyy, np, p);
    }
    Paint p = new Paint( );
    p. setColor(strokeColor);
    drawPolygon(g, ixx, iyy, np, p);
}
```

通过 Canvas 的 drawLine 函数可以很实现 drawPolygon 功能，只是需要将起点和终点连接起来构成闭合图形。fillPolygon 函数的实现比较复杂，需要调用 android 的 Path 类来画多边形并进行同色填充。代码如下：

```
public void fillPolygon(Canvas mC, int[ ] xpoints, int[ ] ypoints, int npoints, Paint mP) {
    mC. save(Canvas. CLIP_SAVE_FLAG); //保存当前的 clip
    android. graphics. Path filledPolygon = new android. graphics. Path( );
    filledPolygon. setFillType(FillType. EVEN_ODD);
```

```
filledPolygon. moveTo( xpoints[0], ypoints[0]);
for (int index = 1; index < xpoints. length; index++) {
    filledPolygon. lineTo( xpoints[index], ypoints[index]);
}
filledPolygon. close();
mC. drawPath( filledPolygon, mP);
mC. restore(); //恢复 clip
}
```

4. 折线

折线的实现与多边形非常类似,主要的区别在于是否闭合。在 drawPolygon 函数中,起点和终点需要连接构成闭合多边形,而折线的 drawPolyline 函数只需依次沿 ixx、iyy 中各点做出曲线。

5. 文本

这两个类共同用于表示要显示的 SVG 图像中的文本类。Text 类为文本类,它表示用于显示的文本的实际内容以及相应参数。GText 实现了 Drawable 接口,用于在 Android 平台上显示 SVG 格式的文本。

(1) Text 类。这是一个文本类,它的参数如下:

protected float[ ]pxy = new float[2];

protected float rotation;

protected int fontSize;

protected int fontStyle;

protected String fontFamily = "times";

protected String text;

从上面的参数表中我们可以看出,一个文本类需要用一个大小为 2 的浮点型数组来记录它的坐标,由于文本的格式是固定的,所以只需要一个坐标即可确定一个文本串的位置。一个浮点型的变量用来记录它的旋转角度。由于文字的形状、大小需要根据文字的字体、大小和样式(粗体、斜体等)来确定,所以也需要用整型的变量来标记这个文本类实例的相应属性。文本的内容用一个 String 来记录。在具体实现时,通常还用一个静态变量来记录这个类的实例的个数。

在这个类中,可以完成各个变量的获取与设置、字体的设置(由字体类型、大小和样式共同确定),也可以通过给定形式的文本串来更改字体。

(2) GText 类。这是一个实现了 Drawable 接口的类,也就是这个类可用于显示(即在显示设备上绘制)。它是 Text 类的子类,在 Text 类的基础上增加了显示的功能。

由于需要根据显示设备的大小对字体进行缩放,所以这里增加了一个比例因子,实际字体的大小是用用户选择的字体大小再乘以相应的比例因子。在 Android 程序设计中,用 TypeFace 来记录字体这个属性。当文本过小时,就不需要绘制显示出相应图形,在这个类的实现中,通过显示(假设要显示)文本的高度来进行判断,当文本(用绘制区域顶部的位置减去底部的位置)的高度大于 4 的时候,调用 Android 图像对应的 Paint 类来绘制出文本(drawText 函数)。

6.3.5 SVG 图形应用实例

本应用实例的内容是在客户端上展示完井数据的柱状图。完井数据存储在服务器端的 Oracle 11g 数据库中,应用实例开发环境如下:

(1)操作系统:Windows 7。

(2)Android 端:eclipse+ADT。

(3)服务器端:Myeclipse 8.5。

(4)数据库:Oracle11g。

1. 应用的框架结构

SVG 图形展示的应用实例框架如图 6.4 所示:

(1)Android 客户端发出请求;

(2)SOAP 即简单对象访问协议(Simple Object Access Protocol)封装客户端的请求,并将请求发送到服务器端;

(3)服务器端根据提交的请求,调用 Web Server 服务;

(4)Web Server 服务根据相应的 SQL 语句操作数据库,将需要的数据查询出来,封装成 XML 格式的数据文件返回到 Android 客户端;

(5)Android 客户端得到响应后,调用应用程序对 XML 数据解析,并将数据组织成 SVG 格式的文件;

(6)Android 客户端的解析程序将 SVG 格式的图形文件显示在客户端的浏览器上。

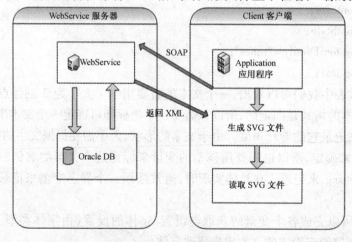

图 6.4　应用实例结构图

2. 应用实例的实现

(1)客户端发送请求并处理返回的 XML 数据。

Android 客户端的代码如下:

```
public String Client _ Request(String region, String jb)
    {
    int sun=0;
    ArrayList〈String[ ]〉list=new ArrayList〈String[ ]〉( );
    //第一步:实例化 SoapObject 对象
```

```
    SoapObject request = new SoapObject( targetNaneSpace, getTJ) ;
    //第二步:实例化调用方法参数
    request. addProperty("region", region) ;
    request. addProperty("jb", jb) ;
    //第三步:设置 Soap 请求信息,获得序列化的 envelope
    SoapSerializationEnvelope envelope = new
Soap SerializationEnvelope( SoapEnvelope. Ver11) ;
    envelope. dotNet = false ;
    envelope. setOutpuSoapObject( request) ;
    //第四步:构建传输对象,并指明 WSDL 文档
    Http TransportSE httpTranstation = new HttpTransportSE( WSDL) ;
    http Transtation. debug = true ;
    try{
    //第五步:调用 web service( 命名空间+方法, envelope) findtongji 是服务器端 PowerDao. java 中方法
        http Transtation. call( targetNaneSpace+getTJ, envelope) ;
    //第六步:解析返回数据
        SoapObject soapObject = ( SoapObject) envelope. get Response( ) ;
        for( int m = 0 ; m < soapObject. getPropertyCount( ) ; m++) {
            String[ ] array = new String[ property. length] ;
            list. add( array) ;
        }
        sum = list. size( ) ;
        catch( Exception e)
    {
        e. printstackTrace( ) ;
    }
    return sum ;
}
```

(2)服务器端调用 Web Server 服务查询数据。

在 android 平台利用 JSON+Webservice 访问远程数据库。该 Web 服务的功能是读取数据库中完井各个季度的生产数据。这个 Webservice 是用 Java 语言在 Myeclipse 上实现,Android 终端操作远程数据库主要是基于 SOAP 协议获取数据,实现过程如图 6.5 所示。

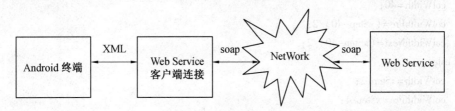

图 6.5　Web Service 访问方式

```
public List<Power>Query _ data( String region, String jb)
{
    //按条件查询的 Sql 语句
```

```
        String queryString="";
          if(jb! ="")
        {
            queryString="select"from wj _ tcyx yx,wj _ jwtj tj where yx. jh=tj. jh and tj. region='"+region"'and tj. jb
="'"+jb+"'";
        }
        else
        {
            queryString="select"from wj _ tcyx yx,wj _ jwtj tj where yx. jh=tj. jh and tj. region='"+region'"";
        }
      Session session=this. getHibernateTemplate( ). getSessionFactory( ). opnSession( );
        try{
            return query;
        }catch(RuntimeException re){
            throw re;
        }finally{
            //关闭 Session
            session. close( )
```

（3）生成 SVG 文件。Android 客户端对返回的 XML 数据解析,生成 SVG 文件。

```
static String paint(String[ ]pData,String[ ]pDataName)throws Exception
{
        StringBuffer sFile=new StringBuffer(   );
        data=convertDataToDouble(pData);
        double valueMM=getValueMax(data);//取得最大值
        sFile. apend(initialize( ));
        //xy 步长
        double yStep=400. 0/valueMM;
        double xStep=(new BigDecimal(600/pDataName. length). setScale(3,BigDecimal. ROUND _ HALF _
UP)). doubleValue( );
        double colWidth=0. 0;//柱型的宽度
        double colwidthPre=0. 0;//每个单元格结束与柱型的距离
        if((xStep/2)>40){
            colWidth=40;
            colWidthPre=(xStep-40)/2;
            colWidthNext=(xStep-40)/2;
        }esle{
            colWidth=xStep/2;
            colWidthPre=xStep/4;
            colWidthNext=xStep/4;
        }    /*x 轴刻度线*/
        for( int i=0;i<pDataName. length;i++){
            double tempx1=i=0? HistogramXsx+i * xStep:HistogramXSx
              +i * xStep+10;//每根 x 轴刻度的起始位置
```

```
//double tempX2=tempX1+colWidthPre;//每根柱状的起始位置
sFile. append("〈line×1〉="+tempX1+"y1"=+HistogramXy)
    +"x2="+(tempX1+10.0)+"y2="
    +(HistogramXy-10)
    "'stroke-width='1'stroke='#333300'/>");
sFile. append("\n");
}
```

(4)SVG 文件解析显示。

SVG 图形在 Android 应用中作为一个用户界面的一个元素,我们通过继承 Android 基本视图类 View(android. view. View)来自定义 SVG 图形的显示类 SVGView,SVGView 中包含了图形解析类、SVG 图形文件路径和图形自适应的方式等信息,其中图形解析类用来解析 SVG 文件并生成图形对象,它还包含了 SVG 图形显示区域信息,图形对象在 View 的 onDraw 方法中进行绘制。

应用 SVGView 显示 SVG 文件,需要制定 SVG 文件的路径和自适应显示的方式,这些信息可以在程序中进行设置,我们为 SVGView 添加了设置这些信息的方法,具体如下:

```
//指定 SVG 文件的路径,可以是本地文件(存储卡)也可以是网络 SVG 文件
Public void setPath(String path);
//通过 SVG 资源 ID 指定 SVG 文件,SVG 文件放在 apk 中,有相应的 id
Public void setSVGSourceID(in id);
//设置缩放方式类型,"none"不缩放,"fitXY"表示填充整个视图,"fitCenter"保持宽高比
```

例居中显示。

```
public void onCreate(Bundle savedInstanceState)
{
    super. onCreate(savedInstanceState);
    String[ ]date=getlist(). split(",");
    String[ ]dataName={"总井数","立架","未完成","替喷","未宽成","射孔","未完成","移架",
"未完成"};
    String sdCardDic=Environment. get External Stor ageDirectory()
        +"/"+"downloadpath";
    try{
    Svg. createSVG(sdCardDir,date,dataName);
    }catch(Exception e){
    //TODO Auto-generated catch block.
    e. printStackTrace();
    }
    setContentView(R. layout. zjjd);
    wview=(WebView)findViewById(R. id. webView);
    WebSettings webSettings=wView. getSettings();
        webSettings. setLoadWithOverviewMode(true);
        webSetting. setJavaScriptEnabled(true);
        webSettings. setUseWideViewPort(true);
        wView. getSettings(). setBuiltInZoomControls(true);
        //放大缩小的按钮
        wView. getSettings(). setSupportZoom(true);
```

```
        wView. getSettings( ). setSupportMultipeWindows( true);
    webSettings. setLayoutAlgorithm( LayoutAlgorithm. SINLE _ COLUMN);
        wView. setInitialScale( 75);
    //打开本地 sd 卡中的文件
    wView. loadUr1("rile://"+sdCardDir+"/"+完井. svg");
}
```

（5）SVG 文件解析显示。调用 Svg. java 类,并运用从服务器端取到的数据进行 SVG 柱状图的绘制,并将完井信息以 SVG 柱状图的形式显示到手机客户端,以便在户外作业的工作人员能更方便地了解油井信息,如图 6.6 所示。

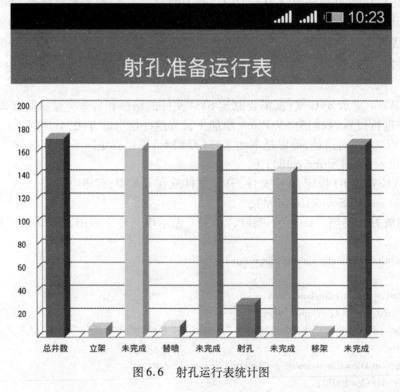

图6.6　射孔运行表统计图

小　结

本章重点介绍了移动开发中流行的两项关键技术,一个是 XML 技要,另一个是移动 SVG,并给出了具体应用实例。

习　题

1. Android 系统中,SVG 的显示需要使用哪个类?
2. SVG 具有哪些优势?
3. 根据本节叙述的应用实例的开发方式,结合实际应用开发一个实例。

第7章 移动应用开发实例

本章分别以基于底层操作系统 Symbian 和基于高层移动 Android 平台为代表,介绍了利用这两个平台开发移动应用的具体过程。

7.1 Symbian 应用程序开发简介

7.1.1 Symbian 应用程序类型介绍

Symbian OS 中编译的二进制代码有三种目标类型:EXE、APP 和 DLL。

1. EXE 程序的开发

当开发的应用程序不需要用户界面而只需要使用一个单独进程的时候,可以创建 EXE 程序。EXE 程序有一个主入口 E32mAIn(),当系统通过 E32main() 启动时,系统会创建新的进程,并在此进程中创建新的线程。在创建 EXE 程序时,需要在 mmp 文件中将程序的 TARGET 指定为 EXE。EXE 通常是服务端或命令行程序,一般是隐蔽地运行,没有图形化的用户界面,不能直接从主菜单运行。

下面是一个最基本的控制台应用程序的 mmp 文件:

```
target Console. exe
targettype EXE
UID 0x100039CE 0x10005B91
TARGETPATH \sySTem\apps\Console
sourcepath .. \src
userinclude .. \in
systeminclude \EPOC32\INCLUDE
systeminclude \EPOC32\INCLUDE\LIBC
source e32main. cpp Console. cpp
library euser. lib
```

编译程序后生成 Console. exe。将程序打包安装后,无法直接运行此程序。要运行此程序有两种方法:一种是通过其他程序的调用来运行;另一种是使用 SeleQ 一类的文件浏览器选择此程序然后运行。

上面的代码实现了一个 console 类用来显示文字。在设计一个后台程序时,也可以不实现 console 类,这样程序在运行的时候屏幕上不会有任何显示。

2. APP 程序的开发

当创建的应用程序需要提供用户界面的时候,需要创建 APP 程序。一个 APP 程序可以包括自定义的字符串、菜单项、对话框等。如果创建一个 APP 程序,需要在 mmp 文件中将程序的 TARGET 指定为 APP。

大家最熟悉的 HelloWorld 就是一个简单的 APP 程序,下面是它的 mmp 文件:

TARGET HelloWorldBasic. app

TARGETTYPE app

UID 0x100039CE 0x10005B91

TARGETPATH \system\apps\HelloWorldBasic

SOURCEPATH .. \src

SOURCE HelloWorldBasic. cpp

SOURCE HelloWorldBasiCAPPlication. cpp

SOURCE HelloWorldBasicAppView. cpp

SOURCE HelloWorldBasicAppUi. cpp

SOURCE HelloWorldBasicDocument. cpp

SOURCEPATH .. \group

RESOURCE HelloWorldBasic. rss

USERINCLUDE .. \inc

SYSTEMINCLUDE \epoc32\include

LIBRARY euser. lib

LIBRARY apparc. lib

LIBRARY cone. lib

LIBRARY eikcore. lib

LIBRARY avkon. lib

编译后会得到 HelloWorldBasic. app,打包安装后可以直接选择运行此程序。

3. DLL 程序的开发

DLL 提供多个入口,由系统或是已存在的线程(进程)进行调用。有两种类型的 DLL:静态 DLL 和多态 DLL。

静态 DLL 为其他程序提供方法列表以供调用。在程序启动的链接阶段,静态 DLL 就被读到内存中。

多态 DLL 为其他程序提供某个固定的方法调用。例如,某个 GUI 应用提供了 NewApplication( )方法调用,以启动应用程序。这些 DLL 实现抽象的方法,如一个打印机驱动、socket 协议或是一个应用程序。它们的扩展名大多不是. DLL,而是. PRN、. PRT 或. APP 等。它们从与 DLL 相关的类继承,通常只有在程序需要时才被读入。前面的 APP 程序也算做一个多态 DLL。

如果要创建的是 DLL 程序,需要在 mmp 文件中将程序的 TARGET 指定为 DLL。如下所示:

TARGET test. dll

TARGETTYPE dll

UID 0x1000008D 0x0CD52435
SOURCEPATH . . \src
SOURCE test. cpp
USERINCLUDE . . \inc
SYSTEMINCLUDE \epoc32\include
LIBRARY euser. lib

7.1.2　Symbian 开发环境搭建

这里以 S60 为例,介绍 Symbian 开发环境搭建的基本方法。

1. 基于 Microsoft Visual Studio 的 Symbian C++开发环境

(1) 安装 SDK。

第一步:到 Nokia 论坛注册,下载最新的 SDK。目前,Nokia 网站提供的 Series 60 SDK for Symbian OS Nokia Edition SDK 的最新版本是 v1.2,Series 60 SDK for Symbian OS 的最新版本是 v2.1。

第二步:下载最新的 Active Perl Script 安装程序。下载最新的 J2RE(JAVA 2 Runtime Environment)。

第三步:安装 SDK。最好为 Symbian 开发单独建一个目录,例如,d:/Symbian,而不是使用 c:/Program Files 等目录。

第四步:安装 Active Perl 和 J2RE。安装到默认目录即可。

第五步:检查环境变量设定。打开系统环境变量 tab,如果有 EPOCROOT,将其手动改成 "/"。改完之后如下所示:

EPOCROOT = /

然后,在系统 PATH 中加入/epoc32/tools 目录以及/epoc32/gcc/bin 目录就可以了。

实际上,Symbian SDK 根本不用安装,直接把 epoc32 目录拷贝到一个机器上,然后照上述方法设定目录和环境变量即可。

(2) 配置 VC。

如果使用的是 VC 6.0,要保证系统至少安装了 SP3 补丁,否则系统会给出警告提示。如果使用的是 VS. NET2003,就只能安装 Series 60 SDK for Symbian OS v2.1,这是因为 Series 60 SDK for Symbian OS Nokia Edition SDK v1.2 在 VS. NET2003 无法正确建立工程。

如果要直接在 VC6.0 里创建新项目,要把 \ Symbian \ 6.1 \ Series60 \ Series60Tools \ Application Wizard 目录下的 AvkonAppWiz. awx 和 AVKONAPPWIZ. HLP 文件拷贝到 VC6.0 的模板目录 c:\Program Files\Microsoft Visual Studio\Common\ MSDev98\Template 下。这样就可以在 VC6.0 的新建工程中看到 Series 60 AppWizard v 1.9 这个选项。选择该工程类型就可以创建 symbian 的一个开发工程。

如果要将已经建立好的工程导入到 VC6.0 中,如将 SDK 中的例子 HelloWorld 转换成一个 VC6 的项目,则进入/Symbian/6.1/Series60/Series60Ex/HelloWorld 目录。在 Symbian 中,一个 Project 通常是按 inc,src,group 等目录组织,group 目录里通常放的是项目文件,所以编译时要先到这里。用命令提示符模式进入该目录下,然后执行:

bldmake bldfiles

这个命令会在 group 目录下生成一个 abld. bat 批处理文件,并且会在/Symbian/6.1/Series60/Epoc32/BUILD 下 生 成/Symbian/6.1/Series60/Epoc32/BUILD/SYMBIAN/6.1/SERIES60/SERIES60EX/HELLOWORLD/GROUP 这个目录,并在最底层目录下生成一堆 make 文件。

然后在同一个目录运行刚才生成的 abld. bat:

abld makefile vc6

这样就会自动生成 VC6.0 的 dsw 文件,位置在 \Symbian \6.1 \Series60 \Epoc32 \BUILD \SYMBIAN\6.1\ SERIES60\SERIES60EX\HELLOWORLD\GROUP\HELLOWORLD\WINS。然后就可以在 VC6.0 中打开这个 Symbian 工程了。

(3)编译。

可以直接使用 SDK 提供的工具编译 Symbian 工程,也可以使用 VC6.0 提供的集成环境来编译转化过来的 Symbian 工程。编译的结果存放在 \Symbian \6.1 \Series60 \Epoc32 \ Release \ wins\UDEB\Z\SYSTEM\apps 目录中。

(4)使用 SDK 提供的工具编译 Symbian 工程。

在前面提到的那个位置继续输入:

abld build wins udeb

这个命令会编译程序,最后在 \Symbian \6.1 \Series60 \Epoc32 \Release \wins \UDEB 目录下生成 HelloWorld,然后可以从开始菜单里运行模拟器的 debug 版,在模拟器中就可以运行 HelloWorld 了。

(5)使用 VC6.0 编译 Symbian 工程。

直接打开运行 abld makefile vc6 后生成的 dsw 文件,VC6.0 自动装载转化过的工程。按 F7 便可以直接编译工程,编译结果同样放在 \Symbian \6.1 \Series60 \Epoc32 \Release \ wins \ UDEB 目录中。然后打开模拟器 debug 版,就可以看到编译好的工程了。

(6)打包。

以 SDK 1.2 提供的 HelloWorld 为例,可以制作在手机中安装的 SIS 文件。

第一步:检查程序。在命令行格式下,进入 HelloWorld 工程 mmp 文件所在目录,输入 bldmake bldfiles 和 abld build wins udeb,然后打开模拟器,检测程序有无错误。

第二步:编译工程。在程序无错误后,在命令行输入 abld build armi urel。执行这个命令之后会在目录 d:\symbian \6.1 \series60 \epoc32 \release \armi \urel 生成 HELLOWORLD. APP 和 HELLOWORLD. RSC 两个文件。

第三步:建立 pkg 文件。在 d:\Symbian \6.1 \Series60 \Series60Ex \HelloWorld \sis 用记事本建立或者修改工程的 pkg 文件,内容如下:

```
; HelloWorld. pkg
;
;Language – standard language definitions
&EN

; standard SIS file header
#{"HelloWorld"},(0x10005B91),1,0,0
```

;Supports Series 60 v 1.2

(0x101F8202), 0, 0, 0, {"Series60ProductID"}

;

"d:\symbian\6.1\series60\epoc32\release\armi\urel\HelloWorld. APP"-"!:\system\apps\HelloWorld\HelloWorld. app"

"d:\symbian\6.1\series60\epoc32\release\armi\urel\HELLOWORLD. rSC"-"!:\system\apps\HelloWorld\HELLOWORLD. rSC"

其中,前面"d:/symbian/6.1/series60/epoc32/release/armi/urel/HELLOWORLD. rsc"是要打包安装的文件,"!:/system/apps/HelloWorld/HELLOWORLD. rSC"是安装的目标位置。其中需要注意的是:在目标位置中用"!"代替了实际的盘符。这样做的好处是在用户安装的时候,手机系统会提示用户选择要安装的位置,这就提供给用户更大的灵活度,当然也可以写成绝对路径。另外,在 Symbian 系统中,安装的应用程序默认位置是"!:/system/apps"。编辑好 pkg 文件后,保存至相应目录。

第四步:打包程序。在命令行中,转至 pkg 文件所在目录,运行命令 makesis HelloWorld. pkg。之后就在同一目录下得到了打包好的 sis 文件。

第五步:手机测试。将打包好的 sis 文件上传至手机中,然后在手机的应用程序管理器中就可以看到打包好的文件。选择"安装"命令,系统会提示用户要安装的位置,选择安装位置后,制作的应用程序就安装到手机中了。

回到手机的主菜单,就会发现新安装的 HelloWorld 应用程序。打开运行,结果和在模拟器中看到的基本是一样的。

2. 基于 VS. NET 2003 的 Symbian C++开发环境

(1) 软件安装。在安装 SDK 之前保证下列三项已经正确安装。安装软件的时候必须保证所使用的账号是 PC 机的管理员账号,否则可能导致某些环境变量不能被正确设置。SDK 和 IDE 要安装在电脑上的同一个分区。SDK 的安装路径不能含有空格。下面详细说明需要安装的软件及其步骤。

①在安装 SDK 之前必须安装 ActivePerl。该软件可以到官方网站下载:http://www. activestate. com/Products/ActivePerl/。

②安装 JAVA Run – Time1.4.1 _ 02 或者新版本,下载地址 http://java. sun. com/downloads/ index. html。

说明:在使用命令行编译程序的时候不需要 JAVA Run-Time1,但是若要使用 SDK 的工具 ApplicationWizard,就必须安装该组件,同时若要使用 Sisar 等工具的话,JRE 也必不可少。

③安装 IDE,安装 Microsoft Visual Studio. NET 2003。

④安装 SDK,注意前面所说的 SDK 的安装路径不能含有空格。并且要和 IDE 装在同一个分区,这样可以避免一些麻烦。下载地址:http://www. forum. nokia. com/main/ 0,6566,034-4,00. html。

⑤安装 Nokia Developer Suite – Carbide. vs。这相当于 VS2003 的一个插件,用于帮助导入或者建立 S60 工程,从而使得可以在 VS2003 中编写代码。下载地址:http://www. forum. nokia. com/main/0,,034-902,00. html。

(2) 环境变量检查。在安装 2.0 版本的 SDK 之前,需要在系统变环境量中设置一个名为

EPOCROOT 的环境变量。该变量要指向 SDK 包含有 epoc32 的路径,前面没有盘符,后面要加一个"\",这个一般在安装了 SDK 之后系统会自动添加。不过 2.0 之后的(包括 1.2 For CW)就不必设置了,有一个名为 devices 的 SDK 管理工具会为一些需要使用这个变量的工具提供类似模拟 EPOCROOT 环境变量的功能。可以把 devices 看做是多个 Symbian SDK,不限于 S60 的切换工具,它的使用方法可以在安装 2.0SDK 之后,在命令行模式下输入 devices-help 来获得帮助。

使用这个版本的 SDK 不需要设置太多环境变量,只需要修改一下环境变量,在系统环境变量 path 中加入:{VS2003 的安装路径}\Microsoft Visual Studio. NET 2003\Vc7\bin,这样才能保证后面用到的 LINK. EXE 被正确设置。

(3)编译运行"HelloWorld"——检查开发环境是否被正确设置。

上面的安装步骤完成以后,需要检查环境是否被正确设置。编译、运行一个例子是检验开发环境是否正确建立的最好方式。需要指出的是,下面的步骤可以在 Windows 的命令行工具中操作,也可以在 VS2003 自带的工具"Visual Studio. NET 2003 命令提示"中操作。在 VS2003 的命令行工具中操作,其优点是可以避免某些环境变量设置有误而导致的错误,因为它不但包含系统环境下 PATH 变量的内容,同时也包含安装 VC++. NET 过程中添加的一些路径,包括主要的编译链接等工具。而缺点在于:若仅仅在这里通过验证,而在 Windows 自带的命令行界面没有通过的话,后期会遇到一些麻烦,例如,使用 ApplicationWizard 建立工程。所以,如果不使用 VC++. NET 带的"命令提示"工具,也许就会因为找不到相应编译工具,而无法继续下去。可以手动把环境变量加到系统 PATH 中去,这样就可以使用 Windows"附件"菜单中的"命令提示"工具。

①打开 Windows 的命令行界面(或者 VC++. NET 自带的命令行工具)

②将刚才安装的 SDK 设置为默认的 devices,这个可以通过下面的命令设置:

devices-setdefault @ S60 _ 2nd _ FP2 _ SC:com. nokia. Series60

事实上 SDK 的安装过程中就会提示设置默认的 devices。进行这个工作的原因是系统中很可能安装了多个 SDK,那么使用哪个 SDK 作为当前的开发工具,就需要正确设置。可以使用命令行 devices-default 来查看当前的默认 SDK 是哪一个。

③找到 Symbian 工程文件所在的目录。

现在通过 SDK 中自带的例子来验证环境设置是否正确。注意安装 SDK 以后,在其安装目录中的 Series60Ex 文件夹中有很多例子,这里使用 HelloWorldBasic 来验证。在命令行界面中用 cd 命令进入 HelloWorldBasic 的 group 目录:

cd <sdk _ installation _ directory>\Series60Ex\HelloWorldBasic\group

在 group 目录下应该包含 BLD. inf 和 helloworldbasic. mmp 这两个文件。这两个文件的简要描述如下。

HelloWorldBasic. mmp:项目定义文件,描述了将要构建的项目信息,还定义了一些资源文件和应用程序信息文件。它是一个环境中立的文件,可以使用各种工具来处理并生成各种目标环境的 make 文件,可以使用文本编辑器查看该文件。里面包括构建目标,构建类型,源路径,库文件,头文件等信息。

Bld. inf:组件描述文件,它列出了一个组件当中包括的所有项目,还包括一些额外的构建指令。也可以使用文本编辑器查看该文件。

④在命令行中输入 bldmake bldfiles。

这个命令会处理当前目录下的 bld. inf 文件,具体来说会执行以下处理过程。

a. 生成目录:

c:\Symbian\8.0a\S60＿2nd＿FP2＿SC\epoc32\BUILD\SYMBIAN\8.0A\S60＿2ND＿FP2＿SC\SERIES60EX\HELLOWORLDBASIC

b. 在这个目录下,生成一系列的 Make 文件,针对各种目标环境。比如,VC7. MAKE,CW＿IDE. MAKE 等。

c. 在当前目录下生成 abld. bat 文件,这个文件会在随后用到。可以查看该文件的内容。但是建议不要手工更改它的内容。

Bldmake 命令也支持其他的命令行选项,可以直接输入 bldmake 来查看简要的介绍,还可以查看 SDK 文档了解详细信息。

⑤在命令行中输入 abld build wins。

由 bldmake 处理 bld. inf 文件得到的 abld. bat 文件,使得 abld 命令可用。Abld. bat 控制着构建一个项目的方方面面。Abld 命令的语法非常地灵活,它拥有许多命令行选项,它们的组合涵盖了各种构建需求。

【注意】这里如果提示缺少了一个文件 mspdb71. dll,那么可以通过如下方法解决:在 Microsoft Visual Studio . NET 2003 的安装目录下,可以在\Common7\IDE 这个目录下找到这个文件。把它拷贝到\Vc7\bin 目录就可以了。前面的环境变量要设置好,否则这里会因为缺少 link. exe 而中止运行。

⑥在命令行中输入 epoc。

这时模拟器就会出现。如果环境都设置正确的话,那么模拟器中就会有刚刚编译的 HelloWorld,它在模拟器上的名字是"HW"。

(4) 检查 SDK 和 IDE 是否兼容工作。

①重复上面的(1)~(4)。

②在命令行中输入:makmake HelloWorldBasic vc7,这时会在 group 文件夹下生成一些文件,其中包含 VS2003 的工程文件 HELLOWORLDBASIC. sln。

③打开 VS2003,选择"打开解决方案(Open Solution)",打开 HELLOWORLDBASIC. sln,然后进行编译、运行,就会得到编译部分中⑥的效果。注意,运行的时候可能需要选择程序 epoc. exe。

7.1.3　Symbian 应用示例

该实例是一个简单的图形显示程序,在屏幕上有两条船,船可以在屏幕上移动。大家可以根据例子做出更加复杂的游戏处理程序。

1. 首先创建一个 symbian 工程。

工程名为 simple,工程的创建过程如图 7.1~7.5 所示。

当进行到图 7.4 时,会产生以下几个类:CSimpleApp,CSimpleAppUi,CSimpleContainer,CSimpleDocument。

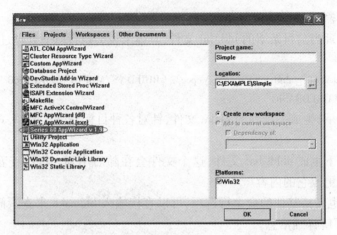

图 7.1　工程的创建过程示意图(一)

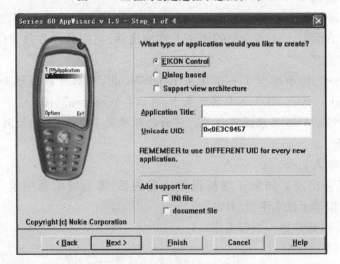

图 7.2　工程的创建过程示意图(二)

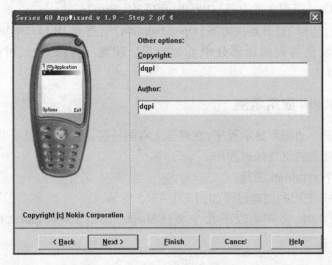

图 7.3　工程的创建过程示意图(三)

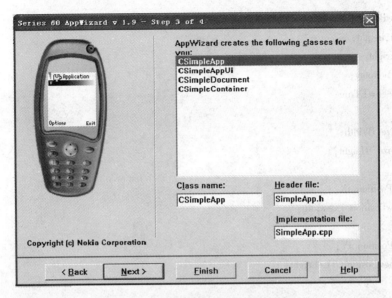

图 7.4　工程的创建过程示意图(四)

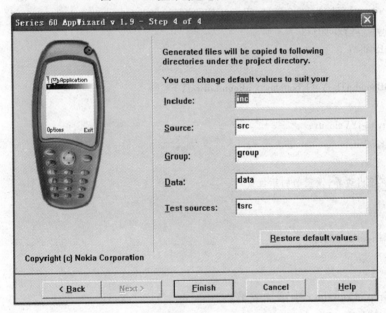

图 7.5　工程的创建过程示意图(五)

2. 接下来创建一个 CShip 类。

CShip 类的具体成员描述如下。

TInt iXVelocity, iYVelocity; //船在 X 与 Y 方向的速度

TPoint iPosition; //船的当前位置

//移动船的位置

//aSize 船体的尺寸

//aBound 屏幕的尺寸

void CShip∷Move(TSize aSize, TRect aBound)

{

```
TPoint newPosition=iPosition+TPoint(iXVelocity,iYVelocity);//船的新位置
TInt width,height;
TInt leftx,rightx;
TInt topy,bottomy;
TBool EMove=ETrue;

width=aSize.iWidth;
height=aSize.iHeight;

leftx=newPosition.iX;
rightx=newPosition.iX+width;

topy=newPosition.iY;
bottomy=newPosition.iY+height;

//当船的新位置超出了边界,则改变船的运动方向
if (leftx < aBound.iTl.iX || rightx > aBound.iBr.iX) {
    iXVelocity=-iXVelocity;
    EMove=EFalse;
}
if(topy < aBound.iTl.iY || bottomy > aBound.iBr.iY)
{
    iYVelocity=-iYVelocity;
    EMove=EFalse;
}
//当船没有超出边界,设置船的新位置
if(EMove)
{
    iPosition=newPosition;
}
}
```

然后在 CSimpleContainer 中添加成员。

```
CFbsBitmap *iShipMaskBmp;//船的 mask
CFbsBitmap *iShipBmp;//船的图例
CArrayPtrFlat<CShip> *iShip;//船的实例列表
CPeriodic * iPeriodicTimer;//时间周期控制
static TInt Periodic(TAny *aPtr);././/时间相应函数
void UpdateShip();//更新船的位置
void AddShip();//添加船的实例
void startTime();//启动屏幕动画

//在构造函数中,初始化一些对象
void CSimpleContainer::ConstructL( const TRect& aRect)
```

```
    {
    CreateWindowL( );

    //构造对象
    iShipBmp = NBitmapMethods::CreateBitmapL( KMultiBitmapFilename, EMbmShipShip);

    iShipMaskBmp = NBitmapMethods::CreateBitmapL( KMultiBitmapFilename, EMbmShipShipmask);

    iPeriodicTimer = CPeriodic::NewL( CActive::EPriorityStandard);

    iShip = new( ELeave) CArrayPtrFlat<CShip>( 1);
    //添加船实例
    AddShip( );
    SetRect( aRect);
    ActivateL( );
    }
//响应时间周期的回调函数
TInt CSimpleContainer::Periodic( TAny * aPtr)
    {
    (( CSimpleContainer * ) aPtr) ->UpdateShip( );
    return 1;
    }
//更新船的位置,并且刷新屏幕
void CSimpleContainer::UpdateShip( )
    {
    CWindowGc& gc = SystemGc( );
    TInt i = 0;
    TRect sourceRect( TPoint( 0,0), iShipBmp->SizeInPixels( ));
    gc. Activate( * DrawableWindow( ));
    gc. Clear( );
    for( i = 0; i<iShip->Count( ); i++)
        iShip->At( i) ->Move( iShipBmp->SizeInPixels( ), Rect( ));
    for( i = 0; i<iShip->Count( ); i++)

    gc. BitBltMasked( iShip->At( i) ->iPosition, iShipBmp, sourceRect, iShipMaskBmp, ETrue);

    gc. Deactivate( );
    }

//添加船的实例
void CSimpleContainer::AddShip( )
    {
    ASSERT( iShip);
    ASSERT( iShipBmp);
    CShip * ship = NULL;
```

```
ship=CShip::NewL(KXVELOCITY,KYVELOCITY,Rect().iTl);
iShip->AppendL(ship);

ship=CShip::NewL(-KXVELOCITY,-KYVELOCITY,Rect().iBr+iShipBmp->SizeInPixels());
iShip->AppendL(ship);
}
//启动时间周期,启动屏幕动画
void CSimpleContainer::startTime()
{
    if(! iPeriodicTimer->IsActive())
        iPeriodicTimer->Start(1,1,TCallBack(CSimpleContainer::Periodic,this));
}
```

3. 最后运行该实例。

该实例的运行效果如图7.6~7.9所示。

图7.6　实例的运行效果图(一)

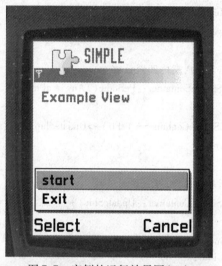

图7.7　实例的运行效果图(二)

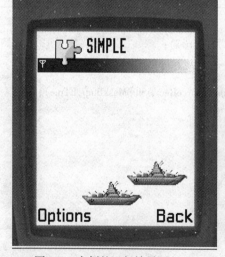

图7.8　实例的运行效果图(三)

图7.9　实例的运行效果图(四)

7.2 Android 播放器应用程序开发

本章将通过 Android 的音乐播放器应用程序实例来讲述 android 开发的一些技巧及其注意事项。在此,对于软件开发的其他步骤(如需求分析等)都略过,我们着重讲述代码开发这一步。

7.2.1 创建项目

音乐播放器的项目名为 MyMusicPlayerApp,该实例是使用 Eclipse+Android 4.0.3 开发的一个项目,在 Eclipse 开发环境中创建该项目的步骤如下。

(1)启动 Eclipse,选择"File"/"New"/"Android Project"新建 Android 项目,如图 7.10 所示。在"Application Name"栏中输入应用程序的名称"MyMusicPlayerApp"(可以自己起别的名字),在"Project Name:"栏中输入项目名称为"MyMusicPlayerApp",在"Package Name"栏中输入包名"com. paris. sb. mymusicplayerapp",在下面的选项中"Target SDK"栏中选择相应版本,这里我们选择"Android 4.0.3"。

(2)在图 7.10 中单击"Next>",在接下来的界面中也选择默认的信息,直接单击"Next>",直到显示如图 7.11 所示界面。

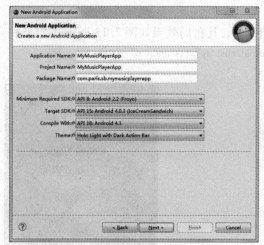

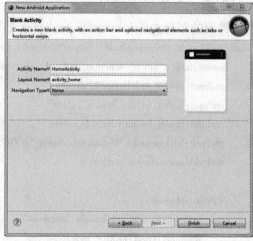

图 7.10 新建 Android 项目   图 7.11 填写 activity

(3)在"Activity Name"栏中输入"HomeActivity",然后单击"finish"。

7.2.2 系统文件的组织架构

在编写项目代码之前,制定项目的系统文件夹组织架构,如不同的 Java 包存放不同的窗体、公共类、数据模型、工具类和图片资源等,这样不但可以保证团队开发的一致性,也可以规范系统的整体架构。创建完成系统中可能用到的文件夹或者 Java 包之后,在开发时,只需要将创建的类文件或者资源文件保存到相应的文件夹中即可。音乐播放器的系统文件的组织架构如图 7.12 所示。

从图中可以看到,res 文件夹和 assets 文件夹都用来存放资源文件,但实际开发时 Android

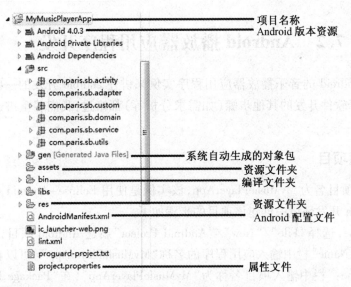

图 7.12　文件的组织结构

不为 assets 文件夹下的资源文件生成 ID，用户需要通过 AssetManager 类以文件路径和文件名的方式来访问 assets 文件夹中的文件。

7.2.3　主要布局文件

主界面的布局文件 home_activity_layout 如下所示，其布局效果如图 7.13 所示。

```
<RelativeLayout xmlns:android="http://schemas. android. com/apk/res/android"
    xmlns:tools="http://schemas. android. com/tools"
    android:id="@ +id/homeRLLayout"
    android:layout_width="match_parent"
    android:layout_height="match_parent"
    android:background="@ drawable/main_bg001"
    android:orientation="vertical">


    <RelativeLayout
        android:id="@ +id/handle_btnlayout"
        android:layout_width="match_parent"
        android:layout_height="wrap_content">


        <Button
            android:id="@ +id/previous_music"
            android:layout_width="wrap_content"
            android:layout_height="wrap_content"
            android:layout_alignParentLeft="true"
            android:background="@ drawable/previous_music_selector"/>


        <Button
            android:id="@ +id/repeat_music"
```

图 7.13　主界面效果图

```
        android:layout_width="wrap_content"
        android:layout_height="wrap_content"
        android:layout_toRightOf="@id/previous_music"
        android:background="@drawable/repeat_none_selector"/>


    <Button
        android:id="@+id/play_music"
        android:layout_width="wrap_content"
        android:layout_height="wrap_content"
        android:layout_toRightOf="@id/repeat_music"
        android:background="@drawable/pause_selector"/>


    <Button
        android:id="@+id/shuffle_music"
        android:layout_width="wrap_content"
        android:layout_height="wrap_content"
        android:layout_toRightOf="@id/play_music"
        android:background="@drawable/shuffle_none_selector"/>


    <Button
        android:id="@+id/next_music"
        android:layout_width="wrap_content"
        android:layout_height="wrap_content"
        android:layout_alignParentRight="true"
        android:background="@drawable/next_music_selector"/>
</RelativeLayout>

<ListView
    android:id="@+id/music_list"
    android:layout_width="match_parent"
    android:layout_height="wrap_content"
    android:layout_below="@id/handle_btnlayout"
    android:cacheColorHint="#ffffff"
    android:dividerHeight="1dip"
    android:listSelector="#00000000"
    android:layout_marginBottom="50dp">
</ListView>
<RelativeLayout
    android:id="@+id/singleSong_layout"
    android:layout_width="match_parent"
    android:layout_height="wrap_content"
    android:layout_alignParentBottom="true"
    android:layout_below="@+id/handle_btnlayout">
```

```
<ImageView
    android:id="@+id/music_album"
    android:layout_width="wrap_content"
    android:layout_height="50.0dip"
    android:layout_alignParentLeft="true"
    android:layout_alignParentBottom="true"
    android:src="@drawable/music3"/>

<RelativeLayout
    android:id="@+id/music_about_layout"
    android:layout_width="match_parent"
    android:layout_height="match_parent"
    android:layout_alignParentBottom="true"
    android:layout_alignTop="@id/music_album"
    android:layout_toRightOf="@id/music_album">

    <TextView
        android:id="@+id/music_title"
        android:layout_width="wrap_content"
        android:layout_height="wrap_content"
        android:layout_alignParentLeft="true"
        android:layout_marginLeft="5.0dp"
        android:layout_marginTop="5.0dp"
        android:ellipsize="marquee"
        android:focusable="true"
        android:focusableInTouchMode="true"
        android:marqueeRepeatLimit="marquee_forever"
        android:singleLine="true"
        android:text="@string/siger"
        android:textColor="@android:color/white"/>

    <TextView
        android:id="@+id/music_duration"
        android:layout_width="wrap_content"
        android:layout_height="wrap_content"
        android:layout_alignParentLeft="true"
        android:layout_below="@id/music_title"
        android:layout_marginBottom="5.0dp"
        android:layout_marginLeft="5.0dp"
        android:text="@string/time"
        android:textColor="@android:color/white"/>
</RelativeLayout>
```

```
        <Button
            android:id = "@ +id/playing"
            android:layout_width = "wrap_content"
            android:layout_height = "wrap_content"
            android:layout_alignParentRight = "true"
            android:layout_marginRight = "5dp"
            android:layout_alignTop = "@ +id/music_about_layout"
            android:background = "@ drawable/playing_selector"/>

    </RelativeLayout>

</RelativeLayout>
```

正在播放界面布局文件 play_activity_layout 如下所示,其布局效果如图 7.14 所示。

```
<? xml version = "1.0"encoding = "utf-8"? >
<RelativeLayout xmlns:android = "http://schemas. android. com/apk/res/android"
    android:id = "@ +id/RelativeLayout1"
    android:layout_width = "match_parent"
    android:layout_height = "match_parent"
    android:background = "@ drawable/main_bg001">

    <RelativeLayout
        android:id = "@ +id/header_layout"
        android:layout_width = "match_parent"
        android:layout_height = "wrap_content"
        android:layout_alignParentTop = "true">

        <Button
            android:id = "@ id/repeat_music"
            android:layout_width = "wrap_content"
            android:layout_height = "wrap_content"
            android:layout_alignParentLeft = "true"
            android:background = "@ drawable/repeat_none_selector"/>

        <Button
            android:id = "@ id/shuffle_music"
            android:layout_width = "wrap_content"
            android:layout_height = "wrap_content"
            android:layout_alignParentRight = "true"
            android:background = "@ drawable/shuffle_none_selector"/>

        <TextView
            android:id = "@ +id/musicTitle"
```

```
        android:layout_width="wrap_content"
        android:layout_height="wrap_content"
        android:layout_alignBaseline="@id/repeat_music"
        android:layout_centerHorizontal="true"
        android:ellipsize="marquee"
        android:focusable="true"
        android:focusableInTouchMode="true"
        android:gravity="center_horizontal"
        android:lines="1"
        android:marqueeRepeatLimit="marquee_forever"
        android:singleLine="true"
        android:text="@string/siger"
        android:textAppearance="?android:attr/textAppearanceLarge"
        android:textColor="@android:color/white"/>

    <TextView
        android:id="@+id/musicArtist"
        android:layout_width="wrap_content"
        android:layout_height="wrap_content"
        android:layout_below="@id/musicTitle"
        android:layout_centerHorizontal="true"
        android:layout_marginTop="15dp"
        android:text="@string/artist"
        android:textColor="#0F0"
        android:textSize="18sp"/>
</RelativeLayout>


<FrameLayout
    android:layout_width="wrap_content"
    android:layout_height="wrap_content"
    android:layout_below="@+id/header_layout">

    <RelativeLayout
        android:layout_width="match_parent"
        android:layout_height="match_parent">

        <!--自定义滑动页面类的 -->

        <com.paris.sb.custom.FlingGalleryView
            android:id="@+id/fgv_player_main"
            android:layout_width="match_parent"
            android:layout_height="match_parent"
            android:layout_centerInParent="true">
```

```xml
        <include
            android:id="@+id/player_main_album"
            layout="@layout/music_album"/>

        <include
            android:id="@+id/player_main_lyric"
            layout="@layout/music_lyric"/>
    </com.paris.sb.custom.FlingGalleryView>
</RelativeLayout>

<RelativeLayout
    android:id="@+id/ll_player_voice"
    android:layout_width="fill_parent"
    android:layout_height="wrap_content"
    android:background="@drawable/player_progresslayout_bg"
    android:visibility="gone">

    <ImageView
        android:id="@+id/iv_player_min_voice"
        android:layout_width="wrap_content"
        android:layout_height="wrap_content"
        android:layout_alignParentLeft="true"
        android:layout_centerVertical="true"
        android:background="@drawable/volume_min_icon"/>

    <ImageView
        android:id="@+id/iv_player_max_voice"
        android:layout_width="wrap_content"
        android:layout_height="wrap_content"
        android:layout_alignParentRight="true"
        android:layout_centerVertical="true"
        android:background="@drawable/volume_max_icon"/>

    <SeekBar
        android:id="@+id/sb_player_voice"
        android:layout_width="fill_parent"
        android:layout_height="wrap_content"
        android:layout_centerVertical="true"
        android:layout_toLeftOf="@id/iv_player_max_voice"
        android:layout_toRightOf="@id/iv_player_min_voice"
        android:background="@drawable/voice_seekbar_bg"
        android:paddingLeft="5dp"
```

```
                android:paddingRight="5dp"
                android:progressDrawable="@drawable/voice_seekbar_progress"
                android:thumb="@drawable/voice_seekbar_thumb"/>
        </RelativeLayout>
    </FrameLayout>

    <RelativeLayout
        android:id="@+id/footer_layout"
        android:layout_width="match_parent"
        android:layout_height="wrap_content"
        android:layout_alignParentBottom="true">

        <RelativeLayout
            android:id="@+id/seekbarLayout"
            android:layout_width="match_parent"
            android:layout_height="wrap_content"
            android:background="@drawable/player_progresslayout_bg">

            <SeekBar
                android:id="@+id/audioTrack"
                android:layout_width="match_parent"
                android:layout_height="wrap_content"
                android:layout_centerVertical="true"
                android:background="@drawable/player_progress_bg"
                android:progressDrawable="@drawable/seekbar_img"
                android:thumb="@drawable/media_player_progress_button"/>

            <TextView
                android:id="@+id/current_progress"
                android:layout_width="wrap_content"
                android:layout_height="wrap_content"
                android:layout_below="@id/audioTrack"/>

            <TextView
                android:id="@+id/final_progress"
                android:layout_width="wrap_content"
                android:layout_height="wrap_content"
                android:layout_alignParentRight="true"
                android:layout_below="@id/audioTrack"/>
        </RelativeLayout>

        <RelativeLayout
            android:id="@+id/relativeLayout2"
```

```
        android:layout_width="match_parent"
        android:layout_height="wrap_content"
        android:layout_below="@+id/seekbarLayout">

        <Button
            android:id="@id/play_music"
            android:layout_width="wrap_content"
            android:layout_height="wrap_content"
            android:layout_alignParentTop="true"
            android:layout_centerHorizontal="true"
            android:background="@drawable/play_selector"/>

        <Button
            android:id="@id/next_music"
            android:layout_width="wrap_content"
            android:layout_height="wrap_content"
            android:layout_alignBaseline="@+id/play_music"
            android:layout_toRightOf="@+id/play_music"
            android:background="@drawable/next_music_selector"/>

        <Button
            android:id="@id/previous_music"
            android:layout_width="wrap_content"
            android:layout_height="wrap_content"
            android:layout_alignBaseline="@+id/play_music"
            android:layout_toLeftOf="@+id/play_music"
            android:background="@drawable/previous_music_selector"/>

        <Button
            android:id="@+id/play_queue"
            android:layout_width="wrap_content"
            android:layout_height="wrap_content"
            android:layout_alignBaseline="@+id/next_music"
            android:layout_toRightOf="@+id/next_music"
            android:background="@drawable/play_queue_selector"/>

        <ImageButton
            android:id="@+id/ibtn_player_voice"
            android:layout_width="wrap_content"
            android:layout_height="wrap_content"
            android:layout_alignParentLeft="true"
            android:layout_alignParentTop="true"
            android:background="@drawable/player_btn_voice"/>
    </RelativeLayout>
</RelativeLayout>
```

```
</RelativeLayout>
```

歌词显示界面布局文件 music_lyric_layout 如下所示,其布局结果如图 7.15 所示。

```
<? xml version ="1.0"encoding ="utf-8"? >
<LinearLayout xmlns:android ="http://schemas. android. com/apk/res/android"
    android:layout_width ="match_parent"
    android:layout_height ="wrap_content"
    android:orientation ="vertical">
    <com. paris. sb. custom. LrcView
            android:id ="@ +id/lrcShowView"
            android:layout_width ="match_parent"
            android:layout_height ="200dip"
            />
</LinearLayout>
```

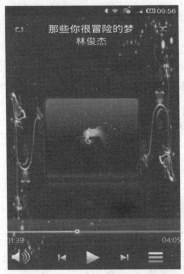 

图 7.14　正在播放界面效果图　　　图 7.15　歌词显示界面效果图

7.2.4　主要类的设计

1. HomeActivity 类

HomeActivity 继承 BaseActivity 类。HomeActivity 类实现音乐播放器主界面的初始化,并同时为主界面的各个空间添加了监听器。在 HomeActivity 类中的主要方法如下。

```
private void findViewById( ) {
    previousBtn = (Button) findViewById(R. id. previous_music);
    repeatBtn = (Button) findViewById(R. id. repeat_music);
    playBtn = (Button) findViewById(R. id. play_music);
    shuffleBtn = (Button) findViewById(R. id. shuffle_music);
    nextBtn = (Button) findViewById(R. id. next_music);
    musicTitle = (TextView) findViewById(R. id. music_title);
    musicDuration = (TextView) findViewById(R. id. music_duration);
    musicPlaying = (Button) findViewById(R. id. playing);
    musicAlbum = (ImageView) findViewById(R. id. music_album);
```

```
}//通过控件的 ID 获取主界面所有的控件

private void setViewOnclickListener( ) {
    ViewOnClickListener viewOnClickListener = new ViewOnClickListener( );
    previousBtn. setOnClickListener( viewOnClickListener);
    repeatBtn. setOnClickListener( viewOnClickListener);
    playBtn. setOnClickListener( viewOnClickListener);
    shuffleBtn. setOnClickListener( viewOnClickListener);
    nextBtn. setOnClickListener( viewOnClickListener);
    musicPlaying. setOnClickListener( viewOnClickListener);
    }//为界面的空间绑定监听器

private class ViewOnClickListener implements OnClickListener {
    Intent intent = new Intent( );

    @ Override
    public void onClick( View v) {
        switch ( v. getId( ) ) {
        …
        …
        }
    }
}//继承 OnClickListener 类,设置了控件的点击事件的处理
public void playMusic( int listPosition) {
    if ( mp3Infos ! = null) {
    Mp3Info mp3Info = mp3Infos. get( listPosition);
    musicTitle. setText( mp3Info. getTitle( )); // 这里显示标题
    Bitmap bitmap = MediaUtil. getArtwork( this, mp3Info. getId( ),
        mp3Info. getAlbumId( ), true, true);// 获取专辑位图对象,为小图
    musicAlbum. setImageBitmap( bitmap); // 这里显示专辑图片
    Intent intent = new Intent ( HomeActivity. this, PlayerActivity. class); // 定义 Intent 对象,跳转到
PlayerActivity
        // 添加一系列要传递的数据
        intent. putExtra("title", mp3Info. getTitle( ));
        intent. putExtra("url", mp3Info. getUrl( ));
        intent. putExtra("artist", mp3Info. getArtist( ));
        intent. putExtra("listPosition", listPosition);
        intent. putExtra("currentTime", currentTime);
        intent. putExtra("repeatState", repeatState);
        intent. putExtra("shuffleState", isShuffle);
        intent. putExtra("MSG", AppConstant. PlayerMsg. PLAY_MSG);
        startActivity( intent);
    }
```

}//将要播放的音频的信息通过 Intent 传递给播放音频的类来处理

代码位置:HomeActivity 类存放在 com. paris. sb. activity 包中。

2. SkinSettingActivity 类

SkinSettingActivity 类继承 SettingActivity。此类实现控制音乐播放器背景的改变,通过此类可以选择播放器所提供的图片作为背景图片,还可以设置播放器的白天黑夜背景。在 SkinSettingActivity 类中的主要代码如下。

```
public class SkinSettingActivity extends SettingActivity{
    private GridView gv_skin;//网格视图
    private ImageAdapter adapter;//图片适配器
    private Settings mSetting;//设置引用


    @Override
    protected void onCreate(Bundle savedInstanceState) {
        super. onCreate(savedInstanceState);
        setContentView(R. layout. skinsetting_layout);

        resultCode = 2;
        setBackButton();
        setTopTitle(getResources(). getString(R. string. skin_settings));

        mSetting = new Settings(this, true);


        adapter = new ImageAdapter(this, mSetting. getCurrentSkinId());
        gv_skin = (GridView) findViewById(R. id. gv_skin);
        gv_skin. setAdapter(adapter);
        gv_skin. setOnItemClickListener(new OnItemClickListener() {

            @Override
            public void onItemClick(AdapterView<? > parent, View view,
                int position, long id) {
                //更新 GridView
                adapter. setCurrentId(position);
                //更新背景图片
    SkinSettingActivity. this. getWindow (). setBackgroundDrawableResource (Settings. SKIN _ RESOURCES
[position]);
                //保存数据
                mSetting. setCurrentSkinResId(position);
            }
        });
    }
```

}

3. PlayerActivity 类

　　PlayerActivity 类继承 Activity,主要处理从主界面传递过来歌曲的 Id、歌曲名、歌手、歌曲路径、播放状态信息。PlayerActivity 主要方法如下。

```
protected void onCreate(Bundle savedInstanceState) {
    super.onCreate(savedInstanceState);
    setContentView(R.layout.play_activity_layout);

    findViewById();
    setViewOnclickListener();
    getDataFromBundle();

    mp3Infos = MediaUtil.getMp3Infos(PlayerActivity.this); // 获取音乐的集合对象
    registerReceiver();

    // 添加来电监听事件
    TelephonyManager telManager = (TelephonyManager) getSystemService(Context.TELEPHONY_
SERVICE); // 获取系统服务
    telManager.listen(new MobliePhoneStateListener(),
        PhoneStateListener.LISTEN_CALL_STATE);

    // 音量调节面板显示和隐藏的动画
    showVoicePanelAnimation = AnimationUtils.loadAnimation(
        PlayerActivity.this, R.anim.push_up_in);
    hiddenVoicePanelAnimation = AnimationUtils.loadAnimation(
        PlayerActivity.this, R.anim.push_up_out);

    // 获得系统音频管理服务对象
    am = (AudioManager) getSystemService(Context.AUDIO_SERVICE);
    currentVolume = am.getStreamVolume(AudioManager.STREAM_MUSIC);
    maxVolume = am.getStreamMaxVolume(AudioManager.STREAM_MUSIC);
    sb_player_voice.setProgress(currentVolume);
    initView(); // 初始化视图
    am.setStreamVolume(AudioManager.STREAM_MUSIC, currentVolume, 0);
    System.out.println("currentVolume--->" + currentVolume);
    System.out.println("maxVolume-->" + maxVolume);

}

private void registerReceiver() {
    // 定义和注册广播接收器
    playerReceiver = new PlayerReceiver();
```

```
        IntentFilter filter = new IntentFilter();
        filter. addAction( UPDATE_ACTION);
        filter. addAction( MUSIC_CURRENT);
        filter. addAction( MUSIC_DURATION);
        registerReceiver( playerReceiver, filter);
    }//用来定义和注册广播接收器


    private void getDataFromBundle() {
        Intent intent = getIntent();
        Bundle bundle = intent. getExtras();
        title = bundle. getString("title");
        artist = bundle. getString("artist");
        url = bundle. getString("url");
        listPosition = bundle. getInt("listPosition");
        repeatState = bundle. getInt("repeatState");
        isShuffle = bundle. getBoolean("shuffleState");
        flag = bundle. getInt("MSG");
        currentTime = bundle. getInt("currentTime");
        duration = bundle. getInt("duration");
    }//用来获取 Intent 携带过来的音频信息


    public void initView() {
        isPlaying = true;
        isPause = false;
        musicTitle. setText( title);
        musicArtist. setText( artist);
        music_progressBar. setProgress( currentTime);
        music_progressBar. setMax( duration);
        sb_player_voice. setMax( maxVolume);
        Mp3Info mp3Info = mp3Infos. get( listPosition);
        showArtwork( mp3Info);
        switch ( repeatState) {
        case isCurrentRepeat: // 单曲循环
            shuffleBtn. setClickable( false);
            repeatBtn. setBackgroundResource( R. drawable. repeat_current_selector);
            break;
        case isAllRepeat: // 全部循环
            shuffleBtn. setClickable( false);
            repeatBtn. setBackgroundResource( R. drawable. repeat_all_selector);
            break;
        case isNoneRepeat: // 无重复
            shuffleBtn. setClickable( true);
            repeatBtn. setBackgroundResource( R. drawable. repeat_none_selector);
```

```
        break；
      }
    if（isShuffle）{
      isNoneShuffle = false；
      shuffleBtn. setBackgroundResource（R. drawable. shuffle_selector）；
      repeatBtn. setClickable（false）；
    } else {
      isNoneShuffle = true；
      shuffleBtn. setBackgroundResource（R. drawable. shuffle_none_selector）；
      repeatBtn. setClickable（true）；
    }
    if（flag = = AppConstant. PlayerMsg. PLAYING_MSG）{
      Toast. makeText（PlayerActivity. this，"正在播放--"+ title，1）. show（）；
      Intent intent = new Intent（）；
      intent. setAction（SHOW_LRC）；
      intent. putExtra（"listPosition"，listPosition）；
      sendBroadcast（intent）；
    } else if（flag = = AppConstant. PlayerMsg. PLAY_MSG）{
      playBtn. setBackgroundResource（R. drawable. play_selector）；
      play（）；
    } else if（flag = = AppConstant. PlayerMsg. CONTINUE_MSG）{
      Intent intent = new Intent（PlayerActivity. this，PlayerService. class）；
      playBtn. setBackgroundResource（R. drawable. play_selector）；
      intent. setAction（"com. paris. media. MUSIC_SERVICE"）；
      intent. putExtra（"MSG"，AppConstant. PlayerMsg. CONTINUE_MSG）；
      startService（intent）；
    }
}// 对界面进行初始化
```

小 结

本章重点给出了两个实例，一个是基于 Symbian 平台的开发实例，另一个是基于 Android 平台开发的一个完整的音乐播放器实例，并给出了较为详实的代码。

习 题

1. 利用 Symbian 系统实现一个简单的计算器。
2. 编写一个增加音乐列表，实现随机播放音乐功能的系统。

参考文献

[1] 江艳霜. 未来 10 年计算机网络技术与移动技术的发展[J]. 合作经济与科技,2005(6):61-63.

[2] 赵素蕊,张志强. 移动数据库浅议[J]. 商场现代化,2006(462):19.

[3] 王涛,张永生,张艳. 移动空间信息服务系统的研究与实现[J]. 测绘工程,2005,14(2):9-12.

[4] 龙银香. 移动计算环境下的数据挖掘研究[J]. 微计算机信息, 2005(21):35-38.

[5] 鹿浩. 移动计算技术及应用[J]. 湖北邮电技术,2001(2):11-15.

[6] DHAWAN C. Mobile computing[M]. 北京:世界图书出版社,1999.

[7] 沈庆国. 移动计算机通信网络[M]. 北京:人民邮电出版社,1999.

[8] 韩林,韩敏霞,陈山枝. 移动计算环境下移动增值业务发展探讨[J]. 当代通信,2005(13):13-14.

[9] 徐卫东,高原. 第四代移动通信系统研究[J]. 现代电子技术. 2006(20):19-24.

[10] 周奇. 4G 系统网络结构及其关键技术 [J]. 电脑与电信, 2006(10):18-21.

[11] 邓永红. 4G 通信技术综述[J]. 数字通信世界,2005(02):58-63.

[12] 叶艳涛,金飞宇. 4G 通信网络结构及关键技术分析[J]. 信息通信,2014(08):209-212.

[13] 曲玲玲. 基于 4G 通信的网络结构与关键技术分析[J]. 电子制作. ,2014(07):178-179.

[14] 叶艳涛,金飞宇. 4G 移动通信的特点、关键技术与应用[J]. 科技创新与应用, 2014(26):67-68.

[15] 谢颖. SVG 技术在 WebGIS 和移动 GIS 中的应用研究[D]. 长春:吉林大学,2009.

[16] 廖旺胜,范冰冰,基于 CMS 的属性自定义方案的设计与应用[J]. 计算机与现代化,2013(8):140-144.

[17] 黄淑静,杨红梅. 利用 JSON+WebService 实现 Android 访问远程数据库[J]. 科技信息,2013(9):98-99.

[18] 熊文阔. 基于 Android 平台手机图形编辑软件的设计与实现[D]. 北京:北京邮电大学,2011.

[19] 马媛. 基于 Android 的手机游戏的设计与实现[D]. 兰州:兰州大学,2012.

[20] 朱玉超,鞠艳,王代勇. ASP. NET 项目开发教程[M]. 北京:电子工业出版社,2008.

[21] 张杰,刘晓萍. SVG 动画编程及其应用[J]. 汕头大学学报(自然科学版), 2013,20(2):69-74.

[22] 耿祥义,张跃平. Android 手机程序设计实用教程[M]. 北京:清华大学出版社, 2013.

[23] MEIER RETO. Android 4 高级编程[M]. 3 版. 余建伟,赵凯,译. 北京:清华大学出版社,2013.

[24] 邓文渊. Android 开发基础教程[M]. 北京:人民邮电出版社,2014.

[25] 李佐彬. Android 开发入门与实战体验[M]. 北京:机械工业出版社,2012.

[26] 梁晓涛,汪文斌. 移动互联网[M]. 武汉:武汉大学出版社,2013.

[27] 黄晓庆,王梓. 移动互联网之智能终端安全揭秘[M]. 北京:电子工业出版社,2012.

[28] 王国辉,李伟. Android 开发宝典[M]. 北京:机械工业出版社,2012.